电线电缆技术丛书

通信电缆结构设计

倪艳荣　主　编
郑先锋　田　丰　副主编

机 械 工 业 出 版 社

本书从通信电缆的基本理论出发，逐步阐明通信电缆的结构设计、生产工艺及测试方法。同时也对通信电缆回路间的相互干扰特性、外界电磁场对它们的影响以及对这些影响的防护作了介绍。其主要内容包括通信电缆的电气特性，对称电缆、射频同轴电缆、串音及串音防卫度，电缆的生产工艺及测试等。

本书既可作为高校相关专业的教材，也可作为电缆行业及相关行业技术人员的参考用书。

图书在版编目（CIP）数据

通信电缆结构设计/倪艳荣主编. —北京：机械工业出版社，2012.10（2024.3 重印）
（电线电缆技术丛书）
ISBN 978-7-111-40230-5

Ⅰ.①通… Ⅱ.①倪… Ⅲ.①通信电缆-结构设计 Ⅳ.①TM248

中国版本图书馆 CIP 数据核字（2012）第 257263 号

机械工业出版社（北京市百万庄大街 22 号 邮政编码 100037）
策划编辑：林春泉 责任编辑：赵 任 版式设计：闫玥红
责任校对：申春香 封面设计：鞠 杨 责任印制：郜 敏
北京富资园科技发展有限公司印刷
2024 年 3 月第 1 版第 7 次印刷
184mm×260mm · 14.5 印张 · 357 千字
标准书号：ISBN 978-7-111-40230-5
定价：49.00 元

电话服务
客服电话：010-88361066
010-88379833
010-68326294

网络服务
机 工 官 网：www.cmpbook.com
机 工 官 博：weibo.com/cmp1952
金 书 网：www.golden-book.com
机工教育服务网：www.cmpedu.com

前　言

现代电气通信，既可以采用无线传输，又可以采用有线通信线路来传输。虽然无线通信建设较快，灵活方便，维护简单，但是由于有线通信在长距离传输中稳定、可靠、保密性强，同时又可获得大量的通信路数，因此形成了现代通信网是有线通信和无线通信的综合体。其中，骨干网和中继网都以光纤光缆有线传输为主，用户接入网是有线和无线传输共存的局面。

用于现代有线通信的传输线种类繁多，但就其传输的性质来说可归纳为三种类型，即横电磁波（Transverse Electromagnetic Wave，TEM）传输线、波导及光纤。限于篇幅，本书主要介绍横电磁波传输线，通常称为通信传输线缆。

本书从通信电缆的基本理论出发，逐步阐明通信电缆的结构设计、生产工艺及测试方法。同时也对通信电缆回路间的相互干扰特性、外界电磁场对它们的影响以及对这些影响的防护作了介绍。其主要内容包括：

1. 通信电缆的电气特性

本部分在分析通信电缆的基本传输理论的基础上，主要讲述了电缆线路的电气参数，包括一次传输参数、二次传输参数、工作衰减、输入阻抗等的计算及影响因素分析，指出这些电气参数最终由电缆的结构尺寸、材料及所传输信号的频率所决定，这为我们进行电缆结构设计提供了依据。

2. 对称电缆、射频同轴电缆

本部分主要对对称通信电缆及射频同轴电缆进行了介绍，首先介绍了对称电缆及射频同轴电缆的结构元件及类型，让读者了解它们的组成及用途，其次在分析它们的电气特性的基础上给出了其传输参数的计算公式，以供读者参考。同时也对电缆的波阻抗不均匀性进行了分析。

3. 串音及串音防卫度

串音也就是干扰，是影响通信电缆传输质量的重要因素，本部分首先介绍了串音机理，然后分别对对称电缆和同轴电缆回路间存在电磁耦合进行了分析，给出了串音参数，包括一次串音参数和二次串音参数的计算方法。

4. 电缆的生产工艺及测试

通信电缆的制造包括绝缘线芯的制造、线组的绞合、同轴对的制造、成缆、护层的制造等，本部分对以上各工艺进行了详细的介绍。同时对通信电缆特有的电性能测试进行了介绍，主要包括通信电缆一次和二次传输参数测试、对称电缆工作电容的测试、电容耦合和电容不平衡测试、串音测试、同轴电缆驻波比的测试及屏蔽性能测试等。

本书由倪艳荣担任主编，郑先锋、田丰担任副主编，参加编写的还有张静、夏博爱、卢宇等。在编写过程中，王卫东、张开拓等老师提供了很多资料，在此向他们表示衷心的感谢！

由于编者学识疏浅，水平有限，书中难免存在不妥之处，恳请读者批评指正！

编者

目　录

第1章 绪 论

1.1 电气通信及其通信线路

通信就是信息的传递，是指由一地向另一地进行信息的传输与交换，其目的是传输消息。自古以来，人类为了互通信息想过很多方法，历史上曾有驿站、飞鸽传书、烽火报警、符号、身体语言、眼神、触碰等方式进行信息传递。然而，随着社会生产力的发展，人们对传递消息的要求也越来越高。今天，随着科学水平的飞速发展，相继出现了无线电、固定电话、移动电话、互联网甚至视频电话等各种通信方式。在各种各样的通信方式中，利用“电”来传递消息的通信方法称为电气通信，这种通信具有迅速、准确、可靠等特点，且几乎不受时间、地点、空间、距离的限制，因而得到了飞速发展和广泛应用。

现代电气通信，既可以采用无线传输，又可以采用有线通信线路来传输。两种传输方式各有其优缺点。无线通信建设较快，维护简单，在经济上比较有利，但易受到干扰，特别是要受到大气条件的影响，使用稳定性差，保密性差。在无线通信中，还有无线中继通信（或称为微波接力通信），它能提供较多的通信路数，并可满足长距离通信的要求，因此无线通信发展较快。有线通信方式在长距离传输中稳定、可靠、保密性强，同时又可获得大量的通信路数。但有线通信线路设备初建费用大，而且建设时间较长。用于现代有线通信的传输线种类繁多，但就其传输的性质来说可归纳为三种类型。

1. 横电磁波传输线

这是由两根（或两组）导线所组成的传输线，横切面上的电场力线就是终止于这两根（或两组）导线上。TEM 波是没有截频而能传输零频的波形，是一种结构比较稳定的模式。由于传输较高频的高次型模式时传输衰减太大而不被采用，它一般用来传输较低的频域。

架空明线是对称导线组成的古老的TEM 波传输线，它是在电杆上架设一对或多对导线，其中一对导线就构成一个通信回路。由于它的电磁场是开放式的，极易受外界干扰和产生相互干扰，频率越高干扰越严重，这就使它只能传输极低的频率。

对称通信电缆和架空明线一样，也是用一对导线组成一个通信回路。其回路是两根参数相同的绝缘线芯绞合在一起，它的电磁场基本被限制在金属护套内，但回路间的干扰还是频率越高越严重，所以传输频率仍然不高。

同轴线是用一根铜导体作为内导体，一管状铜导体（或铝导体）作为外导体，中间隔以绝缘。它的结构从根本上解决了频率越高串音越严重的问题，多用于高频传输。

2. 波导

波导是由单根空管（或导体）所组成的传输线。它不能传输 TEM 波，只能传输 TE 波、TM 波或极耦合波。波导的类型很多，有金属的、介质的、开放式的和封闭式的。从形状上分，有圆形的、矩形的或其他形状的。长途通信时其传输衰减随频率升高而下降，其传输频率可达到 10^{11} Hz 左右。

3. 光纤

通信光缆传输元件是光纤（光导纤维），它是一种特制的玻璃纤维，特点是使光波在其内部向前传输，光波实际上就是一种频率极高的电磁波。

在电气通信中，对通信质量的要求是：衰减小、失真小、串音小。因此，为使通信系统具有高传输质量，不仅要有良好的通信设备，还要有高质量的通信电缆线路。因此，通信电缆的设计制造应满足以下几点要求：

1）能满足实际需要的通信距离进行通信，就是说在宽频带内电缆的衰减应该尽可能小；

2）由线路产生的失真要小；

3）电缆回路对相互干扰及外界干扰的防卫度高；

4）电气参数稳定；

5）整个通信体制要经济。

1.2 通信网的基本组成

现代通信以既快又准确可靠的电信号和光信号来传递信息，如今的“通信”大部分是指用这种光电信号传输的电子通信。用电信号或光信号传递信息的系统，称作通信系统。通信系统有模拟通信系统和数字通信系统两大类，前者传输的是模拟信号，后者传输的是数字信号。构成通信系统的最基本模型如图 1-1 所示，其基本组成包括信源、变换器、信道、噪声源、反变换器、信宿等部分。

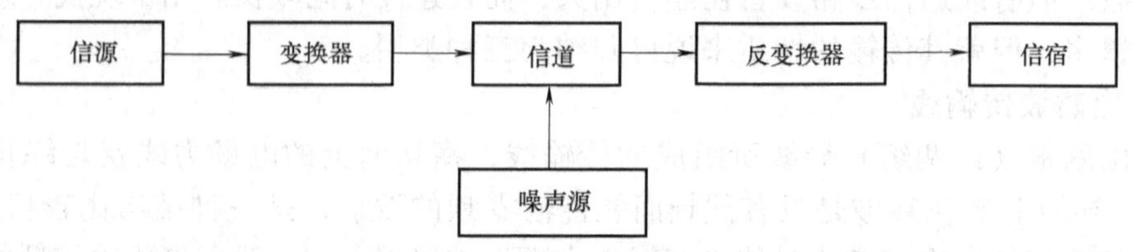

图 1-1 通信系统的基本构成模型

在这里重点强调一下信道。信道是信号的传输媒介。信道按传输介质的种类可以分为有线信道和无线信道。在有线信道中电磁信号被约束在某种金属传输线（如架空明线、电缆）上传输，光信号被约束在光纤中传输；在无线信道中电磁信号沿空间（大气层、对流层、电离层）传输。其通信特点如 1.1 节所述。

图 1-1 所示的只是一个最基本的单项的通信系统，实际的通信系统必须是双向的乃至多个通信方的，即多点通信，构成一个通信网。通信网可以描述为由一定数量的节点（包括交换设备和终端设备）互为有机地组合在一起，实现两个或多个规定节点间信息传输的通信体系。

从通信网的定义可以看出，通信网在硬件设备上的构成要素是终端设备、交换设备和传输链路。为了使全网协调合理地工作，还要有各种规定，如信令方案、各种协议等，均属于软件。

图 1-2 所示是一个由两个交换中心组成的通信网的基本形式。端局至汇接局的传输设备

一般称为中继电路，端局至用户的传输设备称为用户线路。端局用户既可以通过端局交换设备与本局范围内的用户相互连续，也可以通过端局和汇接局交换设备与本地区任一端局的用户完成连续。一般这种类型的网称为汇接式的星形网。目前，通信网的基本结构有网形网、星形网、总线型网和复合形网，它们各有特点，各有应用场合。

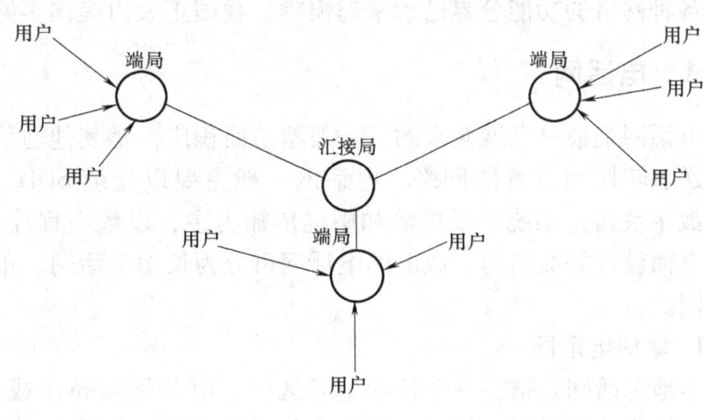

图1-2 通信网的基本形式

1.3 现代通信网分类

现代通信网的分类有很多种，按照功能、作用、性质及其服务范围，可以分为各种不同的网络。其分类见表1-1。

表1-1 通信网的分类

按运营方式划分	按业务范围划分	按适用范围划分
国内公用通信网	电话网	市内电话网 农村电话网 本地电话网 长途电话网
	数据网	局域网 城域网 计算机互联网
	传真网	本地传真网 地区性传真网 全国性传真网
	移动通信网	本地移动通信网 漫游移动通信网
	综合业务数字网	本地ISDN(Integrated Services Digital Network,综合业务数字网) 全国ISDN
	有线电视网	本地有线电视网 地区性有线电视网 全国性有线电视网

需要说明的是，以上网络除了有线电话的接入网部分和部分有线电视网传输的还是模拟信号，属于模拟网的范畴外，其余通信网都已数字化，属于数字通信网。随着通信的发展，

上述各种网络的功能分界已越来越模糊，我国正大力提倡多网融合，一网多用。

1.3.1 电话网

电话网是最早发展起来的，一般覆盖面积广，是其他通信网的基础，主要是为语音业务的传送、转接而设置的网络。电话网一般主要以光缆 SDH（Synchronous Digital Hierarchy，同步数字系列）系统干线传输和中继传输为主，以数字程控交换机（交换）为语音信号的转接点而设置等级结构。我国的电话网可分为长途电话网、市内电话网、本地电话网和农村电话网。

1. 本地电话网

本地电话网是指在一个长途编号区内，由若干端局（或端局与汇接局）、居间中继线、长市中继线及端局用户线组成的自动电话网。本地电话网的主要特点是在一个长途编号区内只有一个本地网，同一个本地网的用户之间呼叫只拨本地电话号码，而呼叫本地网以外的用户则需按长途程序拨号。本地电话网用户多，密度大，交换局的数目一般比较多。局间连接多以网形网方式。大城市需要设置连接局，形成等级网，汇接局与它所属的端局是星形连接，而汇接局间采用网形网连接，如图 1-3 所示。

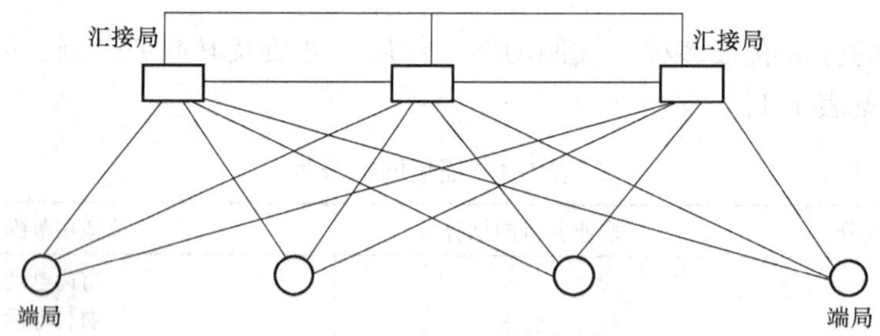

图 1-3　本地电话网的构成示意图

2. 长途电话网

长途电话网由长途交换中心、长途线路和长途中继线构成，其功能是疏通本地网之间的电话业务。一般长途线比较长，但话务量比本地网要少，根据情况，一般采用等级网。长途网设置一、二、三、四级交换中心，分别用 c_1、c_2、c_3 和 c_4 表示，c_5 为端局，TM 为本地汇接局。

一级交换中心相当于大区交换中心，现在主要设置在我国的八大城市（北京、沈阳、西安、成都、武汉、南京、上海、广州）；二级交换中心以省、市为交换中心；三级交换中心相当于地区长途交换中心；四级交换中心为县长途交换中心。各交换中心之间都设置有光缆传输链路，这些传输链路直接与长途汇接局相连。由传输链路组成的是国家一级干线、二级干线及长途中继线。四级长途电话网络结构如图 1-4 所示。

有线通信系统中，除交换和传输设备以外的局外部分称为通信线路。通信线路有长途和市内之分，它们按功能区分如下：

长途线路：连接与长途交换局之间的线路。最早的长途线路是金属架空明线，传输载波模拟信号。我国 20 世纪 60 年代中期开始使用长途对称电缆（包括纸绝缘高低频长途对称电缆、铜芯泡沫聚乙烯高低频长途对称电缆以及数字传输长途对称电缆）。我国从 20 世纪 70

年代中期开始，长途线路使用同轴电缆（包括小同轴、中同轴和微小同轴电缆）线路，开通的模拟载波路数得到更大的提高。20 世纪 90 年代后，长途线路逐渐被光缆取代，现在的有线长途通信线路已经全部被光缆代替。

中继线路：连接与市话交换局之间的线路。早期的中继线路采用的是市话电缆线对，后来在数字程控交换机普及后，局间中继线采用的是有内屏蔽的、低电容线对的 PCM（Pulse Code Modulation）电缆。20 世纪 90 年代后，局间中继线路也已经全部采用光缆。

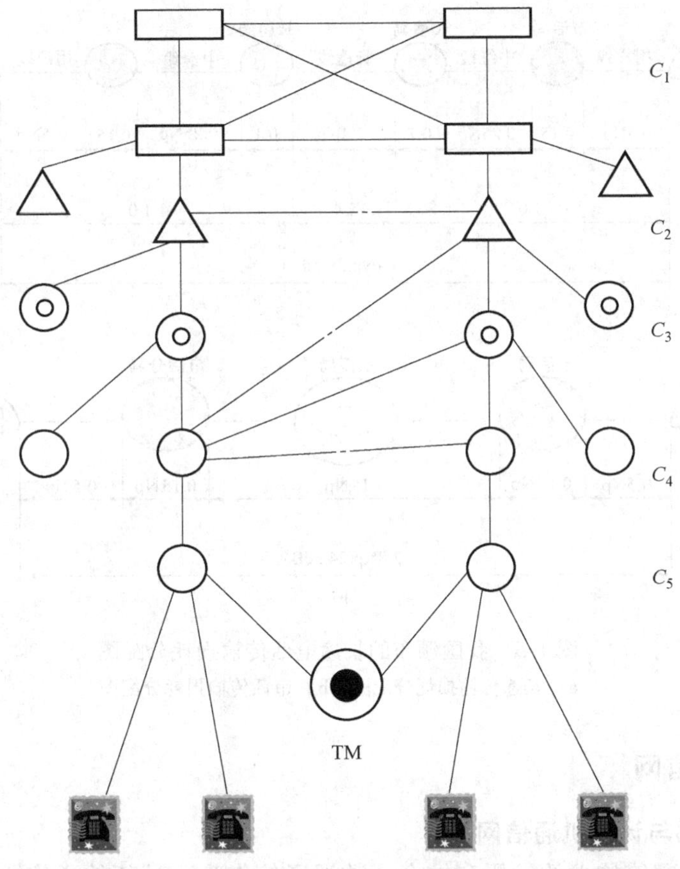

图 1-4 四级长途电话网络结构

用户线路：连接与市话交换局和用户之间的线路。用户线路的长度与用户密度分布、交换区面积、形状、自然地理环境等因素有关。大城市用户密集、用户线短，而农村，用户较稀，用户线长度较长。据统计，我国市话网用户线路的平均长度（端局到用户话机之间的线路长度）为 2. 6km，标准偏差为 1. 54km，50% 的用户处于 2. 0km 范围内，90% 的用户处于 4km 范围内，95% 的用户基本处于离端局 5km 的范围，对于铜电缆，用户线路传输设计应考虑环路电阻和用户电路参考当量限制的要求。我国在 20 世纪 80 年代之前，用户线路主要采用的是铜导体纸浆绝缘铅包护套电缆；80 年代中期开始，全塑市话通信电缆的生产技术逐渐成熟，用户线路开始向全塑市话电缆转变；90 年代中期开始，用户线路中局端设备逐渐向用户靠拢，“光进铜退”已开始成为趋势。21 世纪开始，用户线路中的大对数电缆（馈线电缆）也已大量被光缆代替，小对数的全塑市话电缆只作为接入用户的配线电缆。

电话信号在通信设备和通信线路上传输会产生衰减，影响电话受话者的可懂度，因此国际上对电话信号有清晰度和可懂度的概念，它们和传输线路的衰减特性一起决定了通信线路的使用长度。对于电话传输清晰度的传输标准，我国原邮电部在20世纪60年代就发布了电话传输损耗传输标准 YDCO8—64 和 YDCO9—64，这些标准中规定：长度两用户之间对于800Hz 的最大净损耗为 3. 4Np（29. 5dB），市内电话全程损耗限值为 2. 8Np（24. 3dB），如图 1-5 所示。

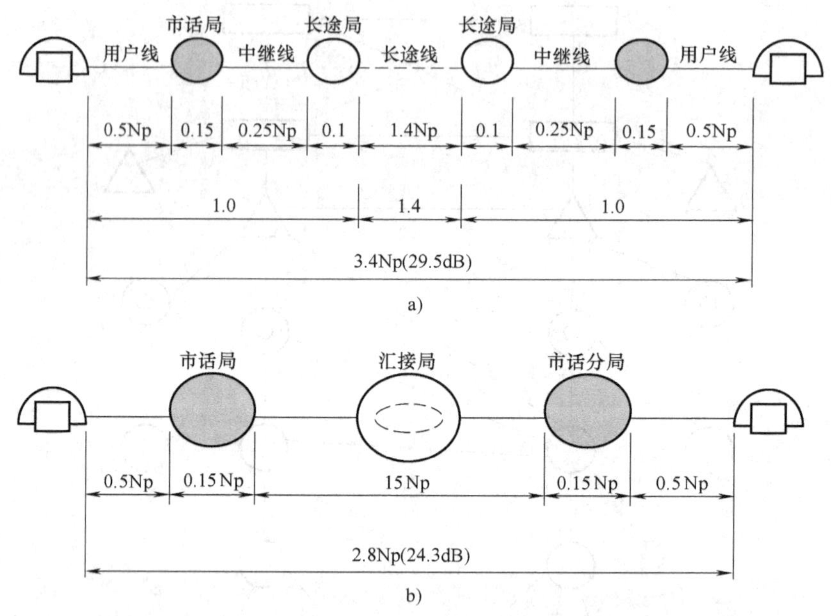

图 1-5　我国颁布的长途电话传输损耗分配图

a）长途传输损耗分配图　b）市话传输损耗分配图

1. 3. 2　数据通信网

1. 数据通信网与计算机通信网

随着计算机与通信技术的发展和结合，数据通信作为一种新的通信业务迅速发展，数据通信网或计算机网已成为发展最迅速、应用最广泛的电信领域之一。以 Internet 为代表的计算机网络在世界范围内的普及与应用，正在改变着我们的工作、学习和生活方式。

数据通信是继电报、电话通信之后发展起来的一种新的通信形式，是计算机与通信技术紧密结合的产物。数据通信是指按照一定协议（或规程）完成由数字、字母、符号等表示的具有离散形式信息的传输与交换的一种通信方式。数据用户可使用远地计算机通过数据通信进行远距离实时数据采集或对某一系统进行远距离实时控制。

计算机通信是指计算机与计算机之间或计算机与终端之间为共享硬件、软件和数据资源而协同工作，以实现数据信息传递的通信方式。严格来说，计算机通信和数据通信这两个概念是有区别的，数据通信是计算机通信的基础，它强调的是数据信息的传递；计算机通信除数据信息的传输外，还要分析所传数据的含义，并做出相应的处理。然而，随着技术的发展，数据通信和计算机通信的界限越来越模糊，两者的功能也相互渗透而难以区分，因此，在不引起误解的情况下，人们将计算机通信和数据通信、计算机网络和数据网相互混用。

2. 计算机网络的分类

计算机网络的类型很多，从不同的角度出发，有不同的分类方法。

（1）按网络的交换方式来分

如按网络中是否有交换设备，可以将其分为交换形网络和广播形网络。

（2）按网络的拓扑结构分类

按网络的拓扑结构通常可将计算机网络分为网形网、星形网等。

（3）按网络的覆盖范围分类

按网络的覆盖范围可将网络分为局域网（Local Area Netwoak，LAN）、城域网（Metropolitan Area Network，MAN）和广域网（Wide Area Network，WAN）。

3. 计算机通信网中的传输路线

现代的Internet是全球最大的计算机通信网。和全世界的电话网一样，计算机通信网也有长途网、本地网和用户内的局域网，主要传输路线也大都采用室内或室外光缆，只有工作区楼层的水平布线采用的是5类或超5类或6类铜导体对绞线数据电缆。随着技术的发展，光纤逐渐到桌面也是很有可能的。

1.4 通信电缆的发展过程

1.4.1 世界通信电缆的发展

电报机的发明推动了电报电缆的研发、应用，19世纪初，丹麦的奥斯特、英国的法拉第、德国的欧姆、美国的亨利等物理学家不断发现和创立了现代电学、电磁学的许多基础理论，为今后的电力、信息传输打开了闸门。

1833年，高斯和韦伯制成了第一部电磁指针电报机，用于1km长的线路上，用了6年。

1835年，美国莫尔斯发明了有线电报机，促进了通信电缆的发展。

1844年，美国建设的从华盛顿到巴尔的摩的电报线，就是以大地作为回路的单根导线。

1850年，在法国和英国之间的英吉利海峡敷设了一条电报线，这是世界上第一条传送电报的海底电缆线路。

1876年，美国贝尔发明有线电话机，最初用来传送电话信号的也是电报线。

1878年，美国在纽约与波士顿之间开通了第一条长途话缆线路。但后来发现，用这种线路传送的电话噪声很大，以致无法使用，这就迫使人们去改进通信线路并进行新的开发。

1883年，出现了采用两根架空导线作为回路的线路，使电话通信的噪声大大降低。

电话的迅速发展，使城市上空的电话线密布，显得拥挤不堪。为了解决电话线路拥挤影响市容的问题，人们研发了一种埋于地下的电缆。最早使用的连接布鲁克林和波士顿的地下电缆是用油渍丝包的电缆。后来出现了铅包电缆，这时的缆芯改用纸浆和纸绝缘。为了解决电缆线组回路间的串音问题，出现了扭绞线对的缆芯，这种方式一直沿用至今。

1889年美国WE公司开始大批量生产纸带绕包绝缘铅包市内通信电缆。

1891年英法海峡敷设最早的海底话缆。

1896年，市内电话开始使用电缆管道。

1898 年英国在伦敦与伯明翰之间敷设了一条长达 46km 的 19 个四线组成的长途通信电缆，用至 1938 年又改为载波通信。

1900 年左右，哥伦比亚大学的普平教授发明了"电缆加感"的理论，即采用人工加感，用增加电感的方法来减小衰减。人工加感的方式有两种，即均匀加感和集中加感。均匀加感是在电缆导电线芯上包上一层磁性材料，使回路的电感增大。这种加感电缆生产工艺复杂，应用范围受到限制，故至今未被广泛应用。集中加感是在线路上相隔一定距离接入一个电感线圈来达到加感的目的。这样可使通信距离达到 140km。但是人工加感线路也有一些缺点，主要是由于电感线圈的接入，相当于一只低通滤波器或因线圈附加损耗的增加，使传输频率受到限制。

1910 年，四线组电缆发明，这种结构的电缆可开通幻路通信。幻路是这样构成的，一个实路的两根导线作为幻路的去线，另一实路的两根导线作为幻路的回线，图 1-6 所示为幻路的通信示意图。

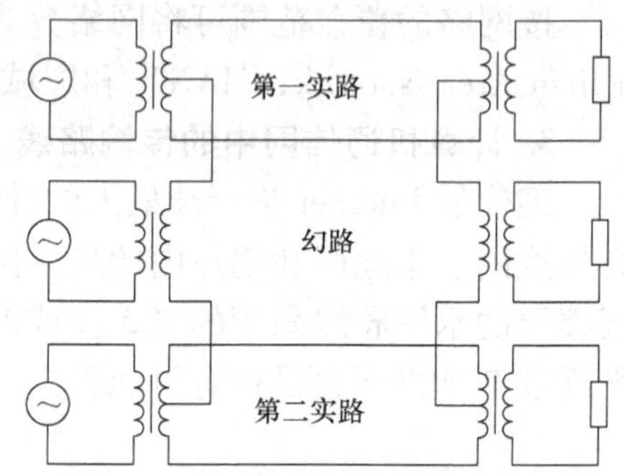

图 1-6 幻路的通信示意图

更长的通信距离是在增音机发明的基础上实现的。增音机实质上就是一个放大器，它把已经衰减到很微弱的信号进行放大。

采用增音机后，一方面能满足实际所需要的通信距离 L（只要沿线路设立适当数量的增音机就可以满足要求，如图 1-7 所示）；另一方面降低了线路的费用。采用增音机后线路的费用将包括两部分，电缆的费用和增音机的费用。对一定长度的线路来说，电缆的费用随增音站间距离的增加而增加，增音机的费用是随增音站间距离增加而减少，如图 1-8 所示。从理论和实践上证明，采用增音机后，当电缆导电线芯的直径从 2~3mm 减少到 0.9~1.4mm 时，整个线路的费用降为最低。

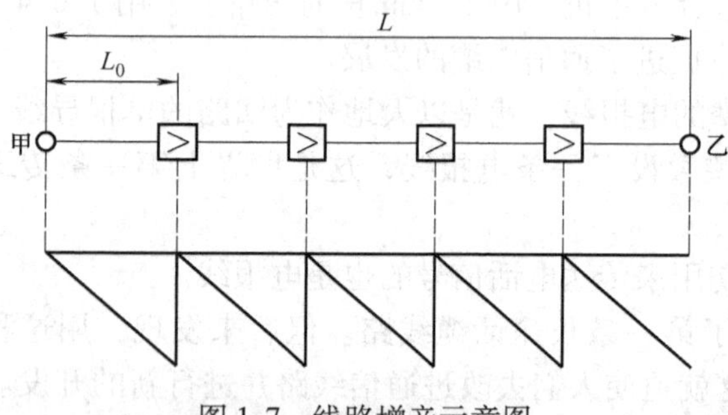

图 1-7 线路增音示意图

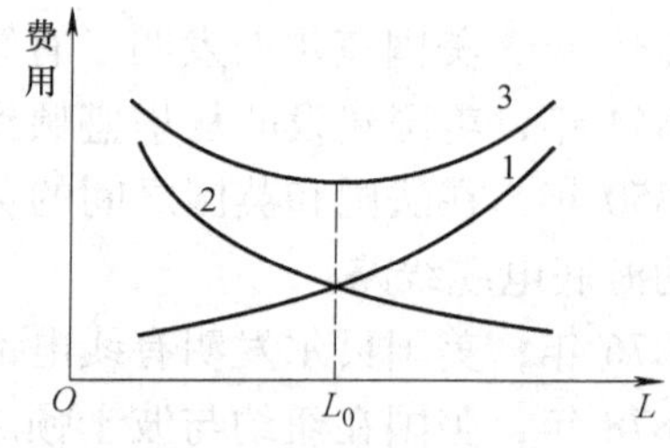

图 1-8 线路费用与增音站之间距离的关系
1—电缆的费用 2—增音机的费用 3—线路的费用

载波通信（信道复用）的发明，促进了通信电缆的进一步发展。所谓载波通信是在一对导线上利用频率分割同时进行很多对用户的通话，而相互没有干扰。这既增加了通话路数，也降低了每个话路的成本。为适应生产的发展而需增加通信路数，这必然要加多载波通信路数，随之要求电缆能传输较宽的频带，这是通信电缆的发展方向。电气通信中要求加宽频带的另一个原因是电视和雷达等宽频带新技术的迅速发展。为了进一步提高线路的利用率，增大通信容量，相应地对电缆提出了更宽频带的要求。

20世纪30年代发展了新型结构的不对称式的电缆——同轴电缆。其主要优点是：传输频带宽，高频时对回路间相互干扰和外来干扰具有较高的防卫度。在大通路时，传输系统整体比较经济。

1936年，德国制造宽带同轴电缆用以传输电视。

1939年，德国、美国开发了聚乙烯料，应用于各种通信电缆。

1941年，美国建成了第一条同轴电缆线路，最初开通480路电话，随后发展到3600路、10800路及13200路。

1944年，美国与法国间敷设了距离最长的（100海里）海底电缆。

1949年，美国制成公用天线电视电缆（CATV）。

1950年，美国制成全塑（PE）皱纹铝带综合护层电话电缆。

1956年，英、美、加三国合作敷设了第一条跨越大西洋的对称式电话电缆，全长4300km；1959年，美、法、加三国合作敷设了第二条大西洋海底通信电缆（同轴式）。至1976年，共敷设6条跨越大西洋的海底通信电缆。此后，在大西洋及各个海域陆续又敷设了大量的海底通信电缆，使世界各地区、各国之间信息传输全部畅通。

架空明线、对称电缆和同轴电缆均属于传输电磁波的双线传输线。这些传输线在一定频率范围内的通信中已得到了广泛的应用，但是当需要传输更高频率电磁波的情况下（千兆赫以上），上述传输线已不能适应，因而出现了另一种新的传输线——波导。波导除用于无线电系统以外，也可用于长途通信。例如在圆形波导管中传输 H_{01} 型波时，其衰减频率特性极佳，即随频率升高，衰减反而下降。显然，若用它来作为长途通信的传输线是极为有利的。前些年一些国家已开通了数条实验线路，效果较好。波导的缺点是要求精密度高的加工技术。

由于超导现象的发现及深冷技术的发展，超导同轴通信电缆在一些国家也进行了研究和实验。超导通信电缆的优良特性是低衰减、高屏蔽性及大功率等。尽管超导通信电缆的性能十分理想，但由于制冷技术与设备的限制，建设长距离的超导通信电缆线路仍不经济。以前，低温同轴电缆是国外的一种比较容易实现的较长距离低衰减宽带通信的补充手段。它的工作温度一般在液氢（200K）温度以下，这样对制冷的要求可低一些，线路成本也有所降低。

20世纪60年代由于激光的产生和发展，因此国外对光通信进行了研究。光导纤维通信是一种利用光波进行通信的新方法。它是把激光器发出并调制的激光送入一种像头发那样细的透明玻璃丝中，并传到对方的接收机来实现通信。光导纤维通信的最大优点是传输容量相当大。

实质上，光也是一种电磁波，不过它的波长极短，频率极高。如红光波长约 10^{-3}mm，其频率为 3×10^{14}Hz，若用它的1/10作为传输信号，则有 3×10^{13}Hz。理论上可以传输 10^6 路高质量电视或 10^{10} 路电话。即使降低 10^4 倍，带宽还有3千兆赫，也是10800路中同轴系统的50倍。如果由多根光导纤维组成光缆，那么它的通信容量还可大大增加。光导纤维通信的另一个重要优点是使用光导纤维作为传输线，可节省大量有色金属。光导纤维通信还有一些其他优点，例如截面积小、重量轻、不受外界电磁场的干扰、衰减小及保密性好等，因此光导纤维通信已成为世界电信的主要支柱。

1.4.2 我国通信线路的发展

19 世纪 70 年代，电信传入我国。

1949 年以前，长途线路绝大部分为架空明线，开通单路或 3 路载波；市内线路有少数进口的铅包纸绝缘电缆。

20 世纪 50 年代中期，我国能生产最大对数 1200 对的纸绝缘室内通信电缆和低频长途星绞对称电缆。

1962 年，在北京和石家庄之间开通了我国设计制造的 60 路载波长途高频长途对称电缆。

20 世纪 60 年代末，开始建设京津四管中同轴铝护套电缆 1800 路试验段。

1976 年，我国开通了自己设计制造的 1800 路京沪中同轴电缆线路。

20 世纪 70 年代末，开发成功了性能完全符合 G. 623 建议中 60MHz（10800 路）规定的同轴电缆。

1983 年，在 1800 路京沪杭干线的湖州至杭州段上，将增音段从原来的 6km 改为 3km，传输 24MHz（4380 路）载波。

20 世纪 80 年代初，开发成功了聚乙烯垫片/聚苯乙烯绝缘铝护套小同轴电缆，可开通 300/390 路载波系统，很快在全国省内干线上推广使用。

1984 年，首次从美国引进全塑市话电缆生产线、关键原料、测量设备和相关技术，试制出了合格的铜芯全塑市内通信电缆。

1978 年，我国开始研制光纤（多模）光缆，研制成功后首先应用于上海、武汉和北京三条市内局间中继线路上。

1983 年拉制出第一批单模光纤（G. 652 光纤），但质量与国外品牌光纤相比具有一定差距。

20 世纪 80 年代末，我国与荷兰飞利浦合资建立武汉长飞光纤公司，运用 PCVD 法生产光纤，质量接近国外品牌光纤。

“九五”计划期间，全国建成了八纵八横的光缆长途干线，在干线上采用了带有掺铒光纤放大器的波分复用技术，大大增加了干线的带宽容量。

20 世纪 90 年代初，光缆开始应用于本地网。

1993 年，我国成功开通了首条国际海底光缆——中日海底光缆。

20 世纪 90 年代末，光缆开始进入接入网（既用户线网）。

1997 年开始，我国开始大量生产 5 类以上级别的应用于计算机网络的数据通信电缆。

1.5 通信电缆的型号

我国的通信电缆产品型号的表示，采用汉语拼音字母和数字相结合命名的方法。

1.5.1 产品型号与结构的关系

类别用途	导体	绝缘层	（内）护层	特征	外护层	规格

派生的位置一般用数字表示使用的最高频率。

1.5.2　各部分代表符号的意义

各部分代表符号含义见表1-2。

表1-2　各部分代表符号含义

类别用途	导体	绝缘层	内护层	特征
H:市内通信电缆 HB:电话线 HE:长途对称通信电缆 HJ:局用电缆 HO:干线同轴电缆 HP:配线电缆 HR:电话软线 NH:农用电话线 HH:海底通信电缆 S:射频同轴电缆 SE:射频对称电缆 P:信号电缆 HS:数字通信电缆	T:铜导线 L:铝导线 G:钢(铁) HL:铝合金线	V:聚氯乙烯 Y:聚乙烯 B:聚苯烯 YF:泡沫聚乙烯 YP:泡沫/皮聚乙烯 YK:纵孔聚乙烯 F:聚四氟乙烯 X:橡皮 Z:纸	GW:皱纹钢管 LW:皱纹铝管 L:铝护层 Q:铅护层 V:聚氯乙烯护层 Y:聚乙烯护层 A:铝—聚乙烯粘接护层 S:钢—聚乙烯粘接护层	C:自承式 T:填充式 G:隔离式 J:交换机用 P:屏蔽型 E:话务员耳机用 Z:综合型 B:扁(平行)

(1) 铠装层

当有外护层时，它可包括垫层、铠装层和外被层的某些部分和全部，其代号用两组数字表示（垫层不需表示），第一组表示铠装层，它可以是一位或两位数字，见表1-3；第二组表示外被层或外套，它应是一位数字，见表1-4。

表1-3　铠装层

代　号	铠 装 层	代　号	铠 装 层
0	无铠装层	4	单粗圆钢丝
2	绕包双钢带	44	双粗圆钢丝
3	单细圆钢丝	5	皱纹钢带
33	双细圆钢丝		

(2) 外被层

表1-4　外被层或外套

代　号	外被层或外套	代　号	外被层或外套
0	无外被层或外套	2	聚氯乙烯护套
1	纤维外被	3	聚乙烯护套

(3) 规格

表明电缆缆芯中绝缘线组（或线芯）的数目及导体规格等。

例如：铜芯、泡沫聚烯烃绝缘、填充式、挡潮层聚乙烯护套、双钢带铠装、聚乙烯套、市内通信电缆，包含400对导体标称直径0.5mm对绞组，电缆的型号应表示为HYFAT23 400×2×0.5。

第 2 章　通信电缆的电气特性

2.1　均匀电缆传输线理论

这里讨论的传输线主要是指双线传输线，所谓均匀传输线是指组成线路的材料宏观性质、结构和导线形状沿线方向没有变化。在均匀电缆线路中，电阻（有效电阻）和电感在导线上是沿其长度均匀分布的，而电容和绝缘电导则是在导线之间沿其长度均匀分布的。电磁波沿着均匀电缆线路传输时，导线间的电压和导线中的电流的振幅和相位沿其长度连续不断变化。因此，要研究一定长度电缆上电压、电流的变化规律，并确定电压、电流的关系，必须先研究无限短长度的电缆段上电压和电流的变化，列出均匀电缆线路的电压和电流的微分方程，从而解出表征电磁波沿均匀电缆回路传输时的传输方程。

2.1.1　均匀电缆传输线的等效回路

将一定长度的电缆传输线看作是由无数无限短长度的电缆段组成的，对每一小段电缆都可以看作为一个集中参数电路，均匀电缆传输线的等效回路如图 2-1 所示。

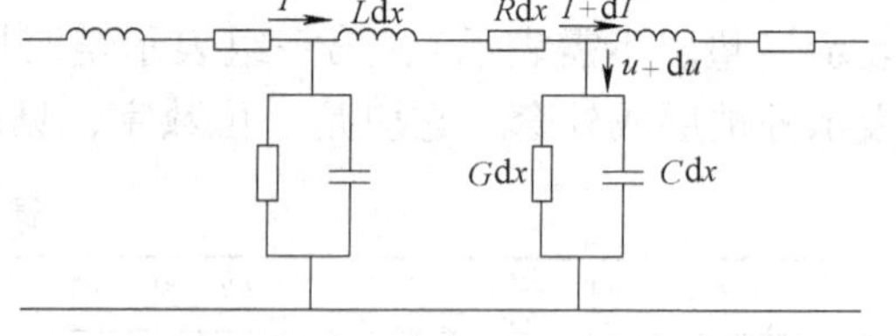

图 2-1　均匀电缆传输线的等效回路

其中：R 为单位长度电缆回路的有效电阻，单位是 Ω/km；

L 为单位长度电缆回路的有效电感，单位是 H/km；

C 是单位长度电缆回路的电容，单位是 F/km；

G 是单位长度电缆回路的绝缘电导，单位是 S/km；

dx 为无限短电缆的长度。

在这里，上述的 R、L、C、G 称为电缆线路的一次传输参数。这些参数与传输电磁波的电压和电流的大小无关，它们是由电缆本身的结构尺寸、材料及所传输电流的频率等条件决定的。在同轴电缆中，由于两根导线不同，因此 R、L 在两根导线上的分布也不同。

在图 2-1 所示的电路中，单位长度电缆线路上的串联参数 R 和 L 组成阻抗为 $Z = R + j\omega L$，并联参数 C 和 G 组成导纳 $Y = G + j\omega C$。由此看出，电缆回路的损耗由两部分组成：一是金属内的损耗，当电流通过电缆回路，导电芯线要发热就有热量，回路的有效电阻越大，金属内的损耗也越大；二是介质内损耗，这种损耗决定于所用介质的不完善程度（即直流绝缘电导）和介质极化的能量损耗（即交流绝缘电导）。

由上述分析可知：

1）要选择电阻率较小的导体材料作线芯，当材料一定时，可增大线芯直径使 R 减小，达到减小金属内损耗的目的。特别是在低频范围内使用的电缆，金属内的损耗占全部损耗的绝大部分，减少这部分的损耗更为重要。铜和铝是常用的导体材料。

2）要选用介质损耗角正切值 $\tan\delta$ 较小的介质作绝缘材料。在低频时，介质损耗很小，$\tan\delta$ 的意义不大。而在高频范围内使用的电缆，介质损耗明显增加，必须考虑 $\tan\delta$。常用的高频绝缘材料有聚乙烯、聚苯乙烯等。

2.1.2　均匀电缆传输的基本方程

为了研究无限短长度（$\mathrm{d}x$）电缆段上电压和电流的变化规律，以及电压和电流的关系，可利用图2-1所示的均匀电缆的等效回路来求得。当所加电压和电流为正弦波时，在 $\mathrm{d}x$ 段内有 $R\mathrm{d}x$、$L\mathrm{d}x$、$C\mathrm{d}x$、$G\mathrm{d}x$。串联阻抗 $Z\mathrm{d}x=(R+\mathrm{j}\omega L)\mathrm{d}x$，并联导纳 $Y\mathrm{d}x=(G+\mathrm{j}\omega L)\mathrm{d}x$，在 $\mathrm{d}x$ 小段起点处，电压为 U，电流为 I；在 $\mathrm{d}x$ 小段终点处，电压为 $U+\mathrm{d}U$，电流为 $I+\mathrm{d}I$。

根据基尔霍夫第一、二定律，可列以下方程：

$$\begin{aligned}U-(U+\mathrm{d}U)&=I(R+\mathrm{j}\omega L)\mathrm{d}x\\I-(I+\mathrm{d}I)&=(U+\mathrm{d}U)(G+\mathrm{j}\omega C)\mathrm{d}x\end{aligned}\tag{2-1}$$

对式（2-1）进行整理，并忽略 $(G+\mathrm{j}\omega C)\mathrm{d}x\mathrm{d}U$，可以得到下列微分方程：

$$\begin{aligned}-\frac{\mathrm{d}U}{\mathrm{d}x}&=(R+\mathrm{j}\omega L)I\\-\frac{\mathrm{d}I}{\mathrm{d}x}&=(G+\mathrm{j}\omega C)U\end{aligned}\tag{2-2}$$

上式左边的微分方程取负号表明电压和电流随 x 增加而减小。

如果将式（2-2）对 x 偏微分，并将式（2-2）中 $\frac{\mathrm{d}U}{\mathrm{d}x}$ 和 $\frac{\mathrm{d}I}{\mathrm{d}x}$ 的值代入可得

$$\begin{aligned}\frac{\mathrm{d}^2U}{\mathrm{d}x^2}&=(R+\mathrm{j}\omega L)(G+\mathrm{j}\omega C)U\\\frac{\mathrm{d}^2I}{\mathrm{d}x^2}&=(R+\mathrm{j}\omega L)(G+\mathrm{j}\omega C)\end{aligned}\tag{2-3}$$

令 $\gamma=\sqrt{(R+\mathrm{j}\omega L)\ (G+\mathrm{j}\omega C)}$，则式（2-3）可写成

$$\left.\begin{aligned}\frac{\mathrm{d}^2U}{\mathrm{d}x^2}-\gamma^2U=0\\\frac{\mathrm{d}^2I}{\mathrm{d}x^2}-\gamma^2I=0\end{aligned}\right\}\tag{2-4}$$

在式（2-4）中，U 的通解为

$$U=A_1\mathrm{e}^{-\gamma x}+A_2\mathrm{e}^{\gamma x}\tag{2-5}$$

由式（2-2）中第一式可得

$$I=-\frac{1}{R+\mathrm{j}\omega L}\frac{\mathrm{d}U}{\mathrm{d}x}=\frac{\gamma}{R+\mathrm{j}\omega L}(A_1\mathrm{e}^{-\gamma x}-A_2\mathrm{e}^{\gamma x})$$

令 $Z_{\mathrm{C}}=\sqrt{\frac{R+\mathrm{j}\omega L}{G+\mathrm{j}\omega C}}$，则

$$I=\frac{1}{Z_{\mathrm{C}}}(A_1\mathrm{e}^{-\gamma x}-A_2\mathrm{e}^{\gamma x})\tag{2-6}$$

如果已知电缆始端（即 $x=0$ 处）的电压为 U_0 和电流为 I_0，代入式（2-5）及式(2-6)，

可确定出积分常数 A_1 和 A_2。

$$U_0 = A_1 + A_2$$
$$I_0 = \frac{1}{Z_C}(A_1 - A_2)$$

解上式可得

$$A_1 = \frac{U_0 + I_0 Z_C}{2},\quad A_2 = \frac{U_0 - I_0 Z_C}{2}$$

将 A_1 及 A_2 代入式（2-5）及式（2-6），可获得用始端电压和电流来表征通信线路沿线电压和电流分布的公式，即

$$\left.\begin{aligned} U &= \frac{U_0 + I_0 Z_C}{2}e^{-\gamma x} + \frac{U_0 - I_0 Z_C}{2}e^{\gamma x} \\ I &= \frac{U_0 + I_0 Z_C}{2Z_C}e^{-\gamma x} - \frac{U_0 - I_0 Z_C}{2Z_C}e^{\gamma x} \end{aligned}\right\} \tag{2-7}$$

如果电缆线路长度为 l，则其终端的电压和电流值可通过式（2-7）变为

$$\left.\begin{aligned} U_1 &= \frac{U_0 + I_0 Z_C}{2}e^{-\gamma l} + \frac{U_0 - I_0 Z_C}{2}e^{\gamma l} \\ I_1 &= \frac{U_0 + I_0 Z_C}{2Z_C}e^{-\gamma l} - \frac{U_0 - I_0 Z_C}{2Z_C}e^{\gamma l} \end{aligned}\right\} \tag{2-8}$$

式（2-8）也可用双曲函数表示：

$$\left.\begin{aligned} U_1 &= U_0 \mathrm{ch}\gamma l - I_0 Z_C \mathrm{sh}\gamma l \\ I_1 &= I_0 \mathrm{ch}\gamma l - \frac{U_0}{Z_C}\mathrm{sh}\gamma l \end{aligned}\right\} \tag{2-9}$$

式（2-7）及式（2-8）中的 x，l 是从线路始端算起的。

若已知线路终端电压 U_1 和电流 I_1，且线路长度是从终端算起的，则始端的电压 U_0 和电流 I_0 可由下式求取。

$$\left.\begin{aligned} U_0 &= \frac{U_1 + I_1 Z_C}{2}e^{\gamma l} + \frac{U_1 - I_1 Z_C}{2}e^{-\gamma l} \\ I_0 &= \frac{U_1 + I_1 Z_C}{2Z_C}e^{\gamma l} - \frac{U_1 - I_1 Z_C}{2Z_C}e^{-\gamma l} \end{aligned}\right\} \tag{2-10}$$

式（2-10）也可用双曲函数表示：

$$\left.\begin{aligned} U_0 &= U_1 \mathrm{ch}\gamma l + I_1 Z_C \mathrm{sh}\gamma l \\ I_0 &= I_1 \mathrm{ch}\gamma l + \frac{U_1}{Z_C}\mathrm{sh}\gamma l \end{aligned}\right\} \tag{2-11}$$

式（2-11）称为均匀传输线路的基本方程。

式（2-6）~式（2-11）中的 $Z_C = \sqrt{\dfrac{R + \mathrm{j}\omega L}{G + \mathrm{j}\omega C}}$ 称为波阻抗或特性阻抗，$\gamma = \sqrt{(R + \mathrm{j}\omega L)(G + \mathrm{j}\omega C)}$ 称为传播常数。Z_C 和 γ 与传输线的一次传输参数（R、L、C、G）有关，是用以表征传输线路特性的参数，称为传输线的二次传输参数。

正如声波和光波传输时具有反射作用一样，电磁波在不均匀线路（如电缆线路本身不

均匀或线路的终端不匹配）上传输时，也会发生能量的反射。从式（2-7）可以看出，在 x 点（即线路上任意点）的电压和电流都是两个分量之和，其中一个分量随 x 增加而减小，另一个分量却随 x 增加而增加。很明显，具有负 γ 值的一项就是入射的电压波或电流波，而具有正 γ 值的另一项就是反射的电压波或电流波。在这种情况下，如用 $U_{入}$、$U_{反}$、$I_{入}$、$I_{反}$ 分别表示入射及反射电压波及电流波，则式（2-7）变为

$$\left.\begin{aligned} U &= U_{入} + U_{反} \\ I &= I_{入} - I_{反} \end{aligned}\right\} \tag{2-12}$$

如果取比例$\frac{U_{入}}{I_{入}}$和$\frac{U_{反}}{I_{反}}$就不难发现

$$\frac{U_{入}}{I_{入}} = \frac{\dfrac{U_0 + I_0 Z_C}{2}}{\dfrac{U_0 + I_0 Z_C}{2Z_C}} = Z_C$$

$$\frac{U_{反}}{I_{反}} = \frac{\dfrac{U_0 - I_0 Z_C}{2}}{\dfrac{U_0 - I_0 Z_C}{2Z_C}} = Z_C$$

由此可知，入射电压波与入射电流波之比或反射电压波与反射电流波之比都是常数，并且都等于波阻抗 Z_C。也就是说不论入射波还是反射波，在其传播中，在传输线的每一点上所遇到的都是数值为 Z_C 的阻抗，因而 Z_C 称为波阻抗。

从式中可以看出，γ 这一数值表征电磁波沿线路传输时幅值和相位的变化程度，故称为传播常数，γ 只与传输线路的一次参数及信号频率有关。

2.1.3　终端负载阻抗匹配的均匀线路

根据对传输方程的分析得知，在一般情况下线路中除具有入射的电压波和电流波外，还有反射的电压波和电流波。

在通信技术中，要求在线路中不应存在终端产生的反射波。如果存在反射波就说明能量没有全部被负载吸收，而有部分返回线路引起能量损耗的增加。同时，反射波的存在还能引起信号的失真，并使回路间干扰加剧。

在式（2-10）中后一项是反射波，为消除反射波，必须满足 $U_1 = I_1 Z_C$ 这一条件，而在线路终端$\frac{U_1}{I_1} = Z_H$（Z_H为负载阻抗），即要满足$\frac{U_1}{I_1} = Z_H$。

就是说，当终端的负载阻抗 Z_H 与线路的波阻抗 Z_C 相等时，反射波就等于零，能量全部被负载吸收，这样的线路称为匹配线路。

当电磁波沿匹配线路传输时，可将终端匹配条件下的传输方程式（2-10）改写为

$$\left.\begin{aligned} U_0 &= U_1 e^{\gamma l} \\ I_0 &= I_1 e^{\gamma l} \end{aligned}\right\} \tag{2-13}$$

或

$$\left.\begin{aligned} U_1 &= U_0 e^{-\gamma l} \\ I_1 &= I_0 e^{-\gamma l} \end{aligned}\right\} \tag{2-14}$$

这时回路上的电压和电流沿线路全长按指数规律变化，线路任一点的阻抗均等于波阻抗。

2.2 电缆线路的二次传输参数

2.2.1 波阻抗及传播常数的物理意义

波阻抗是电磁波沿均匀线路传播而没有反射时所遇到的阻抗，亦即线路终端匹配时线路内任意一点的电压波（U）和电流波（I）的比值。各种均匀通信线路都有固有的波阻抗，其值仅与线路的一次参数和传输电流频率有关，与线路长度无关，也与传输的电压和电流的大小及负载阻抗无关。其数值计算公式为

$$Z_C = \sqrt{\frac{R + j\omega L}{G + j\omega C}}$$

传播常数 γ 表示电磁波沿均匀匹配线路传输时，单位长度回路内幅值减小及相位滞后的数量。传播常数 γ 是一个复数值，其表示式如下：

$$\gamma = \alpha + j\beta = \sqrt{(R + j\omega L)(G + j\omega C)} \tag{2-15}$$

传播常数的实部，即 α 称为传输线的衰减常数，α 表示电磁波在均匀电缆上每公里的衰减值，单位为奈/公里；传播常数的虚部 β 称为传输线的相移常数，β 表示电磁波的相位在均匀电缆上每公里的变化值，单位为弧度/公里。

在通信技术、电声学和许多其他领域，衰减值都以分贝来表示。这个单位是用常用对数表示的。

$$\left.\begin{aligned} \alpha l &= 10\lg\frac{P_0}{P_1}(\text{分贝}) \\ \alpha l &= 20\lg\left|\frac{U_0}{U_1}\right| = 20\lg\left|\frac{I_0}{I_1}\right|(\text{分贝}) \end{aligned}\right\} \tag{2-16}$$

奈和分贝有下列关系：1 奈 = 8.686 分贝　　1 分贝 = 0.115 奈。

电流的振幅和相位沿电缆长度的变化如图 2-2 所示。由图 2-2 可知，电流的矢量沿电路逐渐减小，而其相位是逐渐改变的。电流（或电压）沿线路是按指数规律（$e^{-\alpha}$）逐渐减小的。

2.2.2 波阻抗的计算公式

当导电线芯的材料、直径、绝缘形式及结构等确定后，波阻抗 Z_C 只随频率的变化而变化，Z_C 与频率的变化关系称为波阻抗的频率特性。

波阻抗 Z_C 与一次传输参数及频率的关系可按下式计算：

$$Z_C = |Z_C| e^{j\varphi_C} = \sqrt{\frac{R + j\omega L}{G + j\omega C}} = \sqrt[4]{\frac{R^2 + \omega^2 L^2}{G^2 + \omega^2 C^2}} e^{j\frac{\varphi_1 - \varphi_2}{2}}$$

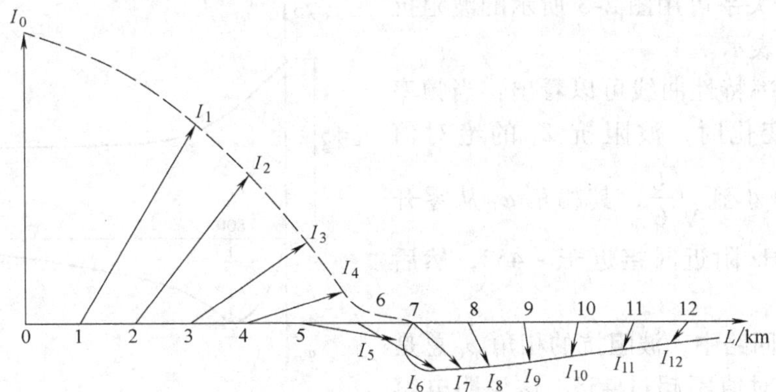

图 2-2　电流的振幅和相位沿电缆长度的变化

因此

$$|Z_C| = \sqrt[4]{\frac{R^2 + \omega^2 L^2}{G^2 + \omega^2 C^2}} \tag{2-17}$$

$$\varphi_C = \frac{\varphi_1 - \varphi_2}{2} \tag{2-18}$$

$$\varphi_1 = \tan^{-1}\frac{\omega L}{R} \tag{2-19}$$

$$\varphi_2 = \tan^{-1}\frac{\omega C}{G} \tag{2-20}$$

在某些频率范围内，波阻抗的计算可采用下列简化公式

1. 在直流时（$f=0$）

$$\left.\begin{aligned} Z_C &= |Z_C| = \sqrt{\frac{R}{G}} \\ \varphi_C &= 0 \end{aligned}\right\} \tag{2-21}$$

2. 在音频时（$f \leqslant 800\text{Hz}$）

因频率较低，电缆回路中感抗较小，相对于回路有效电阻可以忽略，同时因绝缘电导 G 与 ωC 比较也可以不考虑。即 $R \gg \omega L$ 和 $G \ll \omega C$，这时

$$Z_C \approx \sqrt{\frac{R}{\text{j}\omega C}} = \sqrt{\frac{R}{\omega C}}\text{e}^{-\text{j}45^\circ}$$

即

$$\left.\begin{aligned} |Z_C| &\approx \sqrt{\frac{R}{\omega C}} \\ \varphi_C &= -45^\circ \end{aligned}\right\} \tag{2-22}$$

3. 在高频时（$f > 30\text{kHz}$）

音频率高，回路的一次参数间存在下列关系：$\omega L \gg R$、$\omega C \gg G$，则

$$\left.\begin{aligned} Z_C &= |Z_C| \approx \sqrt{\frac{L}{C}} \\ \varphi_C &= 0^\circ \end{aligned}\right\} \tag{2-23}$$

以上三种简化公式都是在特定条件下使用的，除上述情况外应按完全公式计算。波阻抗

与频率有关，其关系可用图 2-3 所示的波阻抗频率特性曲线来表示。

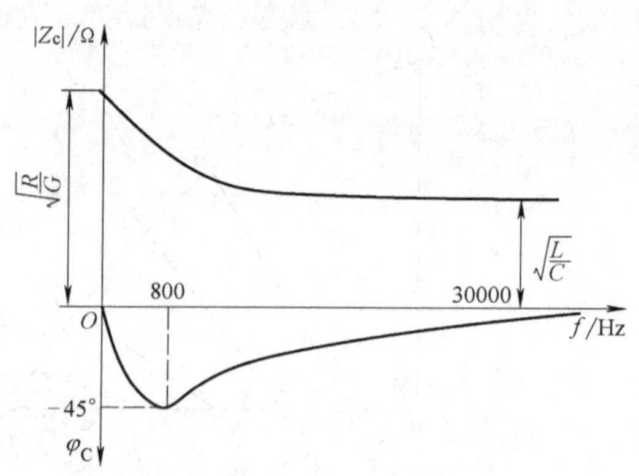

图 2-3 电缆线路的波阻抗频率特性曲线

从波阻抗频率特性曲线可以看出：当频率由零向无限大变化时，波阻抗 Z_C 的绝对值 $|Z_C|$ 便由 $\sqrt{\frac{R}{G}}$ 减小到 $\sqrt{\frac{L}{C}}$，其相角 φ_C 从零开始到频率为 800Hz 附近时接近于 -45°，然后再逐渐接近于零。

在一般电缆回路中，波阻抗的相角 φ_C 总是负的，而且其绝对值不超过 45°，这说明电容分量占优势，即电缆线路的波阻抗是呈电容性的。电流为直流和在高频时 $\varphi_C \approx 0$，此时，波阻抗呈纯电阻性，即电流和电压没有相位差。

2.2.3 传播常数的计算公式

由式（2-5）可知，传播常数 γ 为

$$\gamma = \alpha + j\beta = \sqrt{(R + j\omega L)(G + j\omega C)}$$

将上式右边等号的两边平方，得

$$\alpha^2 + j2\alpha\beta - \beta^2 = (RG - \omega^2 LC) + j\omega(RC + LG)$$

上式等号两边实部与虚部分别相等，得

$$\alpha^2 - \beta^2 = RG - \omega^2 LC$$

$$2\alpha\beta = \omega(RC + LG)$$

上两式联立，解得

$$\alpha = \sqrt{\frac{1}{2}\left[\sqrt{(R^2 + \omega^2 L^2)(G^2 + \omega^2 C^2)} + (RG + \omega^2 LC)\right]} \tag{2-24}$$

$$\beta = \sqrt{\frac{1}{2}\left[\sqrt{(R^2 + \omega^2 L^2)(G^2 + \omega^2 C^2)} - (RG - \omega^2 LC)\right]} \tag{2-25}$$

式（2-24）及式（2-25）和波阻抗的计算公式 $\left(Z_C = \sqrt{\frac{R + j\omega L}{G + j\omega C}}\right)$ 一样，可以对各种双线回路当频率从零至无穷大时进行计算，但公式较为复杂。下面讨论在不同频率范围内，衰减常数 α 和相移常数 β 的简化计算公式。

1. 在直流时（$f=0$）

$$\gamma = \alpha + j\beta = \sqrt{RG}$$

因而

$$\alpha = \sqrt{RG},\ \beta = 0 \tag{2-26}$$

2. 在音频时（$f \leqslant 800$Hz）

在此频率范围内，$R \gg \omega L$、$G \ll \omega C$，可略去 ωL 和 G，则

$$\gamma = \sqrt{jR\omega C} = \sqrt{\omega CR}e^{j45^\circ} = \sqrt{\omega CR}(\cos 45^\circ + j\sin 45^\circ)$$

$$= \sqrt{\omega CR}\left(\frac{\sqrt{2}}{2} + j\frac{\sqrt{2}}{2}\right)$$

故
$$\left.\begin{aligned}\alpha &= \sqrt{\frac{\omega CR}{2}}\\ \beta &= \sqrt{\frac{\omega CR}{2}}\end{aligned}\right\} \tag{2-27}$$

3. 在高频时（$f>30\text{kHz}$）

为了简化公式，可把 γ 全式改写成

$$\gamma = \sqrt{\mathrm{j}\omega L\left(1+\frac{R}{\mathrm{j}\omega L}\right)\mathrm{j}\omega C\left(1+\frac{G}{\mathrm{j}\omega C}\right)} = \mathrm{j}\omega\sqrt{LC}\sqrt{\left(1+\frac{R}{\mathrm{j}\omega L}\right)\left(1+\frac{G}{\mathrm{j}\omega C}\right)} \tag{2-28}$$

因为在高频时，$R\ll\omega L$、$G\ll\omega C$，所以

$$\frac{R}{\mathrm{j}\omega L}\ll 1,\quad \frac{G}{\mathrm{j}\omega C}\ll 1$$

根据级数展开

$$(1+x)^{\frac{1}{2}} = 1+\frac{1}{2}x-\frac{1}{2}\cdot\frac{1}{4}x^2+\frac{1}{2}\cdot\frac{1}{4}\cdot\frac{3}{6}x^2-\cdots\quad |x|\leqslant 1$$

把高次项舍去，则

$$\left(1+\frac{R}{\mathrm{j}\omega L}\right)^{\frac{1}{2}}\approx 1+\frac{R}{2\mathrm{j}\omega L},\quad \left(1+\frac{G}{\mathrm{j}\omega C}\right)^{\frac{1}{2}}\approx 1+\frac{G}{2\mathrm{j}\omega C}$$

将此值代入式（2-28）并整理得

$$\gamma=\alpha+\mathrm{j}\beta\approx\frac{R}{2}\sqrt{\frac{C}{L}}+\frac{G}{2}\sqrt{\frac{L}{C}}+\mathrm{j}\omega\sqrt{LC}+\frac{RG}{\mathrm{j}4\omega\sqrt{LC}}$$

高频时，$RG\ll 4\omega\sqrt{LC}$，所以$\dfrac{RG}{\mathrm{j}4\omega\sqrt{LC}}\approx 0$，因此得

$$\alpha=\frac{R}{2}\sqrt{\frac{C}{L}}+\frac{G}{2}\sqrt{\frac{L}{C}} \tag{2-29}$$

$$\beta=\omega\sqrt{LC} \tag{2-30}$$

大约从 30kHz 起，按式（2-29）、式（2-30）对电缆线路进行计算，就具有足够的准确性。例如在对称的通信电缆中，当频率为 20kHz 时，衰减常数 α 的误差不大于 3%，而相移常数 β 的误差不大于 1%，伴随频率的增高，这些简单公式的误差将下降。

当频率在 800～30000Hz 范围内，采用完全公式计算。

表 2-1 中列出了在不同频率下二次传输参数的计算公式。

表 2-1　二次传输参数在不同频率下的计算公式

参数符号	频率/Hz			
	0	0～800	800～30000	30000～∞
α	$\sqrt{RG}$	$\sqrt{\frac{\omega CR}{2}}$	完全公式	$\frac{R}{2}\sqrt{\frac{C}{L}}+\frac{G}{2}\sqrt{\frac{L}{C}}$
β	0	$\sqrt{\frac{\omega CR}{2}}$	完全公式	$\omega\sqrt{LC}$
Z_C	$\sqrt{\frac{R}{G}}$	$\sqrt{\frac{R}{\omega C}}\mathrm{e}^{-\mathrm{j}45°}$	完全公式	$\sqrt{\frac{L}{C}}$

图2-4所示为电缆线路的衰减常数和相移常数与频率的关系。从前面的分析及图2-4中曲线可知，在直流时 $\alpha=\sqrt{RG}$，当频率开始增加后，按规律 $\sqrt{\frac{\omega CR}{2}}$ 迅速增大，而后增大的速度又缓慢下来。相移常数 β 从零开始（当 $f=0$）随频率的增加在音频时与衰减常值相等，然后在高频范围内按照公式 $\beta=\omega\sqrt{LC}$ 所确定的直线规律增长。

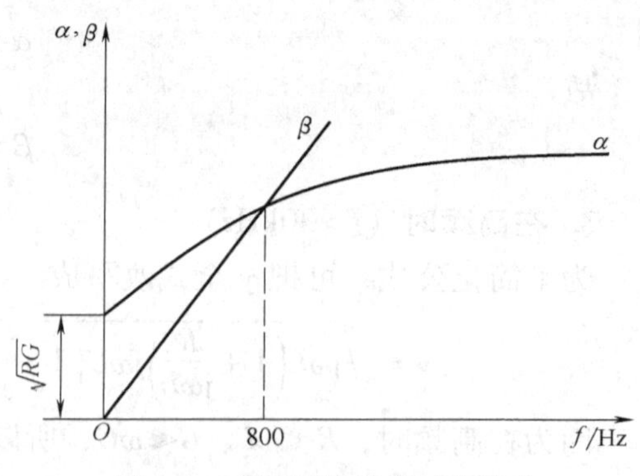

图2-4 电缆线路的衰减常数和相移常数与频率的关系

由图2-4中 $\alpha-f$ 曲线可见，在曲线中出现一个很弯曲的线段，对于直径 $d=1.2\text{mm}$ 的对称通信电缆，其 $\alpha-f$ 曲线在12kHz以下弯曲较大，在12kHz以上的曲线接近于直线。另外由图2-3可知，对称通信电缆的波阻抗 Z_C 在12kHz以上变化缓慢，因此高频对称通信电缆载波通信的起始频率都从12kHz开始，这对载波机的阻抗匹配和衰减均衡都是有利的。

2.2.4 电磁波沿电缆线路的传播速度

电磁波是以一定的速度在传输线或电缆线路上传播的。因此，传输的信号要经过一定的时间才能到达线路的终端。电磁波在线路上传播的速度与线路参数及信号频率有关。

从电工原理中知道，电磁波的传播速度与频率及波长的关系为

$$v=f\lambda \tag{2-31}$$

相移常数 β 表示电磁波传输单位长度上的相移，而交流信号每经过一个波长 λ，其相移为 2π，由此 $\lambda\beta=2\pi$，这时传播速度为

$$v=\frac{2\pi f}{\beta}=\frac{\omega}{\beta} \tag{2-32}$$

由式（2-32）可知，电磁波沿回路的传播速度决定于回路的相移常数 β 和信号频率。下面讨论在不同频率范围内传播速度的简化公式。

1. 在直流时（$f=0$）

在直流情况下，因为 $\omega=0$，$\beta=0$ 则式（2-32）为不定式，可用微分来求解，也可采用下述方法来求解。

$$\gamma=\alpha+\mathrm{j}\beta=\sqrt{(R+\mathrm{j}\omega L)(G+\mathrm{j}\omega C)}=\sqrt{RG}\left(1+\frac{\mathrm{j}\omega L}{R}\right)^{\frac{1}{2}}\left(1+\frac{\mathrm{j}\omega C}{G}\right)^{\frac{1}{2}}$$

当 ω 趋近于零时

$$\left(1+\frac{\mathrm{j}\omega L}{R}\right)^{\frac{1}{2}}\approx 1+\frac{\mathrm{j}\omega L}{2R},\left(1+\frac{\mathrm{j}\omega C}{G}\right)^{\frac{1}{2}}\approx 1+\frac{\mathrm{j}\omega C}{2G}$$

将此两式代入前式可得

$$\gamma=\alpha+\mathrm{j}\beta=\sqrt{RG}\left[1-\frac{\omega^2 LC}{4RG}+\mathrm{j}\left(\frac{\omega L}{2R}+\frac{\omega C}{2G}\right)\right]$$

取虚部

$$\beta = \sqrt{RG}\left(\frac{\omega L}{2R} + \frac{\omega C}{2G}\right)$$

将β值代入式（2-32）可得

$$v = \frac{\omega}{\beta} = \frac{\omega}{\sqrt{RG}\left(\frac{\omega L}{2R} + \frac{\omega C}{2G}\right)} = \frac{2}{\sqrt{LC}\left(\sqrt{\frac{LG}{RC}} + \sqrt{\frac{RC}{LG}}\right)} \tag{2-33}$$

2. 在音频时（$f \leqslant 800\text{Hz}$）

由于

$$\beta = \sqrt{\frac{\omega CR}{2}}$$

所以

$$v = \frac{\omega}{\beta} = \sqrt{\frac{2\omega}{RC}} \tag{2-34}$$

3. 在高频时（$f > 30\text{kHz}$）

由于

$$\beta = \omega\sqrt{LC}$$

所以

$$v = \frac{\omega}{\beta} = \frac{1}{\sqrt{LC}} \tag{2-35}$$

在 800～30000Hz 的范围内，可按式（2-25）求出β后再按式（2-32）进行计算。

分析上述公式可以发现，随着频率的增高，电磁波沿电缆线路的传播速度将增加。在很高频率时，传播速度与频率无关，仅决定于电缆线路的传输参数。如电缆回路中的电感 L 和电容 C 越小，则传播速度也就越高，且趋近于光速（$3.0 \times 10^8\text{m/s}$）。

2.3　传输电平和通信距离

2.3.1　传输电平

在通信技术中，由于其功率、电压、电流的数值变化范围极大，为了简化计算，缩小标准值的范围，一般不采用功率、电压、电流的绝对值，在许多物理量之间有对数关系，故用相对值的自然对数或常用对数来表示比较方便。

所谓某点的电平，就是该点的功率、电压或电流值和某一基准功率、电压或电流值的比值，并用对数表示的数值。由于作比较用的基准值的不同，在传输电平中分为绝对电平和相对电平。

1. 绝对电平

回路中任一点的功率、电压或电流的绝对电平是用该物理量与某一标准数值之比的对数表示的，用数学公式表示如下：

功率的绝对电平值

$$P = \frac{1}{2}\ln\frac{P_x}{P_0} \quad (\text{N}) \tag{2-36}$$

或

$$P = 10\lg\frac{P_x}{P_0} \quad (\text{dB}) \tag{2-37}$$

电压的绝对电平值

$$P=\ln\frac{U_x}{U_0}\quad (\mathrm{N}) \tag{2-38}$$

或

$$P=20\lg\frac{U_x}{U_0}\quad (\mathrm{dB}) \tag{2-39}$$

电流的绝对电平值

$$P=\ln\frac{I_x}{I_0}\ (\mathrm{N}) \tag{2-40}$$

或

$$P=20\lg\frac{I_x}{I_0}\quad (\mathrm{dB}) \tag{2-41}$$

式中 P——观察点的绝对电平值；

P_x——观察点的功率；

U_x——观察点的电压；

I_x——观察点的电流；

P_0——功率的标准值；

U_0——电压的标准值；

I_0——电流的标准值。

功率的标准值为 $P_0=1\mathrm{mW}(1\times10^{-3}\mathrm{W})$，当负载阻抗 $Z_0=600\Omega$ 时，其电压和电流的标准值分别为

$$U_0=\sqrt{P_0Z_0}=\sqrt{1\times10^{-3}\times600}\mathrm{V}=0.775\mathrm{V}$$

$$I_0=\sqrt{\frac{P_0}{Z_0}}=\sqrt{\frac{1\times10^{-3}}{600}}\mathrm{A}=1.29\times10^{-6}\mathrm{A}=1.29\mathrm{mA}$$

电平可正、可负，也可为零。

当 $P_x>P_0=1\mathrm{mW}$ 时，$P>0$，即绝对电平为正；

当 $P_x=P_0=1\mathrm{mW}$ 时，$P=0$，即绝对电平为零；

当 $P_x<P_0=1\mathrm{mW}$ 时，$P<0$，即绝对电平为负。

电平是电功率的水平，是表示某点功率的大小的。因此，对电路中某一点的功率电平、电压电平及电流电平只能是同一个数值。功率电平是最基本的，上述电压、电流的标准值都是在阻抗为 600Ω 的条件下推导出来的，在此条件下，功率电平、电压电平和电流电平相等。现在常用的电平表一般都是用电压来刻度电平值的。在电平表上将电压为 0.775V 处定为零奈（零电平），其条件是 $Z=600\Omega$。

如果被测点的阻抗不等于 600Ω，所测出的值就不是真实的电平值。

按式（2-36），绝对功率电平为

$$P=\frac{1}{2}\ln\frac{P_x}{P_0}$$

式中 $P_x=\dfrac{U_x^2}{Z_x}$（U_x——被测点电压，Z_x——被测点阻抗）；

$P_0=\frac{{U_0}^2}{Z_0}$，$U_0=0.775\text{V}$，为在 $Z_0=600\Omega$ 时的标准电压。

于是，功率电平

$$P=\frac{1}{2}\ln\frac{\frac{U_x^2}{Z_x}}{\frac{0.775^2}{600}}=\frac{1}{2}\ln\left(\frac{U_x^2}{0.775^2}\times\frac{600}{Z_x}\right)=\ln\frac{U_x}{0.775}+\frac{1}{2}\ln\frac{600}{Z_x} \tag{2-42}$$

上式中前一项为所测的电压电平值，后一项为修正值。

从上式可以看出，当被测点的阻抗也等于 600Ω 时，修正值 $\frac{1}{2}\ln\frac{600}{Z_x}=0$，这就表明功率电平和电压电平相等。如果被测点阻抗不等于 600Ω 时，就必须在所测电压电平上加 $\frac{1}{2}\ln\frac{600}{Z_x}$ 这个修正值后，才为真实电平值。

2. 相对电平

回路中任一点的功率、电压、电流的相对电平是用该物理量与某参考点相应数值之比的对数来表示的。

相对功率电平为

$$P=\frac{1}{2}\ln\frac{P_x}{P_1}\quad(\text{N}) \tag{2-43}$$

或

$$P=10\lg\frac{P_x}{P_1}\quad(\text{dB}) \tag{2-44}$$

式中　P_x——被测点的功率；

P_1——某参考点的功率。

相对电压电平为

$$P=\ln\frac{U_x}{U_1}\quad(\text{N}) \tag{2-45}$$

或

$$P=20\lg\frac{U_x}{U_1}\quad(\text{dB}) \tag{2-46}$$

式中　U_x——被测点的电压；

U_1——某参考点的电压。

同绝对电平一样，如被测点的阻抗和参考点的阻抗都等于 600Ω 时，则相对电压电平等于相对功率电平，否则相对电压电平就需加一个修正项 $\frac{1}{2}\ln\frac{Z_1}{Z_x}$ 给予修正。

3. 衰减与增益

衰减是电磁波通过某个器件（如电缆线路）后，用对数表示的功率的减小倍数。

增益是电磁波通过某个器件（如放大器）后，用对数表示的功率的放大倍数。

衰减与增益是相反的物理量。很清楚，衰减是负的增益，增益是负的衰减。电缆线路上的增音机就是用来补偿电缆线路的衰减。

如果已知具有匹配负载的均匀回路中两点的电平

$$p_1=\frac{1}{2}\ln\frac{P_1}{P_0},\ p_2=\frac{1}{2}\ln\frac{P_2}{P_0}$$

式中 P_0——某一参考点的功率或标准功率；

P_1、P_2——回路上已知两点的功率。

其电平差为

$$p_1 - p_2 = \frac{1}{2}\left(\ln\frac{P_1}{P_0} - \ln\frac{P_2}{P_0}\right) = \frac{1}{2}\ln\frac{P_1}{P_2} = b \tag{2-47}$$

按方向从点 1 向点 2 看，如 $b>0$，则为回路两点间的衰减，如 $b<0$，则为某放大设备的增益。

2.3.2 通信距离

通信线路的通信距离取决于线路本身的衰减及通信设备的性能，例如发信机的功率和收信机的灵敏度。当发信机的功率和收信机的灵敏度一定后，允许的线路衰减就一定，从而可以求出最大通信距离。通常在有线通信中，发送信号和接收信号的大小是用电平来衡量的，根据上面所述，线路两点间的电平差等于回路的衰减，即

$$b = p_1 - p_2$$

而

$$b = \alpha l$$

所以

$$\alpha l = p_1 - p_2$$

即

$$l = \frac{p_1 - p_2}{\alpha} \tag{2-48}$$

式中 p_1——发送端的发送电平；

p_2——接收端的接收电平；

b——回路的衰减；

α——电缆线路的衰减常数；

l——通信距离。

同样可用下式来计算通信距离

$$b = \alpha l = \frac{1}{2}\ln\frac{P_0}{P_1}$$

即

$$l = \frac{1}{2\alpha}\ln\frac{P_0}{P_1} \tag{2-49}$$

式中 P_0——发送端发出的功率；

P_1——接收端接受的功率。

式（2-48）、式（2-49）表明，如果回路的发送电平（或功率），接收电平（或功率）和回路的衰减常数已知时，即可求出信号的最大直接通信距离。如发送电平（或功率）越高，允许接收电平（或功率）越低及衰减常数越小，则通信距离越长。如要再增加线路的通信距离，则必须在线路上多设立增音站。

要注意，并不是说有了增音站，通信距离就可以无限制的加大，通信距离还受到信号传输时间的限制。信号在线路上传输的时间太长，会引起说话中断，降低通信质量，所以传输时间是有统一规定的。国际上规定，从一个用户到另一个用户的传输时间不大于 250ms，国际干线相连接的电缆线路的传输时间不大于 100ms。

2.4　均匀电缆线路的输入阻抗与工作衰减

2.4.1　输入阻抗及其表达式

电缆回路的输入阻抗为线路始段的电压 U_0 和电流 I_0 之比。

$$Z_{入} = \frac{U_0}{I_0} \tag{2-50}$$

将负载阻抗为任意值时的传输方程式（2-11）代入式（2-50）得

$$Z_{入} = \frac{U_0}{I_0} = \frac{U_1 \text{ch}\gamma l + I_1 Z_C \text{sh}\gamma l}{I_1 \text{ch}\gamma l + \dfrac{U_1}{Z_C}\text{sh}\gamma l}$$

因为

$$U_1 = I_1 Z_H$$

所以

$$Z_{入} = \frac{I_1 Z_H \text{ch}\gamma l + I_1 Z_C \text{sh}\gamma l}{I_1 \text{ch}\gamma l + I_1 \dfrac{Z_H}{Z_C}\text{sh}\gamma l} \tag{2-51}$$

式（2-51）为输入阻抗的基本公式。由式可知，输入阻抗和波阻抗 Z_C、传播常数 γ、负载阻抗 Z_H、线路长度 l 及频率 f 等因素有关。下面将分别加以讨论。

2.4.2　不同负载情况下的输入阻抗值

1. 负载阻抗等于线路波阻抗

此时 $Z_H = Z_C$，从式（2-51）可得

$$Z_{入} = Z_C \frac{Z_C \text{ch}\gamma l + Z_C \text{sh}\gamma l}{Z_C \text{ch}\gamma l + Z_C \text{sh}\gamma l} = Z_C \tag{2-52}$$

也就是输入阻抗等于波阻抗。

2. 负载阻抗等于零（终端短路）

短路时输入阻抗用 Z_0 来表示，由式（2-51）可得

$$Z_0 = Z_C \frac{Z_C \text{sh}\gamma l}{Z_C \text{ch}\gamma l} = Z_C \text{th}\gamma l \tag{2-53}$$

3. 负载阻抗等于无穷大（终端开路）

开路时输入阻抗用 Z_∞ 来表示，由式（2-51）可得

$$Z_{入} = Z_C \frac{\text{ch}\gamma l + \dfrac{Z_C}{Z_H}\text{sh}\gamma l}{\text{sh}\gamma l + \dfrac{Z_C}{Z_H}\text{ch}\gamma l} = Z_C \frac{\text{ch}\gamma l}{\text{sh}\gamma l} = Z_C \frac{1}{\text{th}\gamma l} \tag{2-54}$$

4. 负载阻抗不等于波阻抗（$Z_H \neq Z_C$）的一般情况

将式（2-51）的分子分母各除以 $Z_C \text{ch}\gamma l$ 可得

$$Z_{入}=Z_C\frac{\frac{Z_H}{Z_C}+\text{th}\gamma l}{\frac{Z_H}{Z_C}\text{th}\gamma l+1}$$

令$\frac{Z_H}{Z_C}=\text{th}n$，并根据双曲线函数的变换公式可得到

$$Z_{入}=Z_C\frac{\text{th}n+\text{th}\gamma l}{\text{th}n\text{th}\gamma l+1}=Z_C\text{th}(\gamma l+n) \tag{2-55}$$

在短路、开路和任意负载下，其输入阻抗公式均为复杂函数的双曲正切函数，因此输入阻抗 $Z_{入}$（包括 Z_0及 Z_∞）的模和相角都将随线路长度 l 和频率 f 的变化而波动。

2.4.3 长线路的输入阻抗

电缆线路很长时，衰减很大。当线路衰减 $\gamma l \geqslant 1.5$ 奈时，$e^{-\gamma l}$ 很小，所以

$$\text{ch}\gamma l=\frac{e^{\gamma l}+e^{-\gamma l}}{2}\approx\frac{e^{\gamma l}}{2}$$

$$\text{sh}\gamma l=\frac{e^{\gamma l}-e^{-\gamma l}}{2}\approx\frac{e^{\gamma l}}{2}$$

故

$$\text{ch}\gamma l\approx\text{sh}\gamma l$$

因此

$$Z_{入}=Z_C\frac{Z_H\text{ch}\gamma l+Z_C\text{sh}\gamma l}{Z_C\text{ch}\gamma l+Z_H\text{sh}\gamma l}\approx Z_C \tag{2-56}$$

这就是说，当线路较长而衰减较大时，输入阻抗近似等于波阻抗。这是因为当电磁波沿着较长线路传播时，即使线路终端机线匹配不好，产生了反射波，但由于线路很长，入射波及反射波经受的衰减都很大。这样，当反射波回到始端时已经很小，对线路始端发送的电压和电流的影响也就很小，所以对于很长的电缆线路，不论终端的负载阻抗为何值，输入阻抗都近似等于波阻抗。线路较长时的输入阻抗如图 2-5 所示。

如果线路不长，情况就不一样了。

当在短线路的始端加上信号时，电磁波沿着线路的终端传输，由于负载阻抗和线路波阻抗不等，产生了反射波，反射波是沿着线路自终端向始端传输的，如图 2-6 所示。因为线路较短，反射波衰减不大，于是回到始端的反射波能量就不能忽略了。

图 2-5 线路较长时的输入阻抗　　图 2-6 短线路的输入阻抗

这时若在线路始端进行测量，测得的电压应为入射波电压和反射波电压之和，即

$$U_0=U_{入}+U_{反}$$

同时，测得的电流应为入射波电流和反射波电流之差，即

$$I_0 = I_入 - I_反$$

线路的输入阻抗则为

$$Z_入 = \frac{U_0}{I_0} = \frac{U_入 + U_反}{I_入 - I_反}$$

从物理概念来说，由于线路具有衰减常数 α 和相移常数 β，当电磁波沿着线路传播时，它的幅度和相角必然会发生变化，因此当反射波在始端与入射波叠加时，线路的输入阻抗必然与线路长度及线路的传播常数有关。当电缆结构固定时，则与线路长度和频率有关。

2.5　非均匀电缆线路的性质

2.5.1　非均匀电缆线路

在实际的线路中，终端所接的负载阻抗往往不等于线路的波阻抗，而且电缆线路本身也不会完全均匀，严格地说电缆线路都可认为是非均匀线路。

在线路为非均匀线路的情况下，电磁波的传输过程就较为复杂。在电气上不均匀或不匹配处必然会产生反射波，这就是负载所接受的能量比均匀线路是有所减少的。由于有反射，电缆固有的波阻抗频率特性波动，线路的输入阻抗不再是波阻抗。另外，由于反射存在，线路的衰减不再是线路本身的固有衰减，而是工作衰减。

2.5.2　反射系数

在非均匀线路中反射的大小用反射系数来表示。它是反射电压波（或电流）与入射电压波（或电流）之比

$$p = \frac{U_反}{U_入} \tag{2-57}$$

反射系数 p 的大小决定于反射点前后区段波阻抗相差的程度。

在式（2-8）中，因距离是从线路始段算起的，故两式的前一项均为入射波，而后一项均为反射波。如果负载阻抗为 Z_H，则在负载端的电压 U_1 和电流 I_1 可表示成下列形式

$$U_1 = U_入 + U_反$$

$$I_1 = I_入 - I_反$$

因为

$$U_1 = I_1 Z_H \text{及} \ Z_C = \frac{U_入}{I_入} = \frac{U_反}{I_反}$$

所以

$$I_1 Z_H = U_入 + U_反 \tag{2-58}$$

$$I_1 Z_C = U_入 - U_反 \tag{2-59}$$

式（2-58）与式（2-59）相加可得

$$2U_入 = I_1(Z_H + Z_C) \tag{2-60}$$

式（2-58）与式（2-59）相减可得

$$2U_{反} = I_1(Z_H - Z_C) \tag{2-61}$$

式（2-60）与式（2-61）相比可得

$$\frac{U_{反}}{U_{入}} = \frac{Z_H - Z_C}{Z_H + Z_C}$$

所以反射系数与阻抗的关系为

$$p = \frac{Z_H - Z_C}{Z_H + Z_C} \tag{2-62}$$

对于沿路任意一点的反射系数可类似的求得

$$p = \frac{Z_{C2} - Z_{C1}}{Z_{C2} + Z_{C1}} \tag{2-63}$$

式中 Z_{C1}——线路不均匀点前区段的阻抗值；

Z_{C2}——线路不均匀点后区段的阻抗值。

非均匀线路的不均匀程度，还可用反射衰减 b_n 来表示。反射衰减是反射系数倒数绝对值的自然对数值，即

$$b_n = \ln\left|\frac{1}{p}\right| = \ln\left|\frac{Z_H + Z_C}{Z_H - Z_C}\right| \quad (\mathrm{N}) \tag{2-64}$$

2.5.3 线路终端为不同负载时的反射系数

1）当负载匹配时，$Z_H = Z_C$，$p = 0$。这种情况是最有利的，此时电磁波在线路上不发生反射现象，所传输的能量除在线路上有损耗外，全部为负载吸收。

2）当终端开路时，$Z_H = \infty$，$p = 1$。在这种情况下，终端不存在电流，可以认为入射波电流和反射波电流大小相等而相位相反，因而 $I_1 = 0$。既然无电流，也就不存在磁场，磁场能量全部转变为电磁能量，因此终端电压将增大。负载不吸收能量，相当于能量的全反射。

3）当终端短路时，$Z_H = 0$，$p = -1$。此时终端不存在电压，可以认为终端处入射波电压和反射波电压大小相等而相位相反，因而 $U_1 = 0$。既然无电压，也就不存在电场，电场能量已转变为磁场能量，因此终端电流将增大。负载不吸收能量，也就相当于能量的全反射。

4）当终端为任意负载时，$Z_H \neq Z_C$，p 介于 $1 \sim -1$ 之间。此时电磁波在终端处将存在部分反射，一部分能量被反射回来，而另一部分能量则被负载吸收。

当线路中存在反射时，通信质量必将有所降低。因此，在电缆制造、施工和维护中都希望反射系数 p 越小越好。为保证通信质量，对不同的线路，反射系数 p 值都有相应规定。

2.6 信号的失真

传输信号的失真是通信传输质量的一个重要问题。在有线传输时，接收端所接收的信号波形与发送端所发出的信号波形不一致的现象叫失真，也叫畸变。

人的语言是复杂的声波振荡，可以分解为许多频率不同的正弦波。同样在传输电话、光波、传真或电视信号时，在线路上传输的也不是单一的正弦信号，而是由不同频率振幅的正弦波所组成的非正弦波形。由前面的讨论可知，电缆线路的传输参数，如衰减常数 α、相移常数 β、传播速度 v 及波阻抗 Z_C，都是与频率有关的。也就是说，对于不同的频率，线路的

传输参数不同，这就是导致信号在线路上产生失真的主要原因。此外，在集中加感线路和其他含有集中强磁材料的通信设备里，还会碰到非线性失真，在有电子器件的回路内也会发生非线性失真。下面对失真的性质分别加以说明。

2.6.1　振幅失真

振幅失真是由于不同频率的信号波在线路中传输时的衰减不一致所造成的。如图 2-7a 所示，信号是由频率较低的正弦波 A 和频率较高的正弦波 B 所组成的。由于频率较高的波在传输中衰减较大，因此信号中 B 波的振幅比 A 波的振幅衰减要大，这样原来信号中 A 波和 B 波的振幅比就发生变化，致使进入接收端的将不是原来的波形，而是已畸变了的信号波形，如图 2-7b 所示。

振幅失真主要对电话通信的质量有严重影响。为避免振幅失真，必须设法消除衰减随频率变化的关系，以保证不同频率的波有相同的衰减。

在通信技术中，为了减小振幅失真可采用衰减均衡器（振幅矫正网络）。这种网络都是通信设备中的固有附件。振幅矫正网络由元件 R、L、C 组成，其设计原则是使信号通过矫正网络产生的衰减随着频率的升高而降低，当振幅矫正网络和电缆回路串联后，就在通信回路总衰减稍许增大的同时，使衰减频率特性调平了。如图 2-8 所示是频率对电缆线路衰减 1，网络衰减 2 与合成衰减 3 的影响。

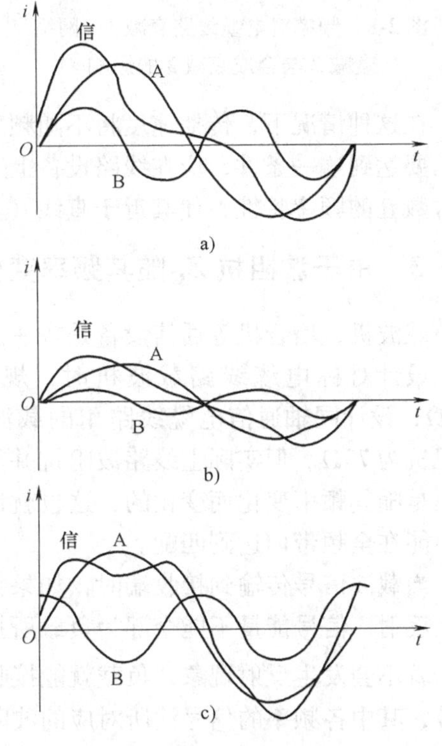

图 2-7　振幅失真与相移失真

a）线路始端的信号　b）振幅失真时终端信号

c）相位失真时终端信号

2.6.2　相位失真

相位失真是由于不同频率的信号波在线路中传播时，传播速度不一致所造成的。

相移常数与频率的非线性关系，使得电磁波的传播速度随频率的增高而加大，由此较高频率的信号波到达线路终端时要比较低频率的信号波到得早。如图 2-7a、c 所示，B 波频率高，传播速度较快，因此 B 波到达终端将比 A 波早一些，这样合成波的波形将和发送端的波形不通，从而引起相位失真。

对于电视和传真等传输的清晰度对相位失真有严格的要求，因此必须减小相位失真。保证不同频率的信号波沿线路传播速度的一致性是线路内没有相位失真的条件，为此必须使相移常数 β 严格保持线性频率特性（见图 2-9）。

$$\beta = n\omega$$

这时

$$v = \frac{\omega}{\beta} = \frac{1}{n}$$

式中 n——比例常数。

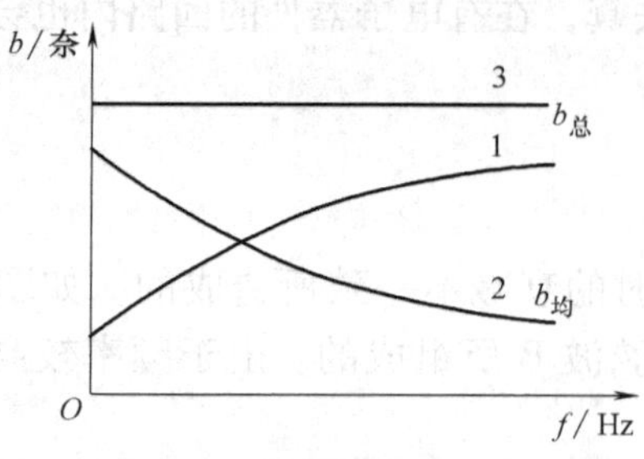

图 2-8 频率对电缆线路衰减 1，网络衰减 2 与合成衰减 3 的影响

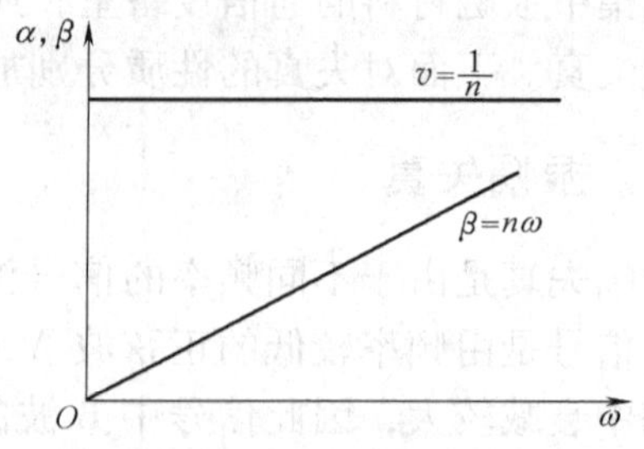

图 2-9 在没有相位失真时相移常数与传播速度的频率特性

在这种情况下，传播速度将不随频率而变化。

要达到这一条件，应在线路设备上采用相位均衡网络。相位的均衡网络可改正回路的相移常数 β 的频率特性，使其近于直线（见图 2-10）。

2.6.3 由于波阻抗 Z_C 随其频率变化而引起的失真

载波机、增音机等通信设备是按一定负载设计的，例如，设计对称电缆线路载波机时，规定线路波阻抗为 172Ω，设计同轴通信电缆线路用的载波机时，规定线路波阻抗为 75Ω。但实际上线路波阻抗并不是一个常数，其数值是随其频率变化而变化的，这也就使得线路和通信设备不能在全频带内达到匹配。

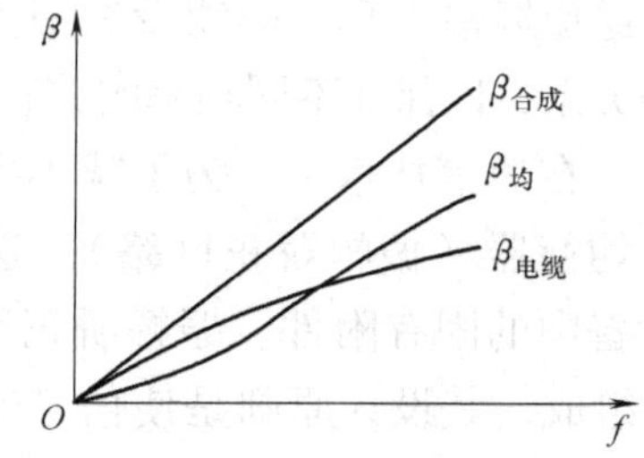

图 2-10 电缆相移常数、网络相移常数及其合成相移常数与频率的关系

当载波信号传输到接收端时，如果机线不匹配，就会发生反射，信号能量不能全部为负载所接收；如果匹配相接，就不会发生反射现象，负载就能接收到全部能量。实际上，每个所传输的信号都是一个频带，其中各频率的信号波所对应的波阻抗不同，在终端产生的反射就不同，因此终端所收到的信号就会产生失真。

由图 2-3 可知，波阻抗频率特性在低频时变化较大，所以为减小由于反射而引起的失真，在传输体制上，最低传输频率带应有一个限制。例如，在高频对称电缆中，不能采用 12kHz 以下的频段。

2.6.4 非线性失真

当信号通过存在有非线性元件的回路时，对于不同频率、不同振幅的波，其非线性程度就不一样，以致造成传输信号形态的变化，称之为非线性失真。

在远距离通信时，传输线路中必然要用到许多设备，而这些设备中又都有电器元件（如变压器、电子管和晶体管等），这些都是产生非线性失真的原因。在单一的电缆线路中，实际上也存在非线性的因素，例如电缆有钢带（丝）屏蔽及铠装，导线接触处有氧化层等，但是这些因素引起的非线性失真是很小的。

尽量避免非线性元件，例如用磁性材料（碳酰铁及铍钼合金）来代替一些铁磁材料，使之在宽的频率范围内具有足够的线性，就是减少这一失真的方法之一。

2.7　耐电压强度

在产品标准中，规定电缆产品应具有一定的耐电压强度，目的是考核电缆产品在工作电压下运行时的可靠程度，发现绝缘中的严重缺陷和工艺中的缺点。如绝缘有严重的外部损伤，导体上有毛刺，绝缘包带不好，绝缘受潮等。

所谓耐电压，是指在绝缘上加上高于工作电压一定倍数的电压值，保持一定时间，要求产品能经受这一试验电压而不击穿。

耐电压数值的选定原则是：选定耐电压时，既要能发现绝缘中的严重缺陷，又不致损伤完好的绝缘，因此一般耐压值为电缆工作电压的 2～3 倍。加压 2～15min。

如小同轴对内外导体间耐压为交流 2000V/2min 不击穿。

第3章　对称通信电缆

3.1　对称通信电缆的结构元件

一般来说，对称通信电缆是由一定数量的绝缘线芯，经绞合成电缆芯后再包以保护层所组成的。电缆中有相同外径及相同结构的两根或四根绝缘线芯对称地排列，因此称为对称通信电缆。

3.1.1　对称电缆的导电线芯

对称电缆的导电线芯是用以传输电磁波的，因此首先要求导电性能好，并且要有良好的柔韧性和足够的机械强度，以及较小的高频损耗；同时还应考虑加工、敷设及使用上的方便。

对称电缆的导电芯应由电工用铜和电工用铝制成。在20℃时，铜导电线芯的电阻率应不大于0.017241Ω·mm^2/m，电阻温度系数为0.003931/℃；铝导电线芯的电阻率应不大于0.028264Ω·mm^2/m，其电阻温度系数为0.004101/℃。铜导电线芯应采用软铜线，其抗拉强度不小于$20\times10^6N/m^2$，伸长率不小于15%；铝导电线芯采用半硬铝线，其抗拉强度不小于$9.5\times10^6N/m^2$，伸长率不小于2.0%。

对称电缆的导电线芯一般都采用圆柱形结构，可以是单根圆铜线、单根圆铝线或铜绞线形式，根据电缆使用场合的不同，还可以采用镀银铜线、镀锌铜线、镀镍铜线或铜包铝线、铜包钢线等。导电线芯的表面要求圆整、光滑、无裂纹、无毛刺、无表面腐蚀和氧化。对称通信电缆的导电线芯，其直径依据电缆的用途不同而异。例如，全塑市内通信电缆所用的铜导电线芯直径为0.32~0.80mm，其中以0.5mm的导电线芯用得较多；而长途对称通信电缆所采用的铜导电线芯直径则为0.80~1.20mm，其中以1.0mm用得较多。对称通信电缆线芯的形式也是依据电缆的使用性能不同而异的，例如，市内通信电缆多是用圆铜单线，而射频电缆则通常采用镀银铜线、镀锌铜线、镀镍铜线。为了保证线组中两根导电线芯的电阻差不超过规定值，必须严格控制其直径公差。

3.1.2　对称电缆的导电线芯的绝缘

为了防止电缆内各导电线芯之间的接触，保证电磁波的顺利传输，对称电缆的导电线芯间必须加绝缘介质，同时绝缘介质还可以使线芯的相互位置固定，减少回路之间的串音。

为了保证电磁波的正常传输，通信电缆所用的绝缘材料要求有稳定而优良的电气性能、良好的柔软性和一定的机械强度，同时也要求易于加工。为了使电磁能（在绝缘介质中）的损耗尽量小，要求绝缘材料的体积绝缘电阻率（ρ_v）高，相对介电常数（ε_r）小，介质损耗角正切值（$\tan\delta$）小以及耐电压强度高。从电气性能考虑，空气是最理想的介质（空气的$\rho_v\approx\infty$、$\varepsilon_r=1$、$\tan\delta\approx0$），但在实际上电缆的绝缘介质是不可能完全用空气绝缘的，因此选用绝缘材料时，希望近似于空气的特性，并且力求使绝缘介质中空气所占的体积尽可能大一些，而绝缘结构尽可能稳定。兼顾这两方面的要求，就是选用绝缘材料和确定绝缘结构型式的基本原则。通信电缆常用的几种绝缘材料的电气性能见表3-1。

表3-1 几种常用绝缘材料的电气性能

材料	相对介电常数	耐电压强度/(kV/mm)	体积电阻率/(Ω·cm)	在下列频率f(Hz)下介质损耗 tanδ(10^{-4})		
				50	10^6	10^9
空气	1	—	∞	0	0	0
聚乙烯	2.3	30~50	10^{17}	3	4	5
泡沫聚乙烯	1.3~1.5	10	10^{17}	—	5	6
聚苯乙烯	2.2	100	10^{16}	2	2	2
氟塑料	2.2	15~30	10^{17}	2	2	2
聚丙烯	2.2	30~50	10^{16}	4	4	4
聚异丁烯	2.3	23	10^{15}	4	6	6
聚氟乙烯	4~6	20~35	10^{12}	400	300	—

由于塑料有一系列的优良特性，如电绝缘性能优异，对各种溶剂有较良好的稳定性，防潮性好，机械强度好，并且加工方便（容易挤包、压铸、连接等），所以塑料是通信电缆最理想的绝缘材料。

通信电缆常用的塑料有聚乙烯、聚丙烯及氟塑料等。这些材料即使在高频下也具有较小而且稳定的介质损耗角正切值（tanδ）和较小的相对介电常数（ε_r）。几种对称电缆绝缘形式的tanδ与频率的关系见表3-2。由表3-2可以看出，用塑料制成高频电缆的绝缘结构更有明显的优越性。

表3-2 几种对称电缆绝缘形式的tanδ（10^{-4}）与频率的关系

频率/kHz	聚乙烯绝缘 $\varepsilon_r=1.8\sim2.1$	泡沫聚乙烯绝缘 $\varepsilon_r=1.4\sim1.5$	聚苯乙烯绳带绝缘 $\varepsilon_r=1.2\sim1.3$
0.8	2	1~3	2
5	2	1~3	2
20	2	2~4	3
30	3	2~4	3.5
50	4	2~4	4
100	6	3~6	7
150	7	4~7	9
200	8	4~7	11
200	8	5~8	12

由于塑料绝缘有较好的防潮性能，因此在某些状况下可以不用铅、铝等金属护套，而用塑套或组合护层来代替。局内交换机用电缆、配线电缆以及农用通信电缆的绝缘介质已全部

采用塑料，用得最多的是聚氯乙烯和聚乙烯塑料，而泡沫聚乙烯则用得更多。其绝缘结构形式如图 3-1 所示。

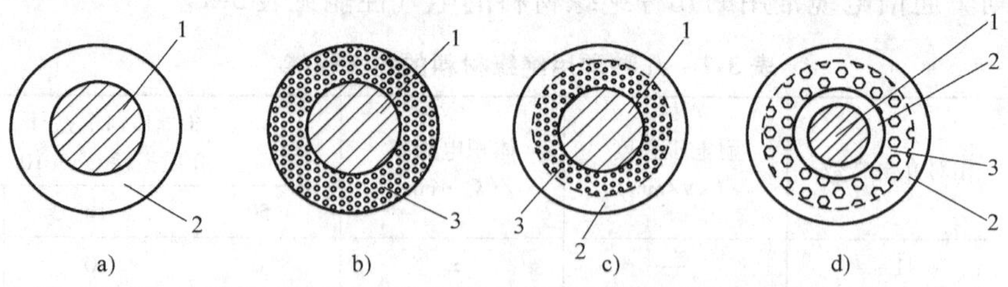

图 3-1 对称通信电缆绝缘结构形式

a）实心绝缘 b）泡沫绝缘 c）泡沫/实心绝缘 d）实心皮/泡沫/实心皮绝缘

1—金属导线 2—实心聚烯烃绝缘层 3—泡沫聚烯烃绝缘层

为了便于识别绝缘线芯顺序，导电线芯的绝缘层应具有不同的颜色，如星绞组四根线芯绝缘一般是红、黄（或白）、蓝、绿四色，而市内通信电缆则采用全色谱。由于塑料绝缘色彩鲜艳，按一定规律组合色彩时，更便于线芯顺序的识别。

3.1.3 对称电缆的线组

对称通信电缆都是利用双线路作回路，因此必须将回路的两根绝缘线芯构成线组，这些线组称为通信电缆的元件组。绝缘线芯绞合成线组的目的在于在电缆弯曲的情况下，减小线芯的相对位移，使结构稳定、圆整，传输参数稳定；并减少组间回路之间的电磁耦合，提高回路之间的防干扰能力。另外，各组都有不同的标志，以便安装敷设时区别。

对称通信电缆线组的绞合有对绞、星绞及复对绞等几种形式。

对绞是把两根不同颜色的绝缘线芯绞合成对绞组，其绞合节距一般不超过 155mm。对绞组主要用于市内通信电缆与高速数据对称电缆中。

星绞是将四根不同颜色的绝缘线芯绞合成星绞组，其绞合节距一般在 100 ~ 350mm。为了使结构稳定，中心空隙一般安放一根填芯，并在星绞组外面疏绕带色的面纱（或塑料丝）。星绞组主要用于铁路信号缆中。

复对绞是由两个不同节距的对绞组再绞合成复对绞组，对绞组的绞合节距介于 400 ~ 800mm，二复对绞组的节距则介于 150 ~ 300mm。目前，复对绞组应用较少，常被星绞组代替。

为了提高线组的机械强度和稳定性，在普通线组的外面再绕包以两层纸带，这种线组称为加强组。为了进一步减少回路间的干扰，加强其屏蔽性能，在加强组外面再绕包一层金属化纸或金属带（通常是铝箔覆盖纸和铝带），这种纸组称为屏蔽线组。对绞组、星绞组及复对绞组的结构如图 3-2 所示。

在 20 世纪 60 年代初期出现了一种专门用于市内通信电缆线组绞合的新工艺，即左右绞（也称为 SZ 形绞合），这一新工艺具有一些突出的优点，如所采用的绞合设备结构简单，占地面积小，操作简便，绝缘线芯损伤小，能节省大量劳力，提高生产速度。

所谓左右绞，就是使绞合的方向得到周期性改变的一种绞合，如图 3-3c 所示。显然，通常的绞合是将被绞合的线芯按顺时针或逆时针方向旋转，从而得到左向或右向的绞合，而

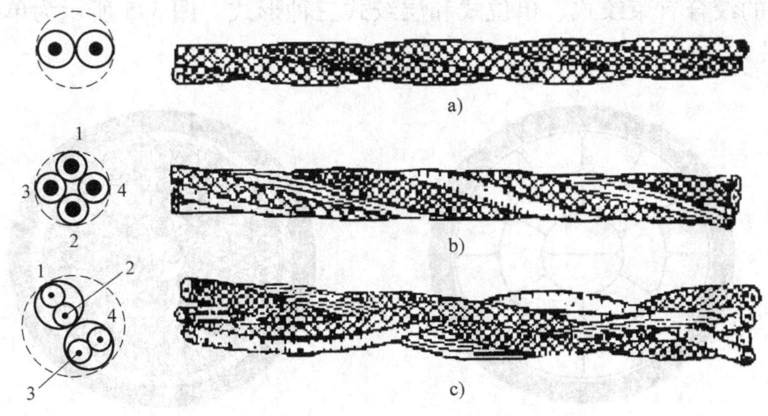

图 3-2　各种线组结构

a）对绞组　b）星绞组　c）复对绞组

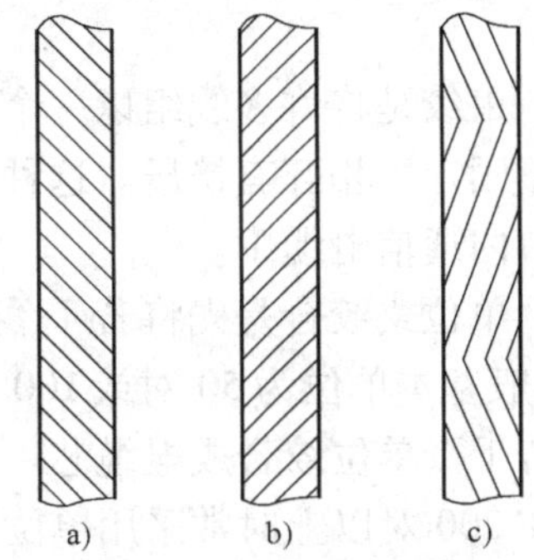

图 3-3　各种绞合方式

a）左向（S 形）绞合

b）右向（Z 形）绞合

c）左右（SZ 形）绞合

左右绞则是在一定长度的绞合元件上既有左向又有右向的绞合。

采用左右（SZ）绞合进行线组生产时，可以用来生产对绞组，也可以生产星绞组。但左右绞往往用来绞合星绞组，且用以绞合塑料绝缘线芯。

线组在电缆中的实际直径（简称有效直径）比理论计算的直径小一些，这是因为绝缘线芯之间能互相嵌入和要受到一些挤压的缘故。所以在确定有效值时，要考虑两个因素：一方面要保持绝缘线芯在电缆中几何尺寸的稳定；另一方面要考虑绝缘线芯受到压缩的程度。各种线组的有效直径还决定于绞合形式。各种线组的有效直径可用图 3-4 给出的经验公式进行计算。

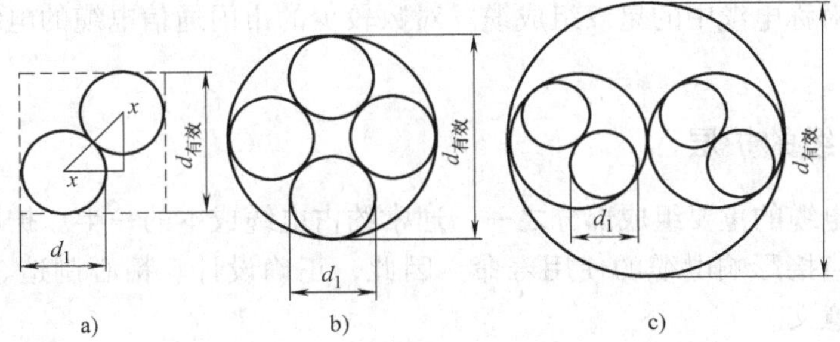

图 3-4　各种线组有效直径的经验公式

a）对绞组 $d_{有效}=1.65d_1$　b）星绞组 $d_{有效}=2.2d_1$　c）复对绞组 $d_{有效}=2.6d_1$

3.1.4　对称电缆的缆芯

电缆缆芯是由一定数量的线组按一定的排列形式绞合而成的。当由许多相同的线组绞合而制成电缆时，称为单一电缆；当由几种不同的线组绞合而制成电缆时，称为综合电缆。

电缆缆芯的绞合有束绞式、单位式和层绞式三种形式。图 3-5 所示为单位式及层绞式的电缆缆芯结构。

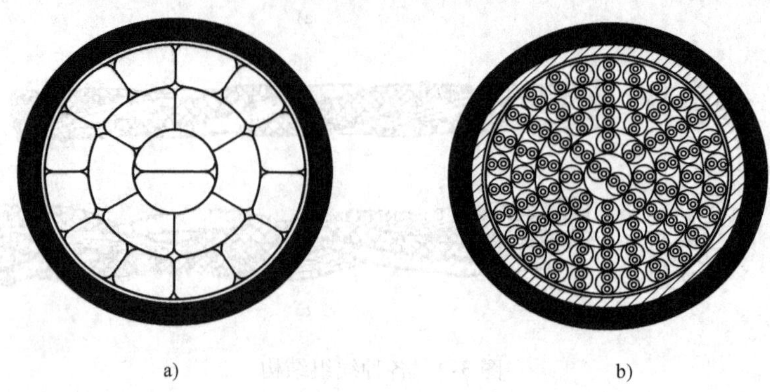

图 3-5 电缆芯结构
a）单位式缆芯 b）层绞式缆芯

束绞是将许多线组以一个方向绞合成束状结构。这种绞合方式生产率高，缺点是线组位置不固定，相互有挤压。这种束绞式结构可以作为单位式缆芯中的一个单位，也可以单独用于市内通信电缆中。

单位式绞合是先将若干线组束绞（或层绞）成一个单位，每个单位包含几十个线组（一般基本单位为 50 对或 100 对，小单位为 5 对、8 对、9 对、12 对、13 对及 25 对），然后将若干个单位绞合成电缆芯。这种单位式绞合就本质来讲也是一种束绞。市内通信电缆当对数在 200 对以上时常采用单位式绞合。

层绞式绞合（同心）是将若干线组从中心开始有规则（$n+6$）地一层一层的绞合成电缆芯。为了减少相邻层各组间的相互影响，相邻层绞合方向应相反。此外，这种排列也便于在安装过程中将各层分开。

层绞式的成缆方式，生产率低，在层数较多时显得很不方便，但结构稳定，质量较高，所以常用于长途对称电缆中的星绞组成缆。对数较少的市内通信电缆的电缆缆芯也可采用这种绞合方式。

3.1.5 通信电缆的护层

电缆护层是电缆的重要组成部分之一，通常约占电缆成本的一半。护层质量的好坏，选用的是否适当，直接影响电缆的使用寿命。因此，正确设计、精心制造、合理选用电缆护层，具有重要的意义。

电缆护层对电缆起着机械保护、防止化学腐蚀、防潮和防止水浸入以及对外界电磁干扰的屏蔽等作用。因此，要求护层具有良好的密封性，而且最好采用屏蔽性能好的金属套。

通信电缆的护层主要有金属套、橡套、塑套和组合护层几种，此外为适应特殊需要，也可采用特种护层。

1. 金属套

金属套最主要的特点是密封性好，不透水，不透潮，机械强度高，同时还具有良好的电磁屏蔽作用。金属套的形式有热压金属套和焊接金属套，这两种金属套可制成光面密封管，也可以是皱纹密封管，所用的材料主要是铅（及铅合金）、铝和钢。当需要有外护层时，金属套就是电缆的内护层。

铅套是多年来一直采用的传统护层结构，它是采用铅锑合金挤压在电缆缆芯上形成连续均匀的密封套管。铅套的特点是便于挤压成型，工艺简单。铅套电缆便于弯曲，耐蚀性好，接续封焊比较容易。但铅套电缆太重，运输、敷设均有不便，更严重的是铅的机械强度差，不耐震，容易疲劳。铅是属于比较稀缺的有色金属，每公里干线线缆平均要消耗1.5～2t铅。由于铅有上述缺点及为了节约用铅，用其他保护层代替铅套已成为电缆结构改进的一种趋势。

铝套是广泛采用的另一种金属保护层，铝套重量轻、机械强度高、耐震性及耐蠕变形好，而且屏蔽性能高；其缺点是柔软性、耐蚀性较差，接续封焊较为困难，同时挤压铝套时需要较高的温度和较大的压力，设备及工艺均较复杂。铝套虽有些缺点，但随着工艺技术的不断改进，正在逐步加以解决，目前已有很多电缆的护层采用铝套。对大直径的铝套一般都进行轧纹（形成螺旋管）以便提高弯曲性能。

目前也有采用焊接钢管护层的。这种护层如果在制造过程中能做到无缺陷，可制成不透水、不透潮，成本低的密封护套。为了提高电缆的弯曲性能，在钢管上一般轧有波纹。这种护套机械性能良好又有一定的屏蔽作用。

2. 橡套和塑套

这种护层结构简单，节约了金属材料，既柔软又轻便。但橡套和塑套容易透水，在防潮性方面较金属差得多。此外，橡皮和塑料都会老化，寿命较短。在次要的或较短的线路上所用的市内通信电缆和低频电缆常采用简易的高分子护套。

3. 组合护层

组合护层的最大特点是轻便、柔软，防潮性介于金属套和橡套、塑套之间，是属于微透过性的半密封性的护层。组合护层通常采用金属带与塑料带粘接而成，常用的材料是铝带和聚乙烯。

组合护层的品种很多，其主要形式有铝-塑（Lepeth）护层、铝-塑粘合（Alpeth 和 PAP）护层和铝-钢-塑（Stalpeth）组合护层三种。

铝-塑组合护层的结构是：在电缆芯上纵包铝带，在涂覆防蚀涂料后挤包聚乙烯护套，这种护层由于潮气透过外层塑料后，仍会沿着铝带接缝缓慢地渗入电缆芯，铝带在阻止潮气渗透上只起一定作用，因此这种护层在使用上有一定的局限性，仅用于架空电缆。

铝-塑粘合组合护层的结构特点是：在电缆芯上纵包一双面贴合聚乙烯的复合铝带，并在重叠处用热风加以粘接，然后再挤包聚乙烯护套，利用挤出时的热量使聚乙烯护套粘到铝带上，这样就大大提高了防潮性能。我国目前所生产的一种全塑市内通信电缆就是采用的这种组合护层。这种护层的电缆可作架空及管道敷设。作为埋地的铝-塑粘接护层尚须增加一个塑料内护套或外加铠装层和塑套。

铝-钢-聚乙烯护层的结构是：在电缆芯外纵包0.13～0.2mm厚的铝带和0.18mm左右的钢带。铝带在内层，可用作屏蔽，对于小直径电缆芯，铝带不需轧纹，而对于大直径的电缆芯，铝带应进行轧纹。钢带在外层，用轧辊将其轧成正弦波纹，然后将铝带和钢带卷成管状，钢带两边加上焊料，用高频感应加热将钢带焊成密封钢管，其外涂以沥青混合物，最后挤包聚乙烯外套。

4. 特种护层

特种护层是为适应特殊环境需要而制作的电缆护层。如根据防霉、防白蚁、防鼠、防辐射的要求，可制作相应的护层。如铜-钢-铜屏蔽护套（防鼠、防蚁）和铝管半导电护套（防雷）。这些护层可以有特殊结构和由特殊材料制成，也可以是在金属护套、橡皮或塑料护套和组合护层的基础上，采用适当措施加以改型。

为增加电缆金属套防蚀、机械保护和屏蔽能力，在电缆金属外套包覆以保护覆盖层，称为电缆外护层。

外护层一般由内衬层、铠装层和外被层三个部分组成。

内衬层——将沥青复合物、浸渍过的纸带及黄麻包在内护层上，其铠装衬垫和金属套具有防蚀作用。

铠装层——钢带铠装电缆是将两层钢带以间隙方式绕包在内衬层上，其中第二层钢带要将第一层的间隙盖上。现在有的国家已采用薄钢带轧绞纵包的轻型铠装来代替双钢带铠装，可以节省材料。钢丝铠装电缆是将许多根钢丝绕包在内衬层上。铠装层的基本作用在于增强电缆的机械性能、屏蔽性能和防雷性能。

外被层——用以防止铠装层锈蚀，并使铠装钢带或钢丝不易散开的覆盖层。按外护层防腐级别的不同，外被层的组成也不同。一级外护层的外被层主要对金属套（内护层）具有可靠防蚀作用，它是由沥青、浸渍的电缆麻（或浸渍的玻璃毛纱）、沥青及防粘的白垩粉所组成。二级外护层的外被层对金属套和金属铠装都有可靠地防蚀作用，它主要是由一层塑料套所构成。

3.2 对称通信电缆的类型

3.2.1 全塑市内通信电缆

1. 全塑市内通信电缆的结构

全塑市内通信电缆的全称是“铜芯聚烯烃绝缘铝塑综合护套全塑市内通信电缆”，简称市话电缆，“全塑”电缆是指：凡是电缆的芯线绝缘层、缆芯包带层及护套均采用高分子聚合物——塑料制成的电缆。全塑市内电缆属于低频对称电缆，主要用于市内、近郊和局部地区（如厂矿）的电话线路中。这种电缆一般用于300~3400Hz的音频信号传输，通话距离较短，但通过采用脉码调制通信，即PCM制，大大提高了电缆的利用率，已开通多路通话。随着Internet的普及，这类线缆也可应用于有线电视、电话、计算机三网合一的网络，传输速率可达到6Mbit/s。

全塑市内通信电缆的最基本元件是铜芯绝缘单线（芯线），两根单线绞合成对绞组，若干对绞组捆绞成基本单位或子单位，若干基本单位或子单位绞合成超单位，若干超单位绞合成缆芯，缆芯外挤包铝塑粘接综合护套，有的电缆还要在护套外加上铠装层。如图3-6所示为HYA型全塑市内通信电缆。

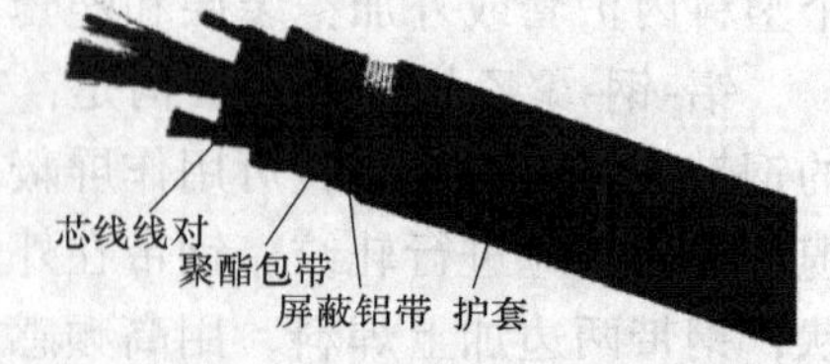

图3-6　HYA型全塑市内通信电缆

全塑市内通信电缆导电芯线多采用无氧铜线，为单股铜线，标称直径有0.32mm、0.4mm、0.5mm、0.6mm和0.8mm等5种。此外，曾出现过0.63mm、0.7mm和0.9mm，现已逐渐减少。我国部颁标准中只规定了前述5种标称线径。为了节省铜资源，也可用铜包铝代替铜线作为市内通信电缆的导电线芯，当用铜包铝作导电线芯时，铜包铝线的直径比纯铜线的直径增大20%。例如，铜芯电缆中铜线直径为0.4mm，当采用铜包铝线作为导体时，铜包铝线的直径 $d=0.4\times1.20\text{mm}=0.48\text{mm}$。因此，我们采用CCA-15A-0.485～0.492mm铜包铝线替代直径为0.4mm的铜线。

全塑市内通信电缆的绝缘材料多采用聚乙烯、聚丙烯或乙烯-丙烯共聚物等高分子聚合物塑料，称聚烯烃塑料。因高密度聚乙烯塑料（HDPE）适应于高速生产而被广泛应用。绝缘结构形式可以是实心绝缘、泡沫绝缘或泡沫/实心皮绝缘，三种绝缘结构形式的绝缘效果由好到差的顺序依次为实心绝缘、泡沫/实心皮绝缘、泡沫绝缘。当然，它们均能满足电话通信的需求。各种塑料绝缘芯线适用的电缆和使用频带见表3-3。

表3-3 塑料绝缘芯线适用的电缆和使用频带

绝缘材料	适用电缆	适用频带
聚乙烯	市话电缆	音频
聚氯乙烯	局用电缆、配线电缆、成端电缆、农村通信电缆	音频
泡沫聚乙烯	市话电缆、高低频长途对称电缆、综合同轴电缆各种高低频四线组等	音频至252MHz

全塑市内通信电缆线组采用对绞组，即两根不同颜色的绝缘导线绞合在一起，其绞合节距在任意一段3m长的线对上均不超过155mm。节距小些，虽然可以更好地减轻干扰，但如果过小，将会降低生产效率；相反节距过大，生产效率会提高，但不能很好地减轻干扰。

线组内绝缘芯线的颜色分为普通色谱和全色谱两种。

1）普通色谱的电缆已使用不多，这里不再介绍。

2）全色谱是指由10种颜色两两组合成的25个组合，a线：白、红、黑、黄、紫；b线：蓝、桔、绿、棕、灰。其基本单位色谱见表3-4，由此组成的25对称为基本单位，用字母U表示，基本单位及超单位组成图如图3-7所示。

表3-4 基本单位色谱

线对编号	颜色 a	颜色 b	线对编号	颜色 a	颜色 b	线对编号	颜色 a	颜色 b	线对编号	颜色 a	颜色 b	线对编号	颜色 a	颜色 b
1	白	蓝	6	红	蓝	11	黑	蓝	16	黄	蓝	21	紫	蓝
2		桔	7		桔	12		桔	17		桔	22		桔
3		绿	8		绿	13		绿	18		绿	23		绿
4		棕	9		棕	14		棕	19		棕	24		棕
5		灰	10		灰	15		灰	20		灰	25		灰

市内通信电缆的缆芯由一定数量的子单位、基本单位或超单位集合而成。可采用层绞式缆芯或单位式缆芯。

（1）层绞式缆芯

其结构是由线对构成的同心圆，当层数较多时这种成缆方式多有不便，故只适用于部分小对数（50对以下）的全塑电缆中。

（2）单位式缆芯

这是全塑市内电缆主要的成缆方式，它主要由基本单位和超单位绞合而成。根据缆芯中芯线线对和单位扎带颜色的不同，单位式缆芯也有普通色谱和全色谱之分，因普通色谱已使用不多，不再介绍，这里主要介绍全色谱单位式缆芯。

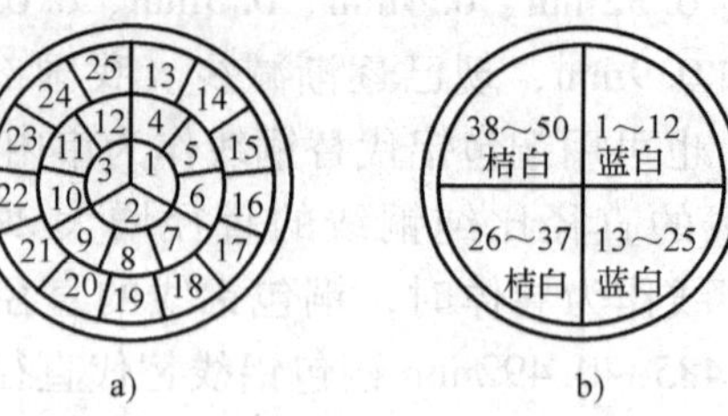

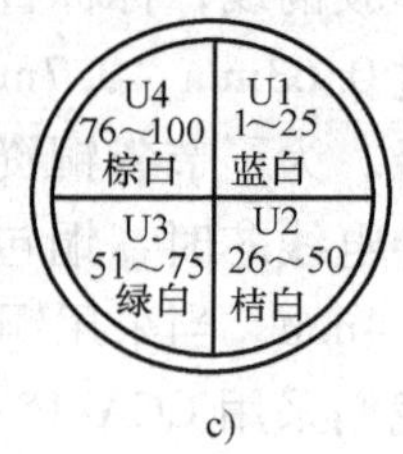

图 3-7　基本单位及超单位组成图

a）U 单位（25 对）　b）S 单位（50 对）　c）SD 单位（100 对）

1）由基本单位 U 形成缆芯。每个 U 单位内含 25 对线，其色谱为全色谱，其排列如图 3-7a 所示。为了形成圆形缆芯结构，充分利用缆内空间，也可将一个 U 单位分成 12 对、13 对或更少线对的“子单位”，为了区别不同单位，每一单位外部都扎有扎带。U 单位的“扎带全色谱”是由“白蓝——紫棕”的 24 种组合，所以 U 单位的扎带循环周期为 25 × 24 对 = 600 对，即从 601 对开始，U 单位的扎带又变成白蓝。U 单位的扎带颜色及序号见表 3-5。

表 3-5　U 单位的扎带颜色及序号

线对序号	U 单位序号	U 单位扎带颜色
1 ~ 25	1	白蓝
26 ~ 50	2	白桔
51 ~ 75	3	白绿
76 ~ 100	4	白棕
101 ~ 125	5	白灰
126 ~ 150	6	红蓝
151 ~ 175	7	红桔
176 ~ 200	8	红绿
201 ~ 225	9	红棕
…	…	…
551 ~ 575	23	紫绿
576 ~ 600	24	紫棕

2）50 对超单位 S 形成缆芯。S = U + U = (25 + 25) 对 = 50 对，其排列结构如图 3-7b 所示，从 1 ~ 25 对为第一个 U 单位，从 26 ~ 50 为第二个 U 单位，为了形成圆形结构的缆芯，同一 U 单位内的芯线又被分成两束线，如 1 ~ 12、13 ~ 25，但这两束线的扎带颜色仍然相同（即均为蓝白）。S 单位的扎带颜色为单色，即 1 ~ 600 为白色，601 ~ 1200 为红色，1201 ~ 1800 为黑色，1801 ~ 2400 为黄色，2401 ~ 3000 为紫色，而后又重复白色，所以 S 单位扎带颜色循环周期为 600 × 5 对 = 3000 对，其线对序号、组合单位及扎带颜色见表 3-6。

表 3-6　S 单位的线对序号、组合单位及扎带颜色

U 单位序号	U 单位扎带颜色	S 单位序号及扎带颜色				
		白	红	黑	黄	紫
1 2	白蓝 白桔	S-1 1 ~ 50	S-13 601 ~ 650	S-25 1201 ~ 1250	S-37 1801 ~ 1850	S-49 2401 ~ 2450
3 4	白绿 白棕	S-2 51 ~ 100	S-14 651 ~ 700	S-26 1251 ~ 1300	S-38 1851 ~ 1900	S-50 2451 ~ 2500

（续）

U 单位序号	U 单位扎带颜色	S 单位序号及扎带颜色				
		白	红	黑	黄	紫
5 6	白灰 红蓝	S-3 101 ~ 150	S-15 701 ~ 750	S-27 1301 ~ 1350	S-39 1901 ~ 1950	S-51 2501 ~ 2550
7 8	红桔 红绿	S-4 151 ~ 200	S-16 751 ~ 800	S-28 1351 ~ 1400	S-40 1951 ~ 2000	S-52 2551 ~ 2600
9 10	红棕 红灰	S-5 201 ~ 250	S-17 801 ~ 850	S-29 1401 ~ 1450	S-41 2001 ~ 2050	S-53 2601 ~ 2650
11 12	黑蓝 黑桔	S-6 251 ~ 300	S-18 851 ~ 900	S-30 1451 ~ 1500	S-42 2051 ~ 2100	S-54 2651 ~ 2700
…	…	…	…	…	…	…
21 22	紫蓝 紫桔	S-11 501 ~ 550	S-23 1101 ~ 1150	S-35 1701 ~ 1750	S-47 2301 ~ 2350	S-59 2901 ~ 2950
23 24	紫绿 紫棕	S-12 551 ~ 600	S-24 1151 ~ 1200	S-36 1751 ~ 1800	S-48 2351 ~ 2400	S-60 2951 ~ 3000

3）超单位 SD 形成缆芯。SD = U + U + U + U = 100 对，如图 3-7c 所示，其中 U1 ~ U4 对应第一个 SD 单位即 SD1；U5 ~ U8 为第二个 SD 单位即 SD2，依此类推，每一规定的 U 单位的扎带颜色必须符合表 3-5 的规定。SD 单位的扎带颜色和 S 单位的一样，循环周期也为 600 × 5 对 = 3000 对，只不过是在相同的电缆对数的前提下，若采用 S 单位形成缆芯则扎带数量一定比用 SD 单位形成缆芯时要多。SD 单位序号及扎带颜色见表 3-7。

表 3-7　SD 单位序号及扎带颜色

U 单位序号	U 单位扎带颜色	SD 单位序号及扎带颜色				
		白	红	黑	黄	紫
1 2 3 4	白蓝 白桔 白绿 白棕	SD-1 1 ~ 100	SD-7 601 ~ 700	SD-13 1201 ~ 1300	SD-19 1801 ~ 1900	SD-25 2401 ~ 2500
5 6 7 8	白灰 红蓝 红桔 红绿	SD-2 101 ~ 200	SD-8 701 ~ 800	SD-14 1301 ~ 1400	SD-20 1901 ~ 2000	SD-26 2601 ~ 2600
9 10 11 12	红棕 红灰 黑蓝 黑桔	SD-3 201 ~ 300	SD-9 801 ~ 900	SD-15 1401 ~ 1500	SD-21 2001 ~ 2100	SD-27 2601 ~ 2700
13 14 15 16	黑绿 黑棕 黑灰 黄蓝	SD-4 301 ~ 400	SD-10 901 ~ 1000	SD-16 1501 ~ 1600	SD-22 2101 ~ 2200	SD-28 2701 ~ 2800
17 18 19 20	黄桔 黄绿 黄棕 黄灰	SD-5 401 ~ 500	SD-11 1001 ~ 1100	SD-17 1601 ~ 1700	SD-23 2201 ~ 2300	SD-29 2801 ~ 2900

（续）

U 单位序号	U 单位扎带颜色	SD 单位序号及扎带颜色				
		白	红	黑	黄	紫
21	紫蓝	SD-6 501～600	SD-12 1101～1200	SD-18 1701～1800	SD-24 2301～2400	SD-30 2901～3000
22	紫桔					
23	紫绿					
24	紫棕					

相同对数的电缆由不同厂家生产出来时其缆芯结构不一定完全一致。因为在其各自成缆时考虑的角度不一样。成缆的原则如下：

1）“圆形原则”。为了有效利用缆内这一有限空间，缆芯必须是圆形的，即当电缆对数大于 25 对却小于 50 对时，同一 U 单位的线对可分成 2～3 束，这些线束的扎带颜色必须相同（因为它们属于同一 U 单位）；同一 U 单位分出来的相邻线束间，线号必须连续；使用线对时必须用完第一个 U 单位的线对后才能用第 2 个 U 单位的线对。图 3-8a 所示为 30 对电缆芯线排列，从图中可以看出，1～25 为第一个 U 单位，它分成三束，第一束为 1～8 号线，第二束为 9～16 号线，第三束为 17～25 号线，其中，8 与 9、16 与 17 为衔接线对，同时这三束线的扎带颜色均为白蓝。第二个 U 单位中的 5 对线为第四束，扎带为白桔。

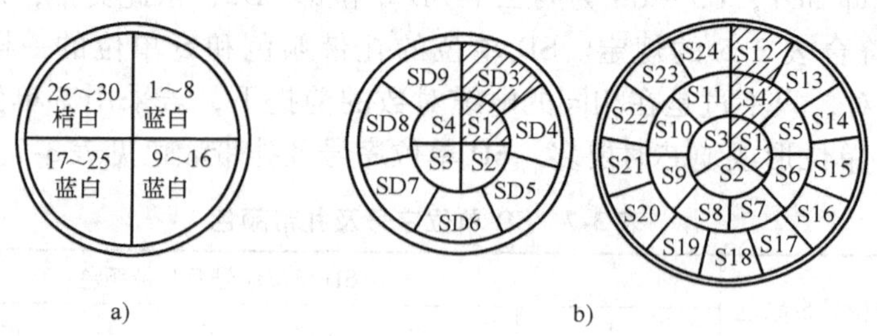

图 3-8　电缆缆芯的芯线和单位排列

a）30 对电缆芯线排列　b）900 对、1200 对缆芯的单位排列

2）100 对以上电缆按以下原则成缆：

① 先内后外：缆芯排列时，从中心层开始排起，中心层满以后，接着排第二层、第三层，直到排完为止，因此相邻两层单位的序号是连续的。

② 同一层中单位序号在 A 端是顺时针方向排列的，且单位序号按顺时针方向依次增大，序号彼此衔接。

③ 各层排列的起始单位应对齐，如图 3-8b 所示的 1200 对电缆，由 24 个 S 单位构成，分三层，第一、二、三层排列的起始单位分别是 S1、S4、S12（图中阴影部分），它们必须对齐。

④ 缆芯由两种以上单位形成时，单位序号按“替代等价”的原则来编。如图 3-8b 所示的 900 对电缆，中间是 4 个 S 单位，外层是 7 个 SD 单位，其单位序号按 SD 单位（大单位）序号来编，所以外层是 SD3～SD9，中心层是 S1～S4，相当于取代了 SD1 和 SD2。

掌握了以上成缆原则后，要正确地画出各种全塑市内通信电缆的端面图仍然较难，因为对于缆芯中单位的选择较难。国家标准对这个问题没有统一的规定，有时靠用户与厂家订立合同解决。推荐的缆芯结构排列见表 3-8。

表3-8　推荐的缆芯结构排列

电缆标称对数	电缆缆芯结构		
10	同心式或交叉式		
20	同心式或交叉式		
30	(8+9+8)+5		
50	2×(12+13)		
100	4×25	1×25+3×(12+13)	
200	1×50+6×25	(1+7)×25	(2+6)×25
300	(3+9)×25	(1+5)×50	
400	(1+5+10)×25	1×100+6×25	4×100
600	(3+9)×50	(1+5)×100	
800	(1+5+10)×50	(1+7)×100	
900	(1+6+11)×50	4×50+7×100	
1000	(1+7+12)×50	(2+8)×100	
1200	(3+8+13)×50	(3+9)×100	
1600	(1+5+10)×100		
1800	(1+6+11)×100		
2000	(1+7+12)×100		
2400	(3+8+13)×100		
2700	(3+9+15)×100		
3000	(1+5+10+14)×100		
3300	(1+6+11+15)×100		
3600	(1+6+12+17)×100	(1+6+11)×200	

3）缆芯中的备用线对。缆芯中包含有备用线对，一般是标称对数的1%，但最多不超过6对。备用线对处于游离状态，它们没有任何扎带缠绕，一般用“SP”表示，其序号及色谱见表3-9。

表3-9　备用线对序号及色谱

备用线对序号	色谱	
	a线	b线
SP1	白	红
SP2	白	黑
SP3	白	黄
SP4	白	紫
SP5	红	黑
SP6	红	黄

为了保证缆芯结构的稳定和改善其电气及机械等性能，全塑市内通信电缆的缆芯之外重复叠包非吸湿性的介质材料，如聚乙烯或聚酯薄膜等，多采用重叠纵包或重叠绕包，并采用白色的非吸湿性丝带将包带扎牢。缆芯包带应具有很好的隔热性和足够的机械强度，以保证

缆芯在形成屏蔽层、挤护套以及使用过程中，不受到损伤、变形或粘接。

全塑市内通信电缆的屏蔽层的主要作用是防止外界电磁场的干扰，介于塑料护套与缆芯包带之间，其结构有纵包和绕包两种，类型包括裸铝带、双面涂塑铝带、铜带、铜包不锈钢带、高强度硬性钢带、裸铝或裸钢双层金属带及双面涂塑裸铝或裸钢双层金属带。其中，裸铝带、双面涂塑铝带是目前本地网中用得最多的屏蔽类型，其他类型均用于一些特殊场合。

全塑市内通信电缆护套粘接地包在屏蔽层外面，组成综合护套。材料是高分子聚合物塑料，常用（线性）低密度聚乙烯。主要有单层护套、双层护套、综合护套、粘接护套（层）和特殊护套（层）等。下面我们将分别叙述。

（1）单层护套。它由低密度聚乙烯树脂加炭黑及其他辅助剂或普通聚氯乙烯塑料融合挤制而成，具有加工方便，质轻柔软，容易接续等特点。

聚氯乙烯护套是发展较早，应用较广泛的一种护套，具有耐磨、不延燃、耐老化、柔软等特点。一般局用、室内用电缆都采用这种护套，主要是看重它的不延燃性。

黑色聚乙烯护套的防潮性及机械强度比聚氯乙烯护套好，又具有耐腐蚀性，所以广泛应用在其他双护套、综合护套或粘接护套（层）中。

（2）双层护套。主要有聚乙烯-聚氯乙烯双层护套和聚乙烯-黑色聚乙烯双层护套，其结构如图 3-9 所示。聚乙烯-聚氯乙烯双层护套同时具有聚乙烯和聚氯乙烯的特点，可以取长补短，从而使护套的使用性能更加完善；聚乙烯-黑色聚乙烯双层护套则能提高电缆的机械强度和防潮效果。

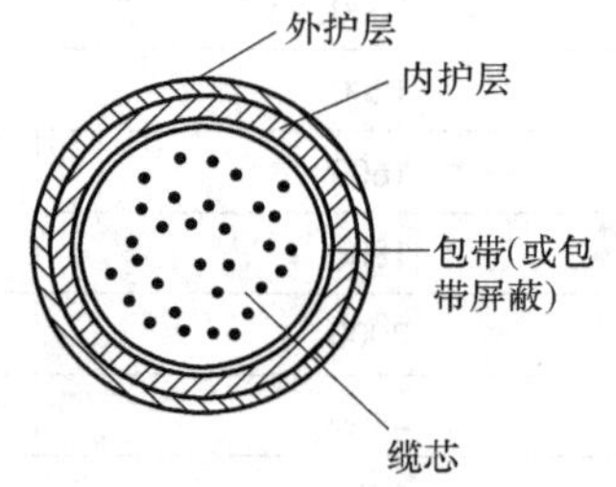

图 3-9 双层塑料护套结构

以上几种护套均由单纯的高分子聚合塑料组成，称为“普通塑料护套”，它的主要缺点是具有一定的“透潮性”，因为高分子聚合物的分子比水分子大，所以当这类护套的电缆在湿度较大的环境下使用时，就会因为护套内外存在水汽浓度差，使得水分子从浓度较高的一侧透过高分子聚合物向浓度低的一侧“跃迁”，形成扩散（这种扩散不包括由于护套缺陷所造成的进水现象）。因此，普通塑料护套电缆尽量不要在潮湿的环境中使用。

（3）综合护套。通常将电缆铝带屏蔽层与塑料护套组合在一起，称为电缆“铝塑综合护套”。它包括两层，先在缆芯包带外纵包一层 0.15 ~ 0.2mm 厚的铝带，外面再挤上一层黑色聚乙烯（或聚氯乙烯）护套。

（4）粘接护套。黑色聚乙烯护套和铝屏蔽紧密粘接，构成了铝-塑粘接护套。粘接护套的挤包过程是：采用化学处理和直接粘接的方法，先在屏蔽铝带的两面各粘覆一层塑膜（即聚乙烯薄膜、乙烯-丙烯酸共聚物或乙烯-缩水甘油甲基丙烯酸-醋酸乙烯薄膜等）制成双面涂塑铝带，然后在涂塑铝带的外面热挤包一层黑色聚乙烯护套，利用护套挤制过程中的热量及附加热源，将双面涂塑铝带的纵包搭缝处熔合，并使双面涂塑铝带外表面的聚合物薄膜层与黑色聚乙烯外护套融为一体，形成铝-塑粘接护套。其防潮、防电磁干扰和机械强度等方面的性能，都比上述一些塑料护套优良，其中，防潮效果提高了 50 ~ 200 倍。其结构如图 3-10 所示。现在本地通信网络中外线电缆（架空和管道）绝大部分都采用这种护套。

（5）特殊护层。用于改善电缆护层力学和屏蔽性能的裸钢；铝双层金属-聚乙烯护层；

双面涂塑钢、铝双层-聚乙烯粘接护层；铜包钢带-聚乙烯护层；高强度硬性钢带-聚乙烯护层；铜带-聚乙烯护层。用于防昆虫（如白蚁）叮咬的半硬塑料护套层。用于防裂冻的耐寒塑料护套等。

全塑电缆的外护层有内衬层、铠装层和外被层三层。

（1）内衬层。在内护套外纵包一层阻水纸带，并用纱线扎牢；或者重叠绕包两条阻水纸带。

（2）铠装层。在内衬层外纵包一层涂塑钢带（厚0.15～0.20mm）；或者绕包两层防腐钢带，并浇注防腐化合物。对于过河或其他水下敷设的全塑电缆，应根据抗拉强度的要求，在内衬层外绕细圆或粗圆钢丝，并浇注防腐混合物形成铠装层。

（3）外被层。为保护铠装层，应在金属铠装层外加一层1.4～2.4mm厚的黑色聚乙烯或聚氯乙烯外层。带有外护层的铠装电缆如图3-11所示。

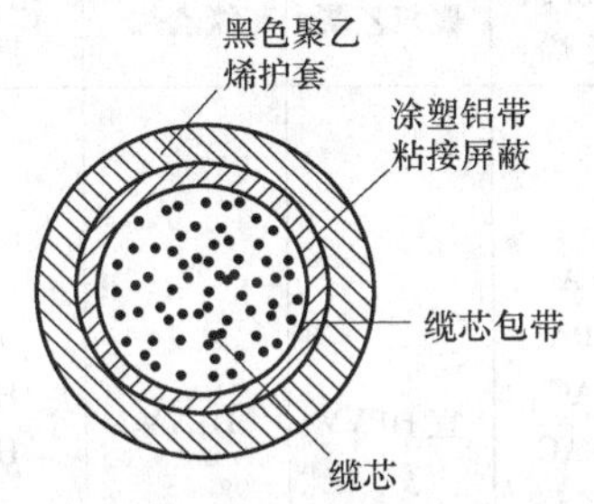

图3-10 铝-塑粘接护套（层）结构

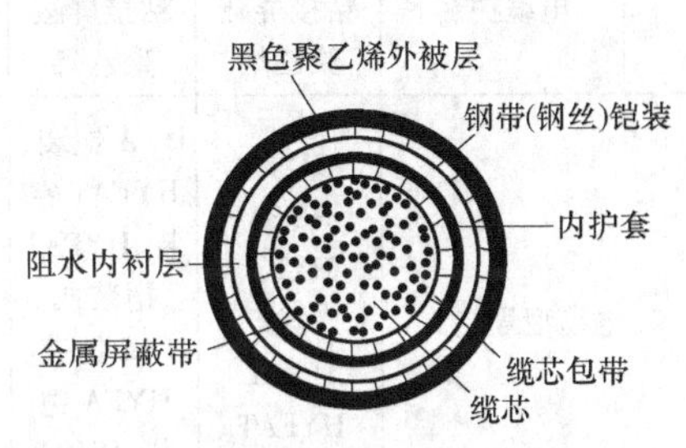

图3-11 带有外护层的铠装电缆

2. 全色谱全塑对绞通信电缆的类型、端别和选用原则

（1）全塑电缆的类型

全塑电缆分为普通型和特殊型两大类，而特殊型又包括填充型、自承型和室内电缆等。为了帮助大家对各种类型的全塑电缆及其型号有一个清楚的了解，列成了表3-10以供大家今后从事设计、施工时查用（选自行业标准）。

1）普通式全塑电缆是使用最多的一种，广泛使用于架空、管道、墙壁及暗管等施工形式中，其中典型型号为HYA、HYFA、HYPA三大类。例如：HYA 400×2×0.5，表示400对线径为0.5mm的铜芯实心聚烯烃或聚乙烯绝缘涂塑铝带粘接屏蔽聚乙烯护套电话通信电缆。

其他字母的含义见表3-10。

2）填充式全塑电缆。普通塑料护套电缆由于存在“透潮”问题而影响使用，即使是防潮性能较好的铝/塑粘接护套，当护套受损或粘接不完备时，也会造成缆芯进水。1963年有人提出了电缆填充的理论，导致了填充式全塑市内通信电缆的出现。其中，发展最快的是石油膏填充型全塑市内通信电缆。石油膏填充材料主要采用石油膏烃类混合物。石油膏烃类混合物的技术性能对电缆的传输特性、防潮性能、机械强度和使用寿命关系很大，电缆制造厂家应选用最佳配方和优质石油膏混合物，以确保电缆的电气特性和力学性能。

目前，本地网中使用的石油膏填充的全塑市话电缆（与充油电缆的填充物一样）主要用于无需进行充气维护或防水性能要求较高的场合，如南方多雨潮湿的地区。其型号为HYAT、HYFAT、HYPAT、HYAGT、HYAT铠装、HYFAT铠装、HYPAT铠装等，字母含义见表3-10。

表 3-10 全塑电缆选型表

<table>
<tr><td colspan="2" rowspan="2">敷设方式
电缆结构及型号</td><td colspan="2">主干电缆 中继电缆</td><td colspan="4">配线电缆</td><td colspan="2">成端电缆</td></tr>
<tr><td>管道</td><td>直埋</td><td>管道</td><td>直埋</td><td>架空、沿墙</td><td>室内、暗管</td><td>MDF</td><td>交接箱</td></tr>
<tr><td rowspan="3">电缆结构</td><td>铜芯线线径/mm</td><td>0.32、0.4、0.5、0.6、0.8</td><td>0.32、0.4、0.5、0.6、0.8</td><td>0.4、0.5、0.6</td><td>0.4、0.5、0.6</td><td>0.4、0.5、0.6</td><td>0.4、0.5</td><td>0.4、0.5、0.6</td><td>0.4、0.5、0.6</td></tr>
<tr><td>芯线绝缘层</td><td>实心聚烯烃、泡沫聚烯烃、泡沫/实心皮聚烯烃</td><td>实心聚烯烃、泡沫聚烯烃、泡沫/实心皮聚烯烃</td><td>实心聚烯烃、泡沫/实心皮聚烯烃</td><td>实心聚烯烃、泡沫/实心皮聚烯烃</td><td>实心聚烯烃、泡沫/实心皮聚烯烃</td><td>聚氯乙烯</td><td>聚氯乙烯</td><td>实心聚烯烃、泡沫/实心皮聚烯烃聚氯乙烯</td></tr>
<tr><td>电缆护套</td><td>涂塑铝带粘接屏蔽聚乙烯</td><td>涂塑铝带粘接屏蔽聚乙烯</td><td>涂塑铝带粘接屏蔽聚乙烯</td><td>涂塑铝带粘接屏蔽聚乙烯</td><td>涂塑铝带粘接屏蔽聚乙烯</td><td>铝箔层聚氯乙烯</td><td>铝箔层聚氯乙烯</td><td>涂塑铝带粘接屏蔽聚乙烯</td></tr>
<tr><td colspan="2">电缆型号</td><td>HYA
HYFA
HYPA
或
HYAT
HYFAT
HYPAT</td><td>HYA 铠装、HYFAT 铠装、HYPAT 铠装或 HYA 铠装、HYFA 铠装、HYPA 铠装</td><td>HYAT
HYPAT
或
HYA
HYPA</td><td>HYAT 铠装、HYPAT 铠装、或 HYA 铠装、HYPA 铠装</td><td>HYA
HYPA
HYAC
HYPAC</td><td>宜 HPVV</td><td>HPVV</td><td>HYA
HYPA
HPVV</td></tr>
</table>

字母含义:H—电话通信电缆;Y—实心聚烯烃或聚乙烯绝缘;YF—泡沫聚烯烃绝缘;YP—泡沫/实心皮聚烯烃绝缘;V—聚氯乙烯;A—涂塑铝带粘接屏蔽聚乙烯护套;C—自承式;T—石油膏填充;23—双层防腐钢带绕包铠装聚乙烯外被层;33—单层细钢丝铠装聚乙烯外被层;43—单层粗钢丝铠装聚乙烯外被层;53—单层钢带皱纹纵包铠装聚乙烯外被层;553—双层钢带皱纹纵包铠装聚乙烯外被层;

例如:HYA—实心聚烯烃绝缘涂塑铝带粘接屏蔽聚乙烯护套市内通信电缆。

HYPAC—铜芯泡沫/实心皮聚烯烃绝缘涂塑铝带粘接屏蔽聚乙烯护套自承式电话通信电缆。

HYFAT—铜芯泡沫聚烯烃绝缘石油膏填充涂塑铝带粘接屏蔽聚乙烯护套电话通信电缆。

$HYPAT_{23}$—铜芯泡沫/实心皮聚烯烃绝缘石油膏填充涂塑铝带粘结屏蔽聚乙烯护套双层防腐钢带绕包铠装聚乙烯外被层电话通信电缆。

$HYFAT_{553}$—铜芯泡沫聚烯烃绝缘石油膏填充涂塑铝带粘结屏蔽聚乙烯护套双层皱纹纵包铠装聚乙烯外被层电话通信电缆。

3）自承式全塑市内通信电缆。这种形式的市话电缆是为架空敷设而设计的。特点是电缆和钢绞线合为一体，架设时不需另装吊线和电缆挂钩，施工和维护都极为方便。钢绞线有塑料护套保护，不易发生锈蚀与电击，可以延长电缆寿命并减少障碍。

自承式全塑市内通信电缆的一般结构特性与全塑市内通信电缆相同，电缆带有自承吊线。自承吊线为钢绞线，它与缆芯处在同一护套内，安装后承受电缆自身重量与附加载荷。自承式全塑电缆的钢绞线必须符合规格要求：外径 12mm 以下的电缆使用 7×1.0mm 的钢绞线；外径为 12.1～36mm 的电缆使用 7×1.6mm 的钢绞线，外径为 50～63.1mm 的电缆使用 7×2.0mm 的钢绞线。自承式全塑市内通信电缆的钢绞线必须与电缆平行，钢绞线应紧密扭合，端头剥除 20cm 塑料护套后，钢绞线不得松散。

自承式全塑市内通信电缆分为同心型和葫芦型两种结构。葫芦型自承式全塑市内通信电缆如图3-12所示。其型号有HYAC、HYPAC。

4）室内全塑电缆。室内电缆又称为成端电缆或局内配线电缆，其芯线的绝缘层及护套均由聚氯乙烯材料制成，有阻燃性。内部结构同普通式全塑电缆，均为对绞式屏蔽塑套结构，型号为HPVV。

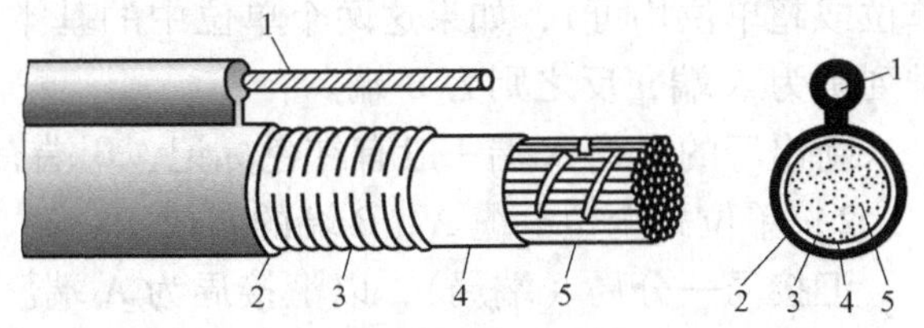

图3-12　自承式电缆的结构

1—自承钢绞线　2—护套　3—屏蔽　4—缆芯包带　5—芯线

（2）全塑市内通信电缆的规格

目前，国内生产的各种线径的全塑市内通信电缆的规格见表3-11。

表3-11　全塑市内通信电缆的规格

导线标称直径/mm	0.32	0.4	0.50	0.60	0.80
标称对数系列	—	10	10	10	10
	—	20	20	20	20
	—	30	30	30	30
	—	50	50	50	50
	—	100	100	100	100
	—	200	200	200	200
	—	300	300	300	300
	—	400	400	400	400
	—	600	600	600	600
	—	800	800	800	—
	—	900	900	900	—
	—	1000	1000	1000	—
	—	1200	1200	—	—
	—	1600	1600	—	—
	—	1800	—	—	—
	2000	2000	—	—	—
	2400	2400	—	—	—
	2700	—	—	—	—
	3000	—	—	—	—
	3300	—	—	—	—
	3600	—	—	—	—

注：1. 自承式电缆的最大对数为300对。

2. 33型或43型电缆的最大及最小对数由用户与厂商协商。

（3）全塑电缆的端别

同心式全塑电缆一般不分端别，100对以下的单位式全塑电缆也不分端别。100对以上的单位式全塑电缆施工布放时按规定区分A、B端并按要求布放。

1）单位式全塑电缆端别的规定。面对电缆端面，抓起同一层中的任何两个单位（基本单位或超单位均可)，如果这两个单位中的基本单位扎带颜色按白、红、黑、黄、紫顺时针排列则为 A 端，反之则为 B 端。

新出厂的电缆 A 端一般有红色标记，B 端有绿色标记。

2) 单位式全塑电缆 A、B 端的布放。

汇接局—分局（端局)，以汇接局为 A 端。

分局—支局，以分局为 A 端。

端局—交接箱，以端局为 A 端。

端局—用户，以端局为 A 端、

总之，A 端总要向着局方，以局为中心向外铺设。

3) 全色谱全塑电缆线对序号的编排。

从中心层第一个单位开始分配，线对序号从中心到外层按由小到大的顺序排列。

(4) 全塑电缆的选用

各型号全塑电缆的使用场合见表 3-12。

表 3-12 各型号全塑电缆的使用场合

电缆类型	无外护层电缆	自承式电缆	有外护层电缆				
			单层钢带纵包	双层钢带纵包	双层钢带绕包	单层细钢丝绞包	单层粗钢丝绞包
电缆型号	HYA	HYAC	—	—	—	—	—
	HYFA	—	—	—	—	—	—
	HYPA	—	—	—	—	—	—
	HYAT	—	HYAT53	HYAT553	HYAT23	HYAT33	HYAT43
	HYFAT	—	HYFAT53	HYFAT553	HYFAT23	—	—
	HYPAT	—	HYPAT53	HYPAT553	HYPAT23	—	—
主要使用场合	管道架空	架空	直埋	直埋	直埋	水下	水下
使用条件	电缆的工作环境温度为 -30 ~ +60℃，敷设环境温度应不低于 -5℃						

注：用户对外护层有特殊要求时，可与制造厂商协商。除外护层外，电缆仍应符合此标准。

3.2.2 铁路数字信号电缆

铁路数字信号电缆具有传输模拟信号（1MHz)、数字信号（2Mbit/s)、额定电压交流 750V 或直流 1100V 及以下系统控制信息及电能的传输功能。适用于铁路信号自动闭塞系统、计轴、车站电码化、计算机联锁、微机监测、调度集中、调度监督、大功率电动转辙机等有关信号设备和控制装置之间传输控制信息、监测信息和电能。

由于铁路数字信号电缆在铁路信号系统中既要传输从移频信息到最高 1MHz（2Mbit/s）信息，又要传输大电流的强电（220 ~ 440V)，因此采用皮-泡-皮物理发泡绝缘结构，以保证电缆的电性能与绝缘强度的双重要求。实心内皮层可选用线性聚乙烯材料，挤出厚度控制在 0.02mm，在具有良好耐铜氧化性能的同时，可使绝缘层与导体更好地粘接在一起，以保证绝缘结构的电气稳定性和防潮性能。实心外皮层选用具有优异耐老化性能和机械强度的电缆级高密度聚乙烯绝缘塑料（HDPE)。此种绝缘层的透潮性、机械强度、耐磨损性及抗老化性能均明显高于其他类型聚乙烯，而且由于色母料仅存在于外皮层，介电强度更好，并节约色母料 90% 左右。为了保证电缆品质，绝缘材料全部采用电缆级聚乙烯塑料，与通用型聚乙烯相比较，其洁净度高、介电性好、介质损耗和介电常数小。

为了保证电缆的传输性能，铁路数字信号电缆线组采用星绞四线组。为改善产品的串音指标，在成缆工序中应充分考虑四线组绞合节距的配合问题，通过线组的绞合节距的相互配合最大限度地减小组间的直接系统性耦合，以达到减小串音的目的。

对于内屏蔽铁路数字信号电缆，屏蔽材料可采用铜、铝及钢。由于铜带屏蔽效果好，机械强度较高，因此经常采用微轧纹铜带作为内屏蔽层，它可有效改善铜带在反复弯曲、敷设安装过程中韧性不足、易断裂的问题。在满足屏蔽性能的前提下，采用纵包工艺比绕包可有效地降低制造成本。纵包时在铜带上轧纹进一步改善了屏蔽单元的弯曲性能。为确保铜带屏蔽层在敷设后及长期使用中保持优异的电屏蔽性，屏蔽层铜带表面沿其纵向加添泄流线，同时屏蔽层外挤包一层聚乙烯垫层，避免屏蔽铜带对非屏蔽线组的绝缘层可能造成的损伤，保证屏蔽组与非屏蔽组间良好的绝缘性能以及屏蔽组对地绝缘的可靠性。

根据使用环境的要求不同，护套可采用综合护套、铝护套及塑料护套。由于铁路数字信号电缆多用于电气化区段，干扰强烈，且多直埋，要求电缆具有较高的屏蔽性能及抗压机械性能，因此铁路数字信号电缆的铠装方式为双钢带绕包。

常见铁路数字信号电缆的结构如图 3-13 所示。

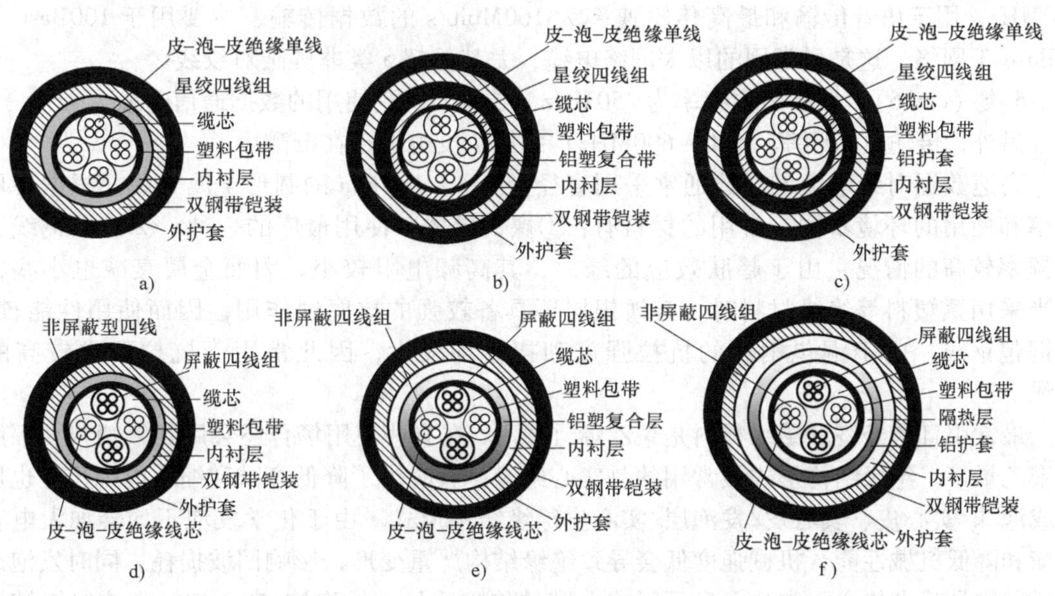

图 3-13　常见铁路数字信号电缆结构

a）塑料护套铁路数字信号电缆　b）综合护套铁路数字信号电缆　c）铝护套铁路数字信号电缆　d）塑件护套内屏蔽铁路数字信号电缆　e）综合护套内屏蔽铁路数字信号　f）铝护套内屏蔽铁路数字信号电缆

3.2.3　高速数据对绞电缆

对绞电缆已突破原有的局限性，现已成为高速局域网布线中的后起之秀而备受青睐。它主要适用于接入网内大楼通信综合布线系统中的水平布线和主干布线子系统，称为信息高速公路的最后一百米，用于语音、数据、文字、图像和视频等信号传输。

按照不同的分类方法，数据通信用对绞线电缆有以下几种分类。

1）按线对数来分，可分为2对、4对25对或更多。

2）按是否有屏蔽层可分为屏蔽对绞线（Shield Twisted Pair，STP）与非屏蔽对绞线（Unshield Twisted Pair，UTP）两大类。

3）按频率和信噪比：根据美国标准TIA/EIA-568-A局域用数据对绞电缆可分为3类、4类、5类、超5类和6类等。现在很多地方已经用上了6类线甚至7类线。用在计算机网络通信方面至少是3类以上。以下是各类线的说明。

1类（cat.1）：主要用于传输语音（一类标准主要适用于20世纪80年代之前的电话线缆），不设计用于数据传输。

2类（cat.2）：传输频率为1MHz，用于语音传输和最高传输速率为4Mbit/s的数据传输。

3类（cat.3）：指目前在ANSI和TIA/EIA-568标准中指定的电缆。传输频率为16MHz，用于语音传输及最高传输速率为10Mbit/s的数据传输。

4类（cat.4）：该类缆的传输频率为20MHz，用于语音传输和最高传输速率为16Mbit/s的数据传输。主要用于基于令牌的局域网和100Base-T和10Base-T网络。

5类（cat.5）：该类电缆增加了绕线密度，外套一种高质量的绝缘材料，传输频率为100MHz，用于语音传输和最高传输速率为100Mbit/s的数据传输，主要用于100Base-T和10Base-T网络，这是最常用的以太网络电缆，尤其是超5类非屏蔽对绞线。

6类（cat.6）：最高工作频率为250MHz，是将要广泛使用的数据通信电缆。

另外，传输更高频率（500~600MHz）的第7类电缆也在酝酿中。

高速数据对绞电缆的导体通常采用直径为0.4~1.0mm的圆形金属导线。根据使用的频率和使用的环境不同，常用的材料有：①裸铜导体，使用最广的一种；②镀银铜线，用于频率较高的情况，由于趋肤效应的缘故，其高频电阻较小，因而金属衰减也小些，其次当采用氟塑料等绝缘材料时，其镀银层还具备较强的抗腐蚀作用，因而使用性能较好；③铜包钢线，由于铜包钢线的抗拉强度和挠性均较大，因此常用于抗拉要求较高的平行线。

最常用且最经济的绝缘材料是聚乙烯（PE）。在有些使用场合还会用到氟塑料、辐照交联聚乙烯等。绝缘结构形式最常用的是实心绝缘，有时为了降低衰减和缩小电缆尺寸也用泡沫或泡沫/实心皮、实心皮/发泡层/实心皮绝缘结构形式。由于化学发泡不均会加大电容不平衡和降低机械性能，机械强度低会导致绝缘结构严重变形，影响回波损耗，同时发泡剂分解残留物易吸潮使介电常数上升而影响电缆的传输质量，故泡沫/实心皮、泡沫绝缘结构逐渐被物理发泡取代。

常见的数据通信用对绞电缆线组结构为对绞组，偶尔也会遇到星绞组。目前，还有不少的电缆采用粘连绝缘线结构，以确保对称线两导体之间中心距S值在制造和使用过程中的波动和变化尽可能小，以提高阻抗的均匀性。图3-14显示了普通线对与粘连线对在弯曲后S值的变化情况。

对绞组的线对扭绞方向为逆时针，绞距为3.81~14cm，相邻双绞线的扭绞差约为1.27cm。为了保证缆芯中线对间分布电容的均匀性，以提高串音衰减和回波损耗，线组构成缆芯时通常为采用规则绞合而不采用束绞。

根据电缆对抗外来干扰能力要求及使用要求的不同，常用的结构有单个线组屏蔽、分组屏蔽或总屏蔽几种。使用的材料常常为复合铝箔、复合铜箔、铜线、镀锡铜线或镀银铜线编织等。在普通线对外绕包铝箔屏蔽时，由于线组表面不平整会导致屏蔽层也不是一个理想的圆柱体，导体离屏间距时近时远，造成回波损耗值不理想。因此，在条件允许时应尽可能采用线对护套的结构，因为在线对护套外加屏蔽时，屏蔽离导体距离的波动情况大为改善，能有效地提高回波损耗值。

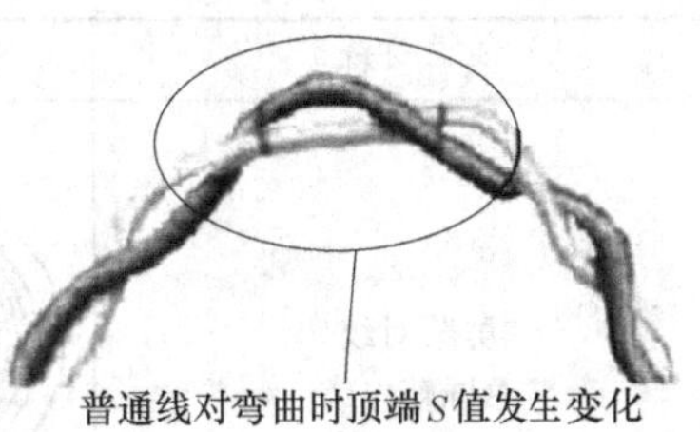
普通线对弯曲时顶端S值发生变化

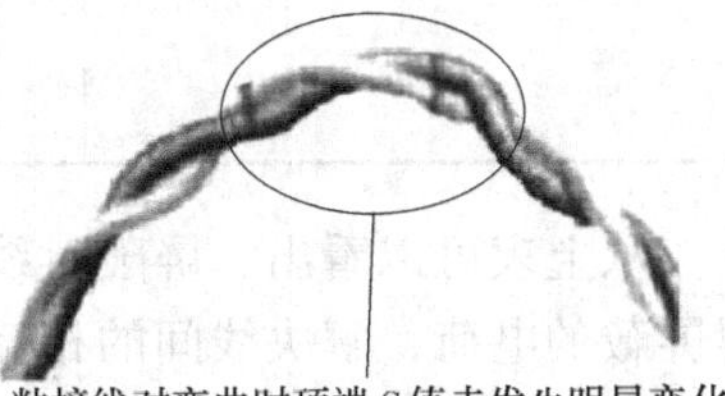
粘接线对弯曲时顶端S值未发生明显变化

图3-14 普通线对与粘接线对在弯曲后S值的变化情况

根据使用环境的要求不同，常用的护套材料有聚氯乙烯（PVC）、线性低密度聚乙烯（LLDPE）、橡胶、聚偏氟乙丙烯及其他阻燃材料。

常见的高速数据对绞电缆按缆芯结构可分为以下5种，目前常用的5/6类电缆的结构形式见表3-13。

表3-13 目前常用的5/6类电缆的结构形式

名称	结构与型号	应用范围
无屏蔽对绞电缆	线芯 护套 UTP	5类缆、超5类缆
屏蔽对绞电缆	线芯 铝塑带对屏蔽 护套 STP	超5类缆、6类缆
无屏蔽对绞总屏蔽电缆	线芯 铝塑带总屏蔽 护套 FTP	5类缆、超5类缆
无屏蔽对绞包带（编织）屏蔽电缆	线芯 塑料包带 接地线 铝塑带屏蔽 (编织)总屏蔽 护套 SUTP	超5类缆、6类缆

（续）

名　　称	结构与型号	应用范围
屏蔽对绞总屏蔽电缆	线芯 铝塑带对屏蔽 塑料包带 铝塑带或编织总屏蔽 护套 SSTP(美国称ISTP)	超5类缆、6类缆(7类缆)

从上表可以看出，屏蔽对绞线电缆还有一根漏电线，将它连接到接地装置上，可泄放金属屏蔽的电荷，解决线间的相互干扰问题。

常用的对绞电缆分为100Ω和150Ω阻抗两种，100Ω电缆又分为3类、4类、5类（超5类）、6类/E级几种。150Ω对绞电缆目前只有5类一种。

3.3 对称通信电缆传输参数的计算

通信电缆传输线路的质量，主要决定于线路的传输参数，即电缆的二次传输参数——波阻抗和传播常数。而二次传输参数决定于一次传输参数和信号频率，一次传输参数又决定于电缆的结构。

本节就讨论一次传输参数——有效电阻 R、电感 L、电容 C、绝缘电导 G 与电缆结构、所用材料及信号频率之间的关系。

3.3.1 对称电缆的有效电阻

所谓有效电阻就是当交变电流流过对称回路时的电阻，包括直流电阻 R_0 和由通过交流而引起的附加电阻 $R_{\sim}$，即

$$R = R_0 + R_{\sim}$$

对于5000Hz以下使用的低频电缆，电缆回路的有效电阻近似等于回路的直流电阻。如市内通信电缆（用于音频传输）回路的有效电阻就几乎等于回路的直流电阻。对于高频对称电缆，电缆回路的有效电阻就不能用直流电阻来代替，因为这时交流附加电阻 $R_{\sim}$ 与有效电阻 R 相比将占很大比例，因而不能忽略。

1. 回路直流电阻的计算

回路直流电阻就是电缆中一个回路接成环路时的直流电阻，根据电工基础概念并考虑绞合因素，其计算公式如下：

$$R_0 = 2\lambda\rho\frac{l}{S} \tag{3-1}$$

式中　ρ——导电线芯的电阻率$\left(\frac{\Omega \cdot \text{mm}^2}{\text{m}}\right)$，见表3-14；

λ——导电线芯的总绞合系数，导电线芯每次绞合的绞合系数见表3-15，总绞合系数为各次绞合时绞合系数的乘积；

l——电缆的长度（m）；

S——导电线芯的截面积（mm^2）。

如果将导电线芯的截面积 S 以导电线芯直径 d 表示，并且换算为每公里的电阻值（Ω/km），则式（3-1）变为

$$R = \lambda\rho\frac{8000}{\pi d^2} \tag{3-2}$$

式中　d——导电线芯直径（mm）。

由式（3-2）可见，直流电阻主要与导电线芯材料的电阻率 ρ 和直径 d 有关。

表 3-14 中电阻率 ρ 值是温度为 20℃时的值。当温度不等于 20℃而为任一温度 t℃时，则电缆回路的电阻 R 可以用下式进行换算：

$$R_t = R_{20}[1 + \alpha_{20}(t - 20)] \tag{3-3}$$

式中　R_{20}——温度为 20℃时的导线电阻；

α_{20}——电阻温度系数（20℃），见表 3-14。

表 3-14　通信电缆用主要金属材料的特性

材料名称	电阻率 ρ/ $\frac{\Omega \cdot mm^2}{m}$	电导率 σ/ $\frac{s \cdot m}{mm^2}$	电阻温度系数 α_{20}/(1/℃)	相对磁导率 μ_r
软铜线	0.01748	57.20	0.00393	1
半硬及软铝线	0.0283	35.33	0.00410	1
钢	0.139	7.20	0.006	100～200
铅	0.2210	4.52	0.00411	1

表 3-15　线芯绞合的绞合系数

组层的直径/mm	绞合系数 λ
30 以下	1.005～1.015
30～40	1.01～1.02
40～50	1.02～1.03

2. 交流附加电阻的物理概念和组成

在回路中通以交变电流后，所引起的附加电阻是由于趋肤效应、邻近效应和在周围金属媒质中产生的涡流损耗三部分所引起的。因为通交流电后，在导体内部和周围将产生磁场，由于交变磁场作用于导体，并因此而引起能量损耗，从本质上可以认为是电阻的增加。这样，所增加的电阻就称为交流附加电阻。附加电阻可以分为下列三种。

（1）由趋肤效应引起的附加电阻

趋肤效应是由沿导线内产生的涡流造成的。如图 3-15 所示，当交流电通过导线时，则在导线内部产生交变磁场 $H_{内}$，变化的内磁场的磁力线穿过导线内部时，在导线内部就感应出涡流 I_B。涡流 I_B 的方向根据楞次定律来确定。在导线的中

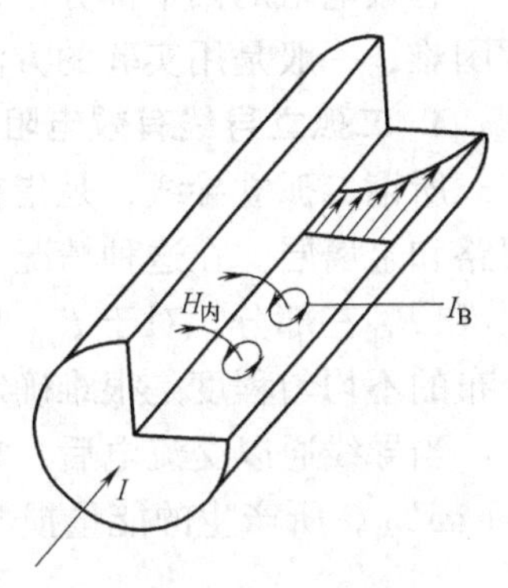

图 3-15　趋肤效应

心，涡流的方向与基本电流的方向相反，合成电流为$I-I_B$；而在导线表面，涡流I_B与基本电流I的方向相同，合成电流为$I+I_B$；结果使得导线横截面上的电流重新分布，导线表面的电流密度增大，而导线内部电流密度减小。这种由于本导线内的涡流把基本电流挤到表面上的现象称为趋肤效应。趋肤效应与电流的频率、导线的电导率、磁导率及直径有关。电流频率越高，趋肤效应就越显著，电流几乎仅通过导线的表面，这就相当于导线通电流的截面积减小，因而使回路的有效电阻增加。这部分因趋肤效应而增加的电阻用$R_{趋}$表示。

（2）由邻近效应所引起的附加电阻

邻近效应是回路中一根导线通过的电流在另一根导线中产生的涡流造成的。如图 3-16 所示，回路中的“导线 1”通过交流时，它的外磁场$H_{外}$在“导线 2”上引起涡流I_B，这一涡流与“导线 2”上的基本电流相互作用后，在“导线 2”靠近“导线 1”的一面，涡流I_B与基本电流I的方向相同（$I+I_B$），而在远离“导线 1”的一面则方向相反（$I-I_B$）。同样，在“导线 1”中也发生电流重新分配的情况。涡流和基本电流相互作用的结果，使得在“导线 1”和“导线 2”彼此对着的一面电流密度增加，而在远离的一面电流则减小，

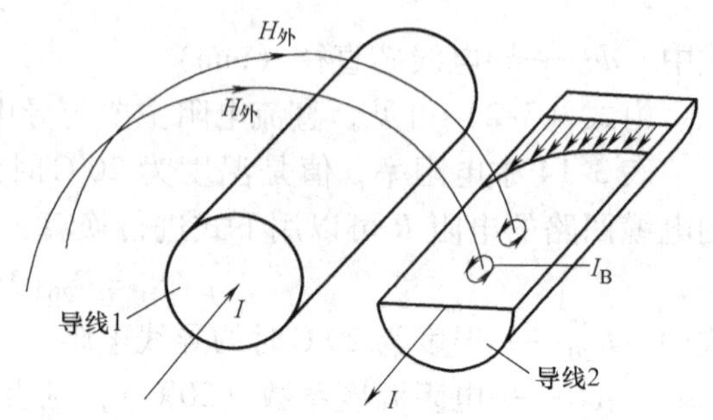

图 3-16 邻近效应

这种现象称为邻近效应。邻近效应除与电流频率、导线的电导率、磁导率及导线直径有关外，还与两导线的距离有关。当存在邻近效应时，电流都趋向两导线相邻的一侧，这样也使通电流的有效截面积减小，从而使回路的有效电阻增加。这部分由邻近效应增加的电阻用$R_{邻}$表示。

（3）由邻近金属损耗所引起的附加电阻

回路电流的外磁场会在邻近的导线中、周围的屏蔽层中、金属套及铠装等金属中引起涡流。此涡流使邻近金属变热并产生能量损耗，这种损耗势必吸引传输回路中的一部分能量，因此，可以看成在传输回路上有一个附加电阻$R_{金}$。

综上所述，回路的有效电阻R是由R_0、$R_{趋}$、$R_{邻}$和$R_{金}$组成，即

$$R=R_0+R_{\sim}=R_0+R_{趋}+R_{邻}+R_{金} \tag{3-4}$$

有效电阻的四个部分中，前三部分可以利用电磁场理论进行计算，而对$R_{金}$的计算则非常困难，一般是用实验的方法或利用经验公式来确定。

3. 二孤立导线有效电阻的计算

所谓二孤立导线，是指在无穷大的空间内，只有一个回路的两根导线，而周围没有其他回路和金属层。在这种情况下，在有效电阻的计算公式中，就不包括$R_{金}$部分，而剩下R_0、$R_{趋}$和$R_{邻}$三部分。对于$R_{趋}$和$R_{邻}$的大小取决于导线界面上电流分布的不均匀程度，而电流分布的不均匀程度是很难确定的，因此我们求取有效电阻的方法是根据能量守恒定律。

当导线通以交流电后，它将遇到由导线的有效电阻R和内电感$L_{内}$所组成的阻抗$Z=R+j\omega L_{内}$，所产生的能量损耗，用功率P表示为

$$P=I^2Z=I^2R+jI^2\omega L_{内} \tag{3-5}$$

功率的实部表示有功功率，虚部表示无功功率。根据能量守恒定律，这部分功率是由外

界所供给的，就是说有一部分大小相等的功率流入导线内部。如果能把流入导线内部的功率求出，根据其实部可求得有效电阻，根据其虚部可求得内电感。

由电磁场理论来求二孤立导线所构成的回路有效电阻（Ω/km）的计算公式为

$$R = R_0\left[1 + F(x) + \frac{G(x)\left(\frac{d}{a}\right)^2}{1 - H(x)\left(\frac{d}{a}\right)^2}\right] \tag{3-6}$$

从前面分析可知，二孤立导线的有效电阻应该包括三项，即 $R = R_0 + R_{趋} + R_{邻}$，在式（3-6）中也包括三项，我们来分析一下每一项是否符合上述的推论。

式中　R_0——回路的直流电阻；

$R_0F(x)$——由趋肤效应引起的附加电阻，其中 $x = \frac{Kd}{2} = \frac{\sqrt{\omega\mu\sigma}d}{2}$，即这部分电阻与导线直径、信号频率、导线的磁导率和电阻率四个参数有关，所以我们判定它是由趋肤效应引起的附加电阻 $R_{趋}$。

$R_0\frac{G(x)\left(\frac{d}{a}\right)^2}{1 - H(x)\left(\frac{d}{a}\right)^2}$——由邻近效应引起的附加电阻。因为它除了与导线直径、信号频率、导线的磁导率和电阻率四个参数有关外，还与回路二导线间距离有关，所以我们判定它是由邻近效应引起的附加电阻 $R_{邻}$。

4. 对称电缆回路有效电阻的计算

式（3-6）可精确地计算出孤立对绞组的有效电阻。但对于星绞组和复双绞组，就很难给出精确的结果。因为在星绞组和复双绞组中除计算回路外，还有另一个回路存在。当线组中存在另一回路时，对邻近效应有影响，此时相应于附近附加电阻有所增加，这可在式（3-6）引入修正系数 p 来考虑。各种四线组修正系数 p 值见表3-16。

表3-16　各种四线组的修正系数 p 值

四线组名称	回路形式	p 值	四线组名称	回路形式	p 值
对绞组	实路	1.0	复对绞组	实路	2.0
星绞组	实路	5.0	复对绞组	幻路	3.5
星绞组	幻路	1.6			

一般对称电缆中有若干个线组或金属套，所以还要计算在其他线组及金属套中的涡流损耗而引起的附加电阻 $R_{金}$。

由此，对称电缆回路有效电阻的完全计算公式为

$$R = R_0\left[1 + F(x) + \frac{pG(x)\left(\frac{d}{a}\right)^2}{1 - H(x)\left(\frac{d}{a}\right)^2}\right] + R_{金} \tag{3-7}$$

式中　R_0——回路直流电阻（Ω/km）；

d——导电线芯直径（mm）；

a——回路两导线中心间距离（mm）；

p——各种四线组的修正系数，见表 3-16；

x——$\frac{Kd}{2}$，$K=\sqrt{\omega\mu\sigma}$为涡流系数，见表 3-17；

$F(x)$、$G(x)$、$H(x)$——x 的特定函数，其值见表 3-18。

式（3-7）中的 $R_{金}$ 是计算在回路外的其他回路及金属套中的涡流损耗引起的附加电阻。因为回路周围的电磁场分布是非常复杂的，所以对附加电阻 $R_{金}$ 不可能进行精确地计算，一般是用实验方法来确定。

表 3-17　各种常用金属的涡流系数 $K=\sqrt{\omega\mu\sigma}$①

f/Hz	铜	钢	铝	铅
50	0.151	0.535	0.118	0.042
10^3	0.674	2.391	0.528	0.188
10^4	2.130	7.560	1.670	0.598
6×10^4	5.218	18.519	4.091	1.464
10^5	6.736	23.907	5.281	1.889
1.56×10^5	8.414	29.862	6.597	2.360
2.52×10^5	10.693	37.951	8.383	2.999
5×10^5	15.061	53.458	11.809	4.225
10^6	21.300	75.600	16.700	5.975
8.5×10^6	62.098	220.404	48.687	17.420
10^7	67.357	239.070	52.810	18.895
10^8	213.00	756.000	167.000	59.750
计算公式	$21.3\times10^{-3}\sqrt{f}$	$75.6\times10^{-3}\sqrt{f}$	$16.7\times10^{-3}\sqrt{f}$	$5.975\times10^{-3}\sqrt{f}$

① μ 为磁导率，$\mu=4\pi\times10^{-7}\mu_r$（H/m），$\mu_r$ 见表 3-14，计算钢的涡流系数时，取 $\mu_r=100$。
σ 为电导率，见表 3-14。

表 3-18　$x=\frac{Kd}{2}$不同时函数 F、G、H 和 Q 的数值

x	$F(x)$	$G(x)$	$H(x)$	$Q(x)$
0	0	$\frac{x^4}{64}$	0.0417	1
0.5	0.000326	0.000975	0.042	0.9998
1.0	0.00519	0.01519	0.053	0.997
1.5	0.0258	0.0691	0.092	0.987
2.0	0.0782	0.1724	0.169	0.961
2.5	0.1756	0.295	0.263	0.913
3.0	0.318	0.405	0.348	0.845
3.5	0.492	0.499	0.416	0.766
4.0	0.678	0.584	0.466	0.686
4.5	0.862	0.669	0.503	0.616
5.0	1.042	0.755	0.530	0.556
7.0	1.743	1.109	0.596	0.400
10.0	2.799	1.641	0.643	0.282
>10.0	$\frac{\sqrt{2}x-3}{4}$	$\frac{\sqrt{2}x-1}{8}$	$\frac{1}{4}\left[\frac{3\sqrt{2}x-5}{\sqrt{2}x-1}-\frac{2\sqrt{2}}{x}\right]$	$\frac{2\sqrt{2}}{x}$

3.3.2 对称电缆的电感

当回路通以交流电后，则在回路的导电线芯中和回路周围产生磁通 ϕ，在导电线芯内的称为内磁通，在导电线芯外的称为外磁通。而电感为磁通 ϕ 与引起磁通的电流之比，所以相应于内磁通与外磁通亦有内电感 $L_{内}$ 和外电感 $L_{外}$，总电感为 $L=L_{内}+L_{外}$。

内电感 $L_{内}$ 是由导线内部的磁通与流过导线的电流之比所决定的。导线内磁通的大小与导线内的电流分布有关，因此内电感 $L_{内}$ 与导线内的电流分布有关。内电感的计算公式可在求二孤立导线有效电阻时，求其复数功率的虚部来求得。其计算公式如下：

$$L_{内}=Q(x)\times10^{-4}(\mathrm{H/km}) \tag{3-8}$$

外电感 $L_{外}$ 是导线外（与回路本身所交链的）磁通与流过被交链导线中的电流之比，即 $L_{外}=\phi/I$。

对称回路的磁场分布如图3-17所示。r 表示任一点距导体 a 的距离。

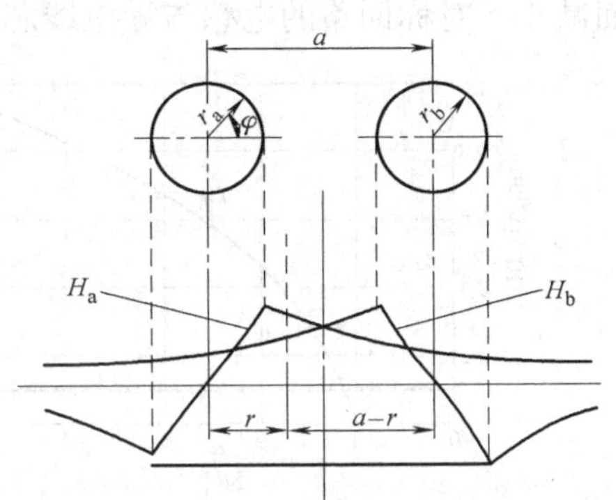

图3-17 对称回路的磁场分布

回路两导线中，由导线a中电流所产生的磁场强度为

$$H_a=\frac{I}{2\pi r}$$

由导线b中电流所产生的磁场强度为

$$H_b=\frac{I}{2\pi(a-r)}$$

从图3-17可以看出

$$H=H_a+H_b=\frac{I}{2\pi}\left(\frac{1}{r}+\frac{1}{a-r}\right)$$

因此，外电感 $L_{外}$ 可由下式求得

$$L_{外}=\frac{\mu}{I}\int_{r_a}^{a-r_b}\frac{I}{2\pi}\left(\frac{1}{r}+\frac{1}{a-r}\right)\mathrm{d}r=\frac{\mu}{2\pi}\left(\ln\frac{a-r_b}{r_a}-\ln\frac{r_b}{a-r_a}\right)$$

回路两导线 $r_a=r_b=d/2$，则

$$L_{外}=\frac{\mu}{\pi}\ln\frac{2a-d}{d} \tag{3-9}$$

回路中间为非磁性介质，$\mu=\mu_r\mu_0=4\pi\times10^{-7}$（H/m），则

$$L_{外}=4\ln\frac{2a-d}{d}\times10^{-7}(\mathrm{H/m})$$

或

$$L_{外}=4\ln\frac{2a-d}{d}\times10^{-4}(\mathrm{H/km}) \tag{3-10}$$

由此可得对称电缆回路的总电感（H/km）

$$L=\lambda\left[4\ln\frac{2a-d}{d}+Q(x)\right]\times10^{-4}(\mathrm{H/km}) \tag{3-11}$$

式中 λ——总的绞合系数；

a——回路两导线中心间距（mm）；

d——导电线芯直径（mm）；

$Q(x)$——$x=\frac{Kd}{2}$的特定函数，其值见表 3-18。

由式（3-11）可见，外电感决定于导电线芯直径和导电线芯间的距离。内电感决定于导电线芯本身的特性（导线直径、材料的磁导率和电导率）和传输电流的频率。

图 3-18 所示为线间距离改变时，电感与线间距离的关系。随导线间距离 a 的增加，回路所交链磁力线的面积增加，因而外磁通增加，外电感亦随之增加。正因为这样，架空明线的电感较电缆的电感大两倍多。

随着导电线芯直径 d 的增加，趋肤效应增强，导线中的磁通减小，因而内电感减小。同时，由于外磁通所穿过的面积减小，外电感就下降，因此回路总电感随导电线芯直径的增加而减小，对称回路的电感与导电线芯直径的关系如图 3-19 所示。

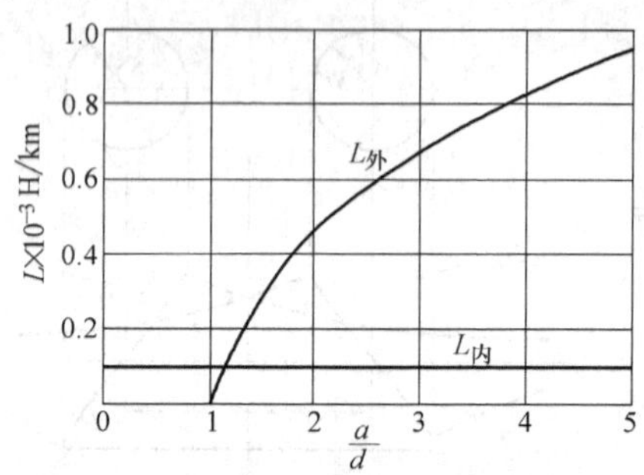

图 3-18　电感与线间距离的关系

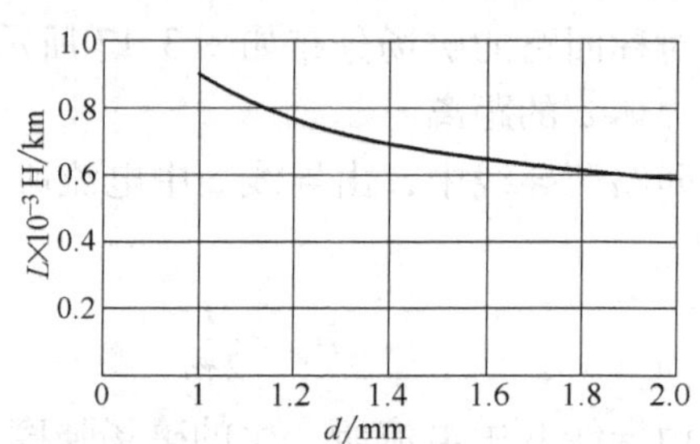

图 3-19　对称回路的电感与导电线芯直径的关系

随传输电流频率的增加，回路的总电感将减小。这是由于频率增加时，趋肤效应增强，使内电感减小，而外电感与频率无关，所以随频率的增加，总电感近似于外电感。

对称屏蔽回路的电感，除了内电感 $L_{内}$ 和外电感 $L_{外}$ 之外，还有屏蔽体给传输回路带来的附加电感。从理论上说，邻近作用使电感减小，但其值很小，可以略而不计。

对称屏蔽回路总电感为

$$L=\lambda\left[4\ln\frac{2a}{d}\frac{r_S^2-\left(\frac{a}{2}\right)^2}{r_S^2+\left(\frac{a}{2}\right)^2}+Q(x)-8\frac{\mu_S\sqrt{2}}{Kr_S}\frac{r_S^2\left(\frac{a}{2}\right)^2}{r_S^2-\left(\frac{a}{2}\right)^4}\right]\times10^{-4}(\text{H/km})\tag{3-12}$$

式中　r_S——屏蔽层的内直径（mm）；

μ_S——屏蔽层的相对磁导率；

K——涡流系数，见表 3-17。

由于屏蔽的作用，回路的外电感减小。这是因为屏蔽层产生了与基本场相反的反射场，其相互作用的结果，使回路间的合成磁场减弱，因而使回路的电感也随之减小。

从式（3-12）可见，如没有屏蔽层，则认为 r_S 趋于无穷大，则式（3-12）就与式（3-11）一致了。

3.3.3　对称电缆的电容

电缆回路的电容与一般电容概念相似，两根导线相当于两个极板，导线间的绝缘层相当于电容器极板间的介质。

当回路两导线带有等量异性电荷时，此电荷的电量 Q 与两导线间的电位差 U 之比，为该回路的电容，即 $C=\frac{Q}{U}$。

对称电缆回路的电容是比较复杂的，因为电缆中往往包括很多线对，而且外面又有屏蔽层和金属套，所以任何相邻线芯间及线芯与屏蔽层或金属套间都会有电容存在。

对称电缆回路的电容有两种：工作电容和部分电容。一次传输参数中的电容即指工作电容。

现以一个四线组为例，电缆四线组的工作电容和部分电容如图 3-20 所示，当考虑其他电容影响时，回路两导体间的等效电容称为工作电容，如 C_1 和 C_{11}，而线芯间或线芯对地（铅套）间，不考虑其他线芯影响的电容，称为部分电容，如 C_{13}、C_{14}、C_{23}、C_{24}及 C_{10}、C_{20}、C_{30}、C_{40}等。

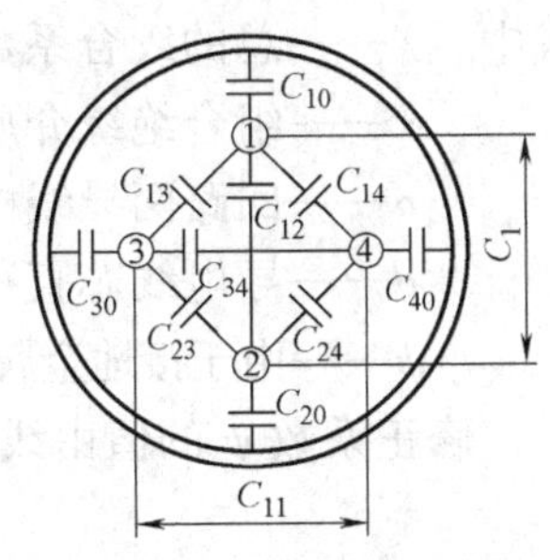

图 3-20 电缆四线组的工作电容和部分电容

先研究孤立二导线间的工作电容。一对称回路二导线 a、b，导线 a 上的电荷 Q 在距导线 a 为 r 点的电场强度

$$E_a=\frac{Q}{2\pi r\varepsilon}$$

导线 b 上的电荷 Q 在同一点的电场强度为

$$E_b=\frac{Q}{2\pi(a-r)\varepsilon}$$

则在该点总的电场强度为

$$E=E_a+E_b=\frac{Q}{2\pi\varepsilon}\left(\frac{1}{r}+\frac{1}{a-r}\right)$$

回路两导线间的电位差

$$U=\int_{r_a}^{a-r_b}E\mathrm{d}r=\frac{Q}{2\pi\varepsilon}\int_{r_a}^{a-r_b}\left(\frac{1}{r}+\frac{1}{a-r}\right)\mathrm{d}r=\frac{Q}{2\pi\varepsilon}\left(\ln\frac{a-r_b}{r_a}-\ln\frac{r_b}{a-r_a}\right)$$

回路两导线 $r_a=r_b=\frac{d}{2}$，则 $U=\frac{Q}{\pi\varepsilon}\ln\frac{2a-d}{d}$

因此，孤立回路的工作电容为

$$C=\frac{Q}{U}=\frac{\pi\varepsilon}{\ln\frac{2a-d}{d}}$$

将 $\varepsilon=\varepsilon_r\varepsilon_0=\frac{\varepsilon_r}{36\pi\times10^9}$，代入上式可变为

$$C=\frac{\varepsilon_r\times10^{-9}}{36\ln\frac{2a-d}{d}}(\mathrm{F/m})$$

式中 C 的单位为 F/m。

或

$$C=\frac{\varepsilon_r\times10^{-6}}{36\ln\frac{2a-d}{d}} \tag{3-13}$$

式中 C 的单位为 F/km。

在多芯电缆中，工作电容可按下式计算：

$$C=\frac{\lambda\varepsilon_r\times10^{-6}}{36\ln\left(\frac{2a}{d}\psi\right)}(\mathrm{F/km})\tag{3-14}$$

式中　λ——总的绞合系数；

ε_r——组合绝缘介质的等效相对介电常数；

a——回路两导线中心间距离（mm）；

d——导电线芯直径（mm）；

ψ——由于接地金属套和邻近导线产生影响而引起的修正系数，当距离相当大时，$\psi=1$。

修正系数 ψ 的值由线组类型来决定，工作电容的修正系数公式见表 3-19。

表 3-19　工作电容的修正系数公式

绞合类型	a	ψ
对绞组	d_1	$\psi=\frac{(d_1+d_2-d)^2-a^2}{(d_1+d_2-d)^2+a^2}$
星绞组	d_4-d_1	$\psi=\frac{(d_4+d_1-d)^2-a^2}{(d_4+d_1-d)^2+a^2}$
复对绞组	d_1	$\psi=\frac{(0.65d_{2\times2}+d_1-d)^2-a^2}{(0.65d_{2\times2}+d_1-d)^2+a^2}$
屏蔽对绞组	d_1	$\psi=\frac{D_S^2-a^2}{D_S^2+a^2}$
屏蔽星绞组	$\sqrt{2}d_1$	$\psi=\frac{D_S^2-a^2}{D_S^2+a^2}$

表中：d——导电线芯直径（mm）；

d_1——绝缘线芯直径（mm）；

d_2——对绞组外径（mm）；

d_4——星绞组外径（mm）；

$d_{2\times2}$——复对绞组外径（mm）；

D_S——屏蔽层内径（mm）。

工作电容（F/km）的计算还可采用下列经验公式

$$C=\frac{\lambda\varepsilon_r\times10^{-6}}{36\ln\frac{\alpha D}{d}}\tag{3-15}$$

式中　λ——总绞合系数；

ε_r——等效相对介电常数；

D——线组直径（mm）；

d——导电线芯的直径（mm）；

α——校正系数，它与线组的绞合类型有关，对绞组 $a=0.94$，星绞组 $a=0.75$，复对绞组 $a=0.65$。

用式（3-15）计算工作电容，对于与屏蔽层接近的线组来说，计算结果要比实际数值小一些。

工作电容与导电线芯直径、线间距离和绝缘介质有关。增大线芯直径相当于增加电容器的极板面积，所以电容增加。导电线芯间距离的增加，则相当于电容器极板间距离的加大，显然电容就减小。工作电容与介电常数有密切的关系，介电常数越大，工作电容也越大。由于绝缘材料的介电常数均大于空气的介电常数，所以在使绝缘结构有一定的机械稳定性的情况下，总希望空气所占的体积尽量大些，以减小介电常数而使电容下降，从而使电缆的衰减下降。当绝缘介质的介电常数与频率无关时，工作电容与频率无关。

3.3.4 对称电缆的绝缘电导

绝缘电导 G 这个参数说明电缆线芯绝缘层的质量和电磁能在线芯绝缘中的损耗情况。

绝缘电导是由绝缘介质的特性决定的，也是由绝缘介质的体积绝缘电阻率 ρ_v 和介质损耗角正切值 $\tan\delta$ 来决定的。绝缘电导 G 是由直流绝缘电导 G_0 和绝缘电导 $G_\sim$ 组成的

$$G = G_0 + G_\sim$$

直流绝缘电导 G_0 是由于介质的绝缘特性不够完善所引起的。它等于绝缘介质的绝缘电阻的倒数，即 $G_0 = \dfrac{1}{R_{绝}}$，因此希望绝缘介质有较大的绝缘电阻 $R_{绝}$，要选用体积绝缘电阻率 ρ_v 大的绝缘材料。

交流绝缘电导主要是由于绝缘介质极化所引起的，它与传输电流的频率、回路工作电容以及介质损耗角正切值 $\tan\delta$ 成正比，即 $G_\sim = \omega C\tan\delta_0$

由此，对称电缆的绝缘电导

$$G = \frac{1}{R_{绝}} + \omega C\tan\delta \tag{3-16}$$

在通信电缆中，由于绝缘介质极化所引起的损耗比由于绝缘不完善所引起的损耗要大得多，所以可以把 G_0 忽略不计，这样绝缘电导（s/km）可以用下式来计算：

$$G = G_\sim = \omega C\tan\delta \tag{3-17}$$

式中 ω——角频率，$\omega = 2\pi f$，f 为频率（Hz）；

C——回路工作电容（F/km）；

$\tan\delta$——组合绝缘介质的等效介质损耗角正切值。

绝缘电导与导电线芯直径、线芯间距离、频率及绝缘介质特性有关。从前面的分析可知，当导线直径、线间距离的改变使工作电容增大时，由于绝缘电导与电容成正比，则绝缘电导也将增大。

绝缘电导是随频率的增加而剧烈地增加，这是由于频率增加时引起的双重作用：一是绝缘电导直接正比于频率；另一是介质极化作用随频率增加而加剧，致使 $\tan\delta$ 增加。

从式（3-17）可知，绝缘电导与绝缘材料的介质损耗角正切值 $\tan\delta$ 是成正比关系的。不同绝缘材料的介质损耗角正切值 $\tan\delta$ 与频率的关系是不同的。

要想减小绝缘电导，以适应高频通信的要求，就应选用 $\tan\delta$ 小的绝缘材料，如聚乙烯、聚苯乙烯等，并采用空气所占体积比较大的组合绝缘结构形式。

通过以上分析，我们得出这样一个结论，就是对称电缆回路的一次传输参数是随电流的频率 f、回路两导线的中心距离 a 及导线线芯直径 d 而改变的。这些参数之间的相互关系，如图 3-21 所示。

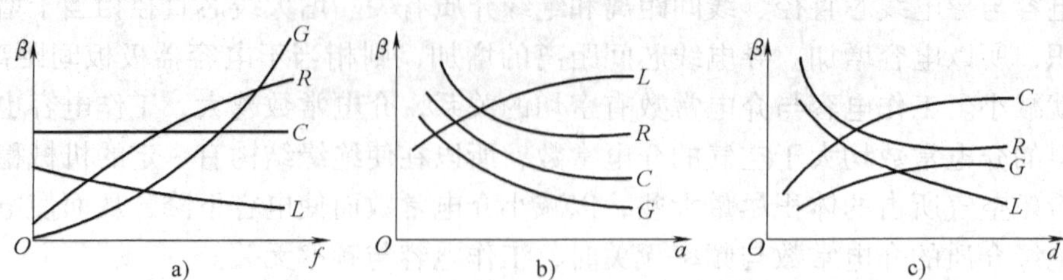

图 3-21 对称电缆一次参数与 f、a、d 的关系

a）R、L、C、G 与频率的关系 b）R、L、C、G 与线间距离 a 的关系

c）R、L、C、G 与导电线芯直径 d 的关系

3.3.5 对称电缆等效介电常数和等效介质损耗角正切值的计算

对称通信电缆的绝缘参数一般是介质和空气组合成的。组合绝缘的介电常数和介质损耗角正切值的等效值，粗略地取决于电缆星绞组（或对绞组）中空气和介质的电气特性（ω 和 $\tan\delta$）及其体积比。

1. 等效介电常数的计算

组合绝缘的等效介电常数 ε_D 粗略地取决于电缆星绞组（或对绞组）中空气和介质的截面积比和它们各自的介电常数值。公式如下：

$$\varepsilon_D = \frac{\varepsilon_K S_K + \varepsilon_G S_G}{S_K + S_G} \tag{3-18}$$

式中 ε_K——空气的相对介电常数，等于 1；

ε_G——介质的介电常数；

S_K——空气所占的截面积；

S_G——介质所占的截面积。

因此，要计算组合绝缘的等效介电常数，首先要计算出电缆中或四线组中空气和介质的截面积。对于高频对称电缆，可将四线组作为计算的单元，并将四线组看成是圆形的。如要精确计算，则还要考虑成缆包带的影响。

2. 等效介质损耗角正切值 $\tan\delta_D$ 的计算

在组合绝缘介质中，等效介质损耗角正切值可用下式来计算：

$$\tan\delta_D = \frac{\varepsilon_K S_K \tan\delta_K + \varepsilon_G S_G \tan\delta_G}{\varepsilon_K S_K + \varepsilon_G S_G} \tag{3-19}$$

式中 ε_K——空气的相对介电常数，等于 1；

ε_G——介质的相对介电常数；

S_K——空气所占的截面积；

S_G——介质所占的截面积；

$\tan\delta_K$——空气的介质损耗角正切值，等于零；

$\tan\delta_G$——介质的介质损耗角正切值。

上述公式是假定电缆内电场是均匀的情况下求得的，实际上电缆内各处电场并非均匀，因而用上述公式对等效介电常数及等效介质损耗角正切值的计算是有一定近似性的。

3.3.6　对称电缆二次传输参数的计算

对称电缆的二次传输参数与一次传输参数有关，而一次传输参数又决定于电缆所使用的材料、结构形式及电流的频率。当电缆结构确定后，即可按本节所述公式计算电缆的一次传输参数 R、L、C 和 G。然后，按 2.2 节所述公式来计算对称电缆的二次传输参数：波阻抗 Z_C、衰减常数 α 及相移常数 β。

对称电缆回路所传输的信号有音频，也有高频，对于不同的频带，可应用 2.2 节相应的简化公式来计算对称电缆回路的二次传输参数。

3.4　对称通信电缆的设计

3.4.1　对称电缆结构的选择

1. 导电线芯的选择

在选择铜导电线芯的直径时，应注意在低频时，线芯越粗，直流电阻越小，电缆衰减常数也越小。因此，目前全塑市内通信电缆的线径有好几种，每种线径的电缆在一定频率时都有一定的衰减值。应根据用户要求的通话距离、允许的线路衰减来选择导电线芯的线径。

在高频时，由于趋肤效应和邻近效应造成的高频附加电阻将占有效电阻的很大比例，甚至超过一半。当导线直径加粗时，虽然直流电阻下降，但交流附加电阻却相应上升，因此总有效电阻下降是不大的。因此，在高频对称通信电缆中，各国对铜导线的直径都规定不超过 1.2～1.3mm。例如，全塑市内通信电缆所用的铜导电线芯直径为 0.32～0.80mm，其中以 0.5mm 的导电线芯用得较多；而长途对称通信电缆所采用的铜导电线芯直径则为 0.80～1.20mm，其中以 1.0mm 的用得较多。

鉴于铜的来源比铝困难，应在技术、经济各方面综合考虑的基础上，通信电缆的线芯尽可能多采用铝线。铝线和铜线相比，在同样直流电阻（即低频交流电阻）的条件下，铝线的成本比铜线的成本低。如铝芯电缆与铜芯电缆相比，则由于铝线直径为铜线的 1.29 倍，因此同样衰减的低频铝芯电缆线芯的直径和电缆的直径都要比铜芯电缆大，所消耗的绝缘材料和护层材料都要比铜芯电缆多。铝芯电缆与铜芯电缆哪种更为经济，首先取决于电缆的性能要求，同时与电缆尺寸大小、护层结构和材料价格等相关，为此要进行综合分析才能确定。根据国外资料，如果采用塑料绝缘和塑料组合护层结构，则铝芯电缆的成本要比铜芯电缆低 10%～20%。

在高频对称电缆中，如果采用铝线，在保持同样高频有效电阻的情况下，铝线直径与铜线直径之比小于直流时的 1.29 倍，采用铝线的经济效果要比在低频时好一些。

铝线的缺点是：柔软性不及铜线，容易折断；在有潮气的情况下，腐蚀较铜线快。此外铝线的连续也不如铜线方便。但这些缺点是可以采取相应的措施加以克服的。例如铝芯铝护套单四线组高频对称电缆埋地使用多年，性能良好。外国各种铝芯市内话缆，高低频对称电缆都已生产使用。我国也将发展铝芯市内通信电缆。

在对称通信电缆中，铜芯电缆大都采用软铜线。为增加机械强度，铝芯电缆的铝线大都采用半硬铝线。为进一步提高铝线芯的机械强度，最好采用铝合金线。

为了节省铜资源，也可用铜包铝代替铜线作为市内通信电缆的导电线芯，当用铜包铝作导电线芯时，铜包铝线的直径比纯铜线的直径增大20%。例如，铜芯电缆中铜线直径为0.4mm，当采用铜包铝线作为导体时，铜包铝线的直径 $d=0.4\times1.20\text{mm}=0.48\text{mm}$。因此，我们采用CCA-15A-0.485～0.492mm铜包铝线替代直径为0.4mm的铜线。

2. 对称电缆绝缘结构的选择

对于全塑市内通信电缆，绝缘采用塑料或空气塑料绝缘结构，目前多采用聚乙烯、泡沫聚乙烯及泡沫/实心皮等绝缘结构。

聚乙烯绝缘线对由于包含的空气比纸带绝缘结构少，因此在相同尺寸时衰减值仍然较大。但聚乙烯绝缘线芯吸潮率很小，即使潮气侵入电缆，电性能变化也很小，因此这种绝缘结构宜用于塑料套（如自承式市话电缆）中，以节约金属套的铅和铝。

在同样的尺寸下，泡沫聚乙烯绝缘线对的衰减值与纸绝缘相近，而且泡沫绝缘层可做得很薄，这种绝缘结构对于提高耐潮性、缩小电缆直径、减少材料消耗、提高生产率及降低成本都有利。

聚丙烯的电性能一般比聚乙烯好，聚丙烯和泡沫聚丙烯绝缘结构也宜发展。

聚氯乙烯的电性能较差，衰减较大，影响通话距离，一般不用于市内通信电缆。但聚氯乙烯常用在长度较短的配线电缆和局用电缆上。

对高频长途对称电缆，要求其绝缘结构高度均匀，以保持星绞组的对称性，减小串音，同时也要求其他电性能（介电常数 ε_D 及介质损耗角正切值 $\tan\delta_D$）良好，以减少衰减和保持高的绝缘电阻和耐电压性能。

曾经出现的绝缘结构有纸绳纸带、泡沫聚乙烯、聚乙烯绳管、聚乙烯鱼泡、聚苯乙烯绳带五种，其性能比较见表3-20。

表3-20 对称电缆绝缘结构性能比较

性能 \ 绝缘结构	纸绳纸带	泡沫聚乙烯	聚乙烯绳管	聚乙烯鱼泡	聚苯乙烯绳带
等效介电常数	1.3～1.5	1.3～1.5	1.2～1.4	1.2～1.4	1.2～1.3
介质损耗角正切 $\times10^{-4}$ (250kHz)	160	10左右	8	8	12
耐电压	可	良	优	优	优
耐潮性	差	良	优	优	可

泡沫聚乙烯绝缘电缆的优点是生产工艺和设备都比较简单，但它的等效介电常数稍大。我国塑料空气绝缘的高频对称电缆及中、小同轴综合电缆中的高频四组线（以及低频四组线）大都采用泡沫聚乙烯绝缘。

聚氯乙烯绳管绝缘电缆工艺比较复杂，优点是等效介电常数比泡沫聚乙烯绝缘电缆略小。聚苯乙烯绳带绝缘电缆，由于聚苯乙烯带子可做得较薄（0.05mm），因此等效介电常数是较小的。当聚苯乙烯绳带的尺寸公差保持在很小范围时，四线组的对称性较高，因此串音较小，但生产成本比较高。

3. 对称电缆的线组与电缆芯结构的安排

对称电缆的基本结构元件是线组。常用的有对绞组和星绞组两种。

对绞组的串音效果较好，生产率较高，但因电缆的结构尺寸大，浪费材料。星绞组结构紧凑、节省材料，做得好时也能保证串音性能的要求。

对于高频对称电缆，一般应多采用星绞结构，对于市内通信电缆，以往当采用纸绝缘时，由于纸绝缘星绞组结构不易稳定，其串音性能较差，所以一般均采用对绞结构。当采用塑料绝缘并改进工艺后，星绞组的串音性能可大大改进，这为市内通信电缆采用星绞组代替对绞组创造了条件。同时，星绞市内通信电缆在同样工作电容的情况下，外径将比对绞电缆缩小12%左右，这就可以节约绝缘层及护层材料，使电缆成本有所降低。

电缆的电缆芯结构，应根据电缆电性能、各元件性能的均匀性、电缆的机械特性、制造的难易和使用方便等因素来确定。

小对数市内通信电缆一般采用同心式成缆，而大对数市内通信电缆适宜采用单位式成缆。

高频对称电缆的组间串音主要取决于各星绞组节距的大小及它们的排列。在目前多组铜心高频对称电缆中，由于考虑结构的稳定性，所有星绞组节距宜在100~350mm，各组节距要相差不小于20mm，且相邻组节距相差大一些为好。如原材料和结构比较均匀，则各个组间串音衰减和防卫度值一般都超过标准规定值。

4. 护层结构的选择

长途通信电缆（高频对称电缆）和纸绝缘市内通信电缆一般都应采用密封金属套，目前可采用热压铅套及热压铝套。对塑料绝缘的低频电缆应尽可能采用塑料—金属组合护层或塑套，以节约铅和铝。

为满足机械、防腐蚀和防生物侵袭等性能要求，应选择合理的外护层。不同结构的外护层具有不同的性能，可应用于不同的使用环境和条件下，这在电缆护层标准中已有明确规定。

从屏蔽性能来考虑，当设计对防护作用系数有特殊要求的护套时，应选择若干结构按下式进行计算，再根据技术、经济、资源各种因素予以比较后选定。

$$S_0 = 1 - \frac{Z_{PA}}{Z_P} = \frac{R_P + j\omega L_P - R_{PA} - j\omega L_{PA}}{R_P + j\omega L_P} \approx \frac{R_P}{R_P + j\omega L_P}$$

目前，对50Hz、防护作用系数为0.1的电气化铁道沿线通信电缆屏蔽层应采用铝套钢带铠装结构。

3.4.2 对称电缆参数计算与最佳结构

一般在选择好导线材料和绝缘材料之后进行。

1. 市内通信电缆的计算

1）对于目前已经标准化的电缆，当电缆结构选定以后，回路直流电阻就确定了，线对间工作电容也就确定了，电缆在800~1000Hz时的衰减常数α、相移常数β和波阻抗Z_C可根据有关公式计算出来。

2）如给定衰减常数来确定结构尺寸，则有许多结构尺寸组合。一般情况下要确定最佳尺寸，这可用高频对称电缆最佳结构尺寸的确定方法来进行。

在结构确定后计算电容时，对线对的直径应考虑适当的压缩系数。

2. 高频对称电缆的计算

1）如果电缆结构元件的尺寸已经确定，则可根据有关公式，先计算出一次性传输参数，然后即可算出 α、β 和 Z_C。

但在计算一次传输参数时，需考虑结构尺寸在加工过程中的压缩，压缩程度因绝缘材料和工艺的不同而有差别，须根据经验来确定。

2）如果给定的条件是衰减常数 α（dB/km），需要求出电缆的结构尺寸，这是比较复杂的。因为高频对称电缆一次和二次传输参数的计算公式都是比较复杂的，如果要反过来从二次传输参数来要求结构尺寸，这是非常复杂的数学问题，一般情况下很难求解。

因此，一般都采用凑算的办法，即先根据已有经验确定一个导线直径和绝缘层厚度，然后计算出一次传输参数和衰减常数。再根据算出的衰减常数与给定的衰减常数的差额，调整导线直径（取较整齐的数）和绝缘层厚度，再进行计算，直至计算结构的衰减常数符合给定的衰减常数为止。

最佳结构尺寸的元件，除了满足给定的衰减常数条件外，还应该满足某一最佳的条件，通常是指元件的直径最小的情况。

当需求最佳结构时，应进行大量计算，画出各个不同直径星绞组（或对绞组）的衰减常数与导线直径关系的曲线，即 α-d 曲线，如图 3-22 所示。图中，星绞组直径关系为 $D_6>D_5>D_4>D_3>D_2>D_1$。

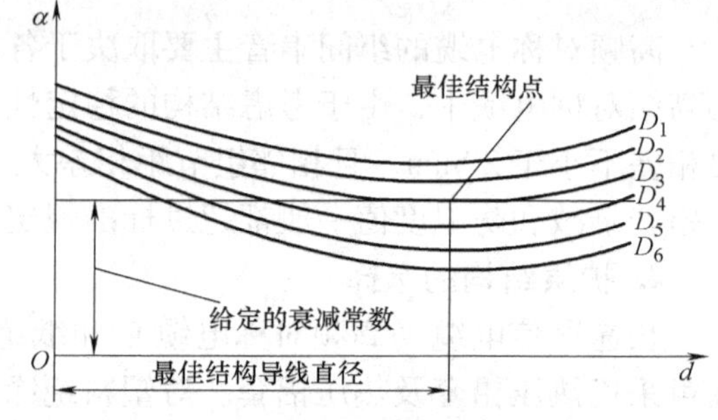

图 3-22 星绞组衰减常数 α 与导线直径 d 的关系

从图 3-22 中可以看出，当给定一个衰减常数时，星绞组可以有许多结构，而某一曲线最低点符合给定的衰减常数，则此曲线的星绞组外径即是最小的星绞组外径（曲线越低，星绞组直径越大），而此最低点的横坐标，即是所求的导线直径。

如果要求某一衰减常数时，电缆成本最低的结构尺寸，也要先进行一系列结构的衰减常数的计算，画出如图 3-22 所示的 α-d 曲线。然后根据给定的衰减常数值从图上可以确定出几种结构。譬如在图 3-22 中，在给定的衰减常数下有五种不同的导线直径和四线组直径的四线组都可以满足要求，然后再进行这几种结构的电缆成本计算，即可求出最经济的结构。

在最佳结构尺寸确定以后，应计算出这个结构的一次和二次传输参数等，以达到设计的目的。

第 4 章　射频同轴电缆

4.1　同轴电缆的型号和用途

4.1.1　同轴电缆的定义

在金属圆管（称为外导体）内配置另一圆形导体（称为内导体），用绝缘介质使两者相互绝缘并保持轴心重合，这样所构成的线对称为同轴对。同轴电缆的这种结构使它具有高带宽和极好的噪声抑制特性。同轴电缆的结构示意图如图 4-1 所示。

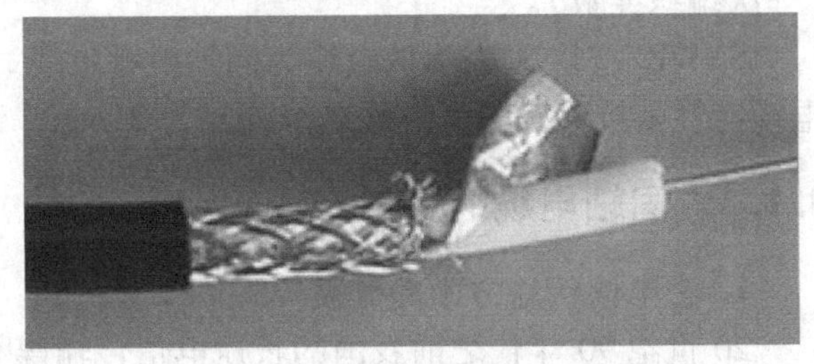

图 4-1　同轴电缆的结构示意图

理想的同轴电缆结构是沿电缆长度任何一点的横截面积上组成一个回路的两导体外形成恒定直径的同心圆，两导体的电阻率、磁导率、介电常数沿电缆长度不变。同轴电缆在传输特性方面与对称电缆的主要不同是高频信号沿回路传输时，电磁场集中在同轴电缆的内、外导体之间。

同轴电缆在以前的长途电信传输、计算机网络，现在的广播电视网络、移动通信基站、轨道交通铁路、仪器仪表等方面有着广泛的应用。

4.1.2　同轴电缆的型号

首先介绍同轴射频电缆的型号命名方法。在国内，同轴电缆的命名规则是：第一部分用英文字母，分别代表电缆的分类代号、绝缘材料、护套材料和派生特性，见表 4-1；第二、三、四部分均用数字表示，分别代表电缆的特性阻抗（常用的是 75Ω、50Ω、93Ω）、芯线绝缘外径（mm）整数值和屏蔽层结构。

表 4-1　同轴电缆的型号

分类代号		绝缘		护套		派生	
符号	意义	符号	意义	符号	意义	符号	意义
S	同轴射频电缆	Y	聚乙烯	V	聚氯乙烯	P	屏蔽
		YW	物理发泡聚乙烯				
SL	漏泄同轴射频电缆	D	稳定聚乙烯空气绝缘	Y	聚乙烯	Z	综合式
		U	聚四氟乙烯				
型号	名称						
SYV	实心聚乙烯绝缘射频电缆						

（续）

分类代号		绝缘		护套		派生	
符号	意义	符号	意义	符号	意义	符号	意义
SYWV	物理发泡聚乙烯绝缘射频电缆						
SYKV	纵孔聚乙烯绝缘射频电缆						
SYTFVR	电梯用特种射频电缆						
SYV	数字传输系统同轴电缆						
RG	国外标准同轴射频电缆美国军用规范：MIL-C-17D						

例如“SYV-75-7-1”的含义是：该电缆为同轴射频电缆，芯线绝缘材料为实心聚乙烯，护套材料为聚氯乙烯，电缆的特性阻抗为75Ω，芯线绝缘外径为7mm，屏蔽结构序号为1（一次编织屏蔽）。

SYWLY-75-21表示该电缆为同轴射频电缆，物理发泡聚乙烯绝缘，护套材料为聚乙烯，电缆特性阻抗为75Ω，芯线绝缘外径为21mm，铝管外导体屏蔽。

4.1.3 同轴电缆的应用

1. 在电信传输方面的分类

20世纪90年代之前我国的长途电信传输媒介主要是同轴电缆。按同轴电缆的结构尺寸可分为大同轴电缆、中同轴电缆、小同轴电缆、微同轴电缆。下面简要介绍前三种电缆。

（1）大同轴电缆

同轴管（内外导体和绝缘组成）内导体标称外径为5mm、外导体标称内径为18mm；或内导体标称外径为5.5mm、外导体标称内径为20mm等。我国的长途通信一直没有使用这种电缆。

（2）中同轴电缆

同轴管内导体标称外径为2.6mm、外导体标称内径为9.5mm。同轴管外导体采用皱边（或锯齿）铜带纵包而成。绝缘体用聚乙烯垫片结构。将数根同轴管采用层绞式绞合成缆，扎带捆扎后用铅制作外护套，就成了以前电信用的四同轴管组电缆，如图4-2所示，一般包含6管和8管同轴管。中同轴电缆作为国内干线，同轴管可以开通70MHz以下模拟载波通信系统。以前我国开通有9MHz（1800路）和24MHz（4380路）两种模拟载波通信系统。

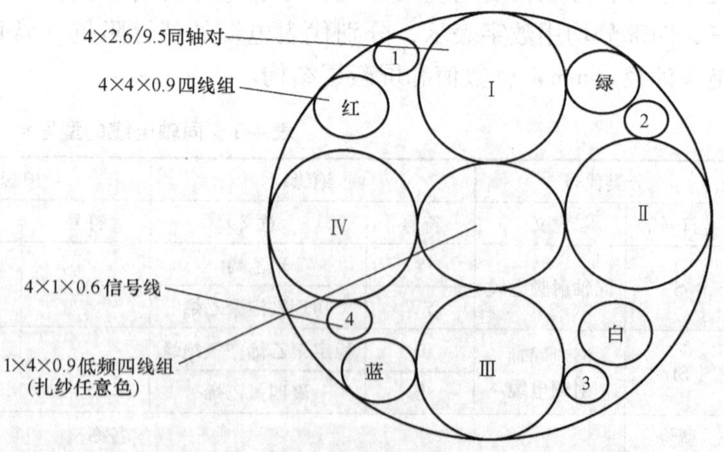

图4-2 长途电信用四同轴管组电缆

（3）小同轴电缆

小同轴管内导体标称外径为1.2mm、外导体标称内径为4.4mm。小同轴管外导体采用皱边铜带纵包而成。绝缘体形式较多，有鱼泡式、注片式和泡沫聚乙烯等。以前国产的包含有4管、6管、8管等多个品种。小同轴电缆作为省内干线，我国以前开通的有1.3MHz（300路）、4MHz（960路）、9MHz（1800路）和18MHz（3600路）四种模拟载波通信系统和140Mbit/s及以下的数字通信系统。

这里要说明的是，以同轴电缆为长途电信传输媒介已成为历史，现代长途电信传输已全部被光缆取代。

2. 在计算机网络方面的应用

按照同轴电缆传输的信号形式，同轴电缆可分为两种基本类型：基带同轴电缆和宽带同轴电缆。计算机网络用的同轴电缆为基带同轴电缆，用于基带数字传输，特性阻抗为50Ω。目前，基带常用的电缆，其外导体是铜做成的网状的，特征阻抗为50Ω（如RG-8、RG-58等）。宽带同轴电缆用于模拟传输，特性阻抗为75Ω，如用于有线电视等。

计算机网络用同轴电缆又分为粗缆和细缆两种。粗缆使用于比较大型的局部网络，它的标准距离长、可靠性高。由于安装时不需要切断电缆，因此可以根据需要灵活调整计算机的入网位置。但粗轴网络必须安装收发器和收发器电缆，安装难度大，所以总体造价高。

相反，细缆安装则比较简单，造价低，但由于安装过程要切断电缆，两头必须装上基本网络接头（BNC），然后接在T型连接器两端，所以当接头多时容易产生接触不良的问题，这是以前运行中的以太网常发生的故障之一。

最常用的同轴电缆有下列几种（美国型号）。

1）RG-8或RG-11，特性阻抗为50Ω。

2）RG-58，特性阻抗为50Ω。

3）RG-59，特性阻抗为75Ω。

4）RG-62，特性阻抗为93Ω。

计算机网络中使用的同轴电缆如图4-3所示。

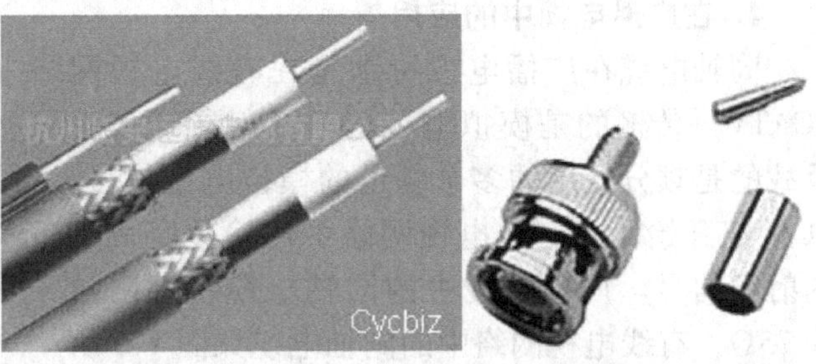

图4-3 计算机网络中使用的同轴电缆

计算机网络一般选用RG-8以太网粗缆和RG-58以太网细缆。RG-59作为宽带同轴电缆，主要用于电视系统。RG-62用于ARCnet网络和IBM3270网络。采用RG-58细缆的以太网如图4-4所示。在这种网络中为了保证同轴电缆正确的电气特性，电缆的金属层必须接地。同时电缆两端头必须安装匹配器来削弱信号的反射作用。

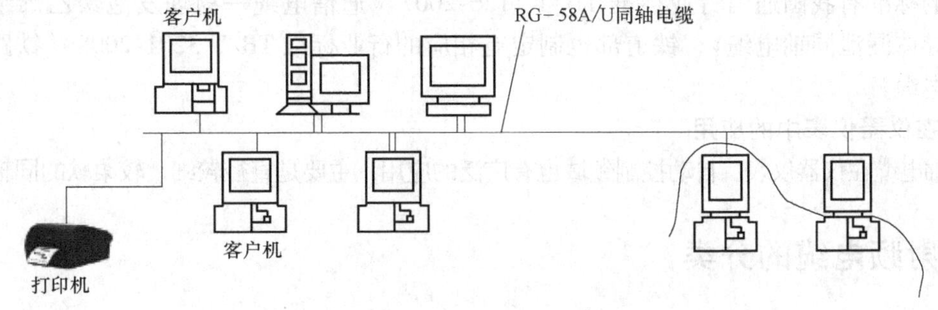

图4-4 采用RG-58细缆的以太网

无论是粗缆还是细缆均为总线拓扑结构，即一根缆上接多部机器，这种拓扑用于机器密集的环境。但是当一个触点发生故障时，故障会串联影响到整根缆上的所有机器，故障的诊断和修复都很麻烦。因此，其已经被非屏蔽双绞线或光缆取代。现在采用同轴电缆的以太网已很少见。

3. 在移动通信中的应用

在移动通信中，同轴电缆主要用于基站设备到发射/接收天线的馈线，传输的是调制在载波上数字信号的载波，使用频率很高，在几百兆赫到数吉赫，主要传输射频和微波能量，所以称为射频同轴电缆，简称 RF 电缆（见图 4-5）。随着 3G 移动通信网络建设的推进以及商业大楼的信号覆盖建设，RF 电缆的需求日益旺盛。

有关 RF 电缆的我国通信行业标准有：

图 4-5 移动基站用射频电缆

1）YD/T 1092-2004：《通信电缆——无线通信用 50Ω 泡沫聚烯烃绝缘皱纹铜管外导体射频同轴电缆》。

2）YD/T 1319-2004：《通信电缆——无线通信用 50Ω 泡沫聚乙烯绝缘编织外导体射频同轴电缆》。

3）YD/T 1120-2007：《通信电缆——物理发泡聚乙烯绝缘皱纹铜管外导体漏泄同轴电缆》。

这些标准中对电缆的结构尺寸、材料、电气特性参数、测试方法等都有详细的规定，读者可参阅上述标准。

4. 在广播电视中的应用

同轴电缆在广播电视特别是在有线电视网络中有广泛的应用。以前的有线电视网络（CATV）传输的是模拟电视信号，射频载波上承载的是频分复用的多个频道的模拟电视信号。21 世纪开始，在有线电视网络中传输数字调制的射频信号。广播电视中的同轴电缆特性阻抗为 75Ω，有线电视网络中的同轴电缆如图 4-6 所示。有线电视电缆的标准有 GY/T 135-1998《有线电视系统物理发泡聚乙烯绝缘同轴电缆入网技术条件和测量方法》等，读者可查阅了解。

图 4-6 有线电视网络中的同轴电缆

5. 在铁路、地铁等行业中的应用

在铁路沿线、隧道中应用的主要是漏泄同轴电缆，以覆盖铁路沿线的通信信号。漏泄同轴电缆的标准有我国通信行业标准 TD/T 1120-2007《通信电缆—物理发泡聚乙烯绝缘皱纹铜管外导体漏泄同轴电缆》，铁道部也制定有相应的行业标准 TB/T 3201-2008《铁路通信漏泄同轴电缆》。

6. 在仪器仪表中的应用

同轴电缆在仪器仪表、自动控制领域也有广泛的应用，主要是直径较细、较柔软的同轴电缆。

4.2 射频电缆的分类

射频电缆是传输射频范围内电磁能量的电缆，它是射频传输线中的一种。射频传输线还包括波导、带形传输线、介质波导及表面波传输线等，本章主要介绍射频同轴电缆。

射频同轴电缆是被广泛应用的传输媒介。尽管光纤光缆已越来越受到人们的青睐，但由于目前光缆的分支分配技术难度大以及经济上的原因，光纤光缆多用于长距离干线上，分配网络仍以同轴电缆为主。射频同轴电缆是无线电通信系统及电子设备中不可缺少的元件，在无线电通信与广播、电视、雷达、导航、计算机及仪器仪表等方面有广泛的应用。随着无线电通信事业以及电子工业的飞速发展，迫切要求生产适应整机需要的各式各样的高质量射频电缆。射频电缆的结构，可以根据不同方式和形式来分类。

按电缆结构分：

1. 同轴射频电缆

同轴射频电缆是最常使用的结构形式。由于其内、外导体处于同心位置，电磁能量局限在内、外导体之间的介质内传输，因此具有衰减小、屏蔽性能高、使用频带宽及性能稳定等显著优点。通常用来传输500千赫到18千兆赫的高频能量。

2. 对称射频电缆

对称射频电缆回路其电磁场是开放型的，由于在高频下有辐射电磁能，因而使衰减增大，并导致屏蔽性能变差，再加上大气条件的影响，通常较少采用。对称射频电缆主要用在低射频或对称馈电的情况中。

3. 螺旋射频电缆

同轴或对称电缆中的导体，有时可做成螺旋线圈状，借以增大电缆的电感，从而增大电缆的波阻抗及延迟电磁能的传输时间。前者称为高阻电缆，后者称为延迟电缆。如果螺旋线圈沿长度方向卷绕的密度不同，则可制成变阻电缆。随着电子技术的发展，螺旋射频电缆被逐渐替代。

按绝缘型形分：

1. 实体绝缘电缆

在这种电缆的内、外导体之间全部填满实体高频电介质，大多数软同轴射频电缆都是采用这种绝缘形式。

2. 空气绝缘电缆

电缆的绝缘层中，除了支撑内、外导体的一部分固体介质外，其余大部分均是空气。其结构特点是从一个导体到另一个导体可以不通过介质层。空气绝缘电缆具有很低的衰减，是超高频下常用的结构形式。

3. 半空气绝缘电缆

这种结构形式是介于上述两种形式之间的一种绝缘形式，其绝缘也是由空气和固体介质组合而成，但从一个导体到另一个导体需通过固体介质层。

此外，按绝缘材料的种类可分为塑料绝缘电缆、橡皮绝缘电缆及无机矿物绝缘电缆；按柔软性可分为柔软电缆、平软电缆及刚性电缆等；按传输功率大小可分为0.5kW以下的低功率、0.5~5kW的中功率、5kW以上的大功率电缆等；按产品的用途特点可分为低衰减、低噪声、微小型及高稳相电缆等。

4.3 射频同轴电缆的结构元件

射频同轴电缆由内导体、绝缘、外导体以及护套等部分组成，每一组成部分对产品电缆的性能都有一定的影响。因此在进行射频电缆设计时必须根据使用要求，从电性能、机械性能及热性能进行严密地计算，选择合理的结构形式。

4.3.1 内导体

内导体与外导体是射频同轴电缆的主要结构元件，它起着电磁波的导向作用。由于内导体尺寸比外导体小得多，因此内导体的损耗在总的导体损耗中占有很大比重。导体损耗是电缆的主要损耗，因此对内导体提出了很高的要求。

1. 内导体的结构形式

射频同轴电缆的内导体一般都采用圆柱形结构。对内导体的主要要求是具有良好的导电性能，其电导率，尤其是表面电导率应尽可能高，一般要求是58ms/m（20℃）。并具有一定的机械强度和足够的柔软性，表面干净、平整、光滑，以及高的尺寸精确度。

内导体有实体圆柱形、绞线、空管及皱纹管等几种形式。

实体圆柱形内导体的特点是加工方便，衰减较小，但其柔软性及耐震动性较差。当内导体直径在2.5mm以上时，可采用柔软性好的绞线内导体。绞线内导体能避免由金属疲劳而引起的断裂，但其与实体内导体相比，射频电阻较大，因而增加了电缆的损耗。绞线内导体的绞合形式可采用同心绞合或束绞。

在大功率射频电缆中，内导体尺寸一般较大，为了减轻重量，节约材料，多采用管状内导体。在高频下，由于趋肤效应，电流实际上只是沿着导体表面极薄的一层流动，因此只要管状内导体壁厚比电流的透入深度大得多（一般应为4～5倍），其射频电阻实际上和实体内导体一样，是理想的结构形式。但由于其柔软性较差，再加上加工较困难，因此在内导体直径更大一些时，则采用由薄铜带经纵包成型、焊接、轧纹而成的皱纹铜管。皱纹铜管内导体与直管内导体相比有较高的柔软性及较高的强度和稳定性，但因其导电途径增长，会使电缆的衰减稍有增加。

为了降低在某些中波下使用的射频电缆的衰减，内导体可采用“里茨线”这一特殊结构形式。所谓“里茨线”是由很多细的漆包线绞成的绞线。“里茨线”的绞合方式是特殊的，它一般是用三根或几根漆包线绞合成线束，然后再逐次把线束绞合成更大的线束，而电缆“里茨线”内导体就是采用这种线束绞合在塑料芯上所制成。在这种结构的内导体中，每一根漆包线的空间位置都几乎是相同的，在射频下电流通过内导体时，电流不是只分布在表面，而是分布在整个截面上，这就消除了高频电流的趋肤效应，因此电缆的有效电阻及衰减大大下降，一般可下降35%。但“里茨线”只能用在几兆赫以下，因在更高的频率下漆包线间的并联电容会使电流在线间流动，失去了电流均匀的作用。

2. 内导体的材料

射频同轴电缆广泛采用铜作导电材料。铜在空气中会氧化而产生黑色氧化皮，特别是当温度在80℃以上时氧化速度加快，当温度达176℃时氧化将极为迅速。黑色氧化皮的生成，将使其导电性能下降。因此铜导体最高使用温度一般限制在100℃。在使用频率上一般也只限于3千赫以下，因为频率更高时铜的导电性能将随温度的上升和弯曲而出现明显的变化。

铜包钢线是用铜包覆钢芯而制成的复合导体，铜包钢线既保持了铜的优良导电性能和不易锈蚀等优点，又具有钢的高强度、耐疲劳的特性，在频率高于10兆赫的条件下，铜包钢线的电阻与实体铜线几乎一样，而机械强度则为实体铜线的三倍。因此，微小型射频同轴电缆常用铜包钢线作为内导体。

在微小型射频电缆中，内导体尺寸很小，除采用铜包钢线外，还经常使用高强度铜合金材料，常用的高强度铜合金有铬铜、锆铜等。这种铜合金线可使机械强度有很大增加（可达一倍），而电导率却降低不多（约下降 10% ~20%）。

射频电缆的内导体还可采用镀锡铜线、镀银铜线及镀镍铜线。镀锡铜线具有抗氧化、耐腐蚀及易焊等优点，一般可用到 150℃，在极个别情况下也可用到 200℃。因锡的电导率比铜小得多，因此使用频率不能太高，一般常用在 3 千兆赫以下。镀银铜线有极好的防蚀能力和极好的可焊性，再加上银的电导率比铜更高，因而可广泛用在高温和高频的条件下。在 3 千兆赫以上的频率和高温的情况下，通常都采用镀银铜线，其连续工作温度可达 200℃，短时间使用温度可达 250℃。镀镍铜线与镀银铜线性能相似，镀镍铜线的耐热氧化性更好，最高使用温度可达 260℃，只是镍的电导率低，一般使用频率仅限为 1 千兆赫以下。

在制造大衰减电缆及延迟线时，须使用高阻线。高阻线有型号为 V 的镍线，型号为 A 的铬线，或者镍铬合金线（镍：80%、铬：20%）等。

在工作温度高于 260℃时，还需采用特殊的耐高温导电材料。

4.3.2　绝缘

射频同轴电缆的绝缘不只是起绝缘的作用，高频磁场也是在绝缘介质中传播的，最终的传输性能主要是在绝缘之后才确定的，因此介质材料的选择和其结构非常重要。它对降低电缆的衰减、提高功率容量、减小波阻抗不均匀性以及增加机械稳定性等都有非常大的影响。

对绝缘的主要要求是介电常数 ε 和介质损耗角正切值 $\tan\delta$ 应尽量小。如果只为保证衰减降低，则希望绝缘近似做成空气形式，但射频电缆是要传输大功率的，作为绝缘就应有较好的导热性和较高的耐电强度，从这一角度看，空气绝缘则较差。

综合考虑衰减、传输功率、承受电压等要求，射频电缆的绝缘结构可制成实体绝缘、空气绝缘及半空气绝缘三种形式。

1. 实体绝缘

实体绝缘的优点是耐电强度高，机械强度高，热阻小以及结构稳定；缺点是用的介质材料较多，介电常数大，特别是在介质中的损耗与频率成正比，当频率很高时，电缆的衰减较大。

最常用的绝缘介质是聚乙烯。低密度聚乙烯的最高使用温度为 85℃；高密度聚乙烯的使用温度可高一些，其机械强度较好。如果将聚乙烯进行化学交联及辐射交联，其耐热性可进一步提高，耐龟裂性及耐老化性也进一步得到改善。辐射交联聚乙烯长期工作温度可达 120℃。

在要求耐高温的情况下，应采用聚四氟乙烯及聚全氟乙丙烯。它们有较好的热稳定性和化学稳定性，其电性能也较优异。聚四氟乙烯的长期工作温度可达 250℃，聚全氟乙烯的长期工作温度可达 200℃。

2. 空气绝缘

电缆的内外导体间除了以一定间隔或螺旋式固定在内导体上的支撑物外均是空气，其等效介电常数及介质损耗角正切值都较小，因此在保持同样波阻抗的条件下，电缆的内导体可以做得更大些，从而就降低了金属衰减，因此采用空气绝缘结构可使衰减大大降低。

空气绝缘具有低衰减、大功率、宽频带等优点，其缺点是耐电压较低，再由于外导体通常采用管状结构，因此柔软性较差。典型的空气绝缘形式如图 4-7 所示。

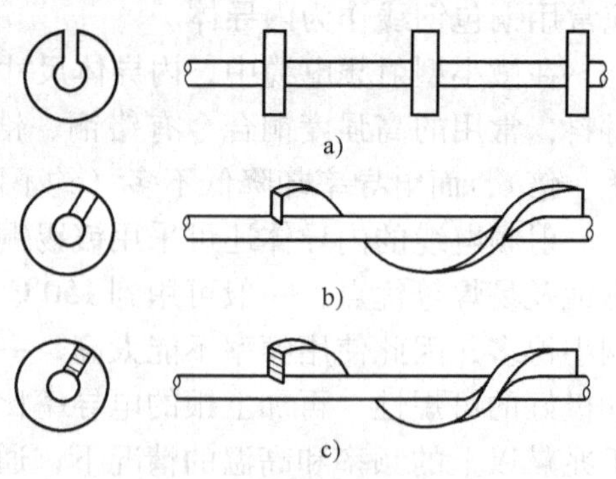

图 4-7 典型的空气绝缘形式
a）垫片绝缘 b）螺旋绝缘
c）聚苯乙烯叠带螺旋绝缘

垫片绝缘结构允许用最少的介质材料来牢固地支撑内、外导体，从而使其介电常数接近于理想空气绝缘（ε_D可降到 1.03），因此使电缆具有最低的衰减。介质垫片可以制成多种多样的形状，其形状如图 4-8 所示。垫片可由聚乙烯制成，也可由其他耐高温材料制成。

螺旋绝缘是高频段较理想的一种绝缘形式，小尺寸电缆螺旋截面多为圆形，而大尺寸多为矩形、齿条形或工字型螺旋结构。螺旋绝缘与其他空气绝缘形式相比，不但能保证在电气上有较好的均匀性，而且在工艺上可以采用机械方法连续加工，有利于成批生产。

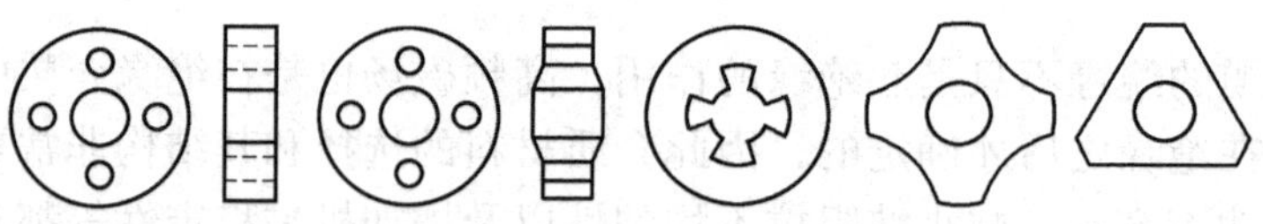

图 4-8 绝缘垫片的形状

聚苯乙烯叠带螺旋绝缘是采用几百层特殊加工的厚度为 0.015 ~ 0.02mm 的柔软聚苯乙烯带，通过加工使其相互重叠，并以螺旋形地绕包在内导体上（见图 4-7c）。这种绝缘的等效介电常数为 1.19 ~ 1.25，不仅有低衰减，而且由于多层塑料带重叠绕包，外径尺寸极小，均匀性好。并且聚苯乙烯的电性能随温度变化极小，具有很好的相移稳定性。其缺点是加工麻烦，生产效率低。

3. 半空气绝缘

这种绝缘结构介于实体绝缘与空气绝缘之间，绝缘层是由空气和介质组合而成，但内、外导体间的径向路径需要通过固体介质层。其性能也介于前两种电缆之间，如衰减一般比空气绝缘电缆大，但比实体绝缘电缆小。典型的半空气绝缘形式如图 4-9 所示。

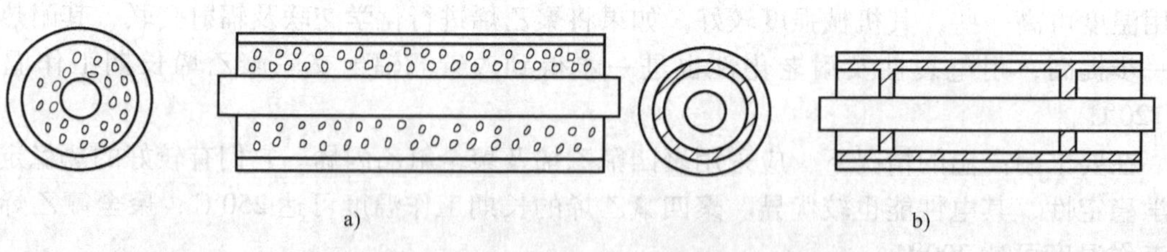

图 4-9 典型的半空气绝缘形式
a）泡沫绝缘 b）竹节式绝缘

物理高发泡绝缘采用先进的挤塑和注气工艺及特殊的材料，发泡度可以达到 80% 以上，这样的电气性能与空气绝缘电缆比较接近。注气方法中，高压氮气直接注入挤塑机内的熔化的介质材料中，该工艺也称为物理发泡方法。与此相对的化学发泡方法，其发泡度只能达到50%左右，介质损耗较大。注气法物理发泡度可达80%，得到的发泡结构一致性好，意味着其阻抗均匀，回波损耗大。

对于泡沫绝缘，为使电缆在潮湿的环境中仍保持很好的电气性能，在发泡绝缘层外表面加一层薄的实心皮层，这种外薄层可以有效防止潮气入侵，从一开始生产就保护电缆的电气性能，对于外导体开孔的漏泄电缆尤其重要。另外，为使绝缘层更好地粘接在内导体上，在发泡层内表面挤一层实心层，通过内实心层紧紧地包在内导体上，进一步提高了电缆的机械稳定性。而且，薄层中含有特殊的稳定剂，即能保证和铜的相容性，又能保证电缆的长期使用寿命。实心皮/发泡层/实心皮多层绝缘可以得到均匀、密闭的发泡结构，具有机械性能稳定、强度高以及很好的防潮性能等特点。

竹节式聚乙烯绝缘又称垫片小管聚乙烯半空气绝缘（简称片-管绝缘），它是由在内导体上等间隔地模塑上的聚乙烯垫片，并在外面挤制一层聚乙烯管组成。垫片和管的材料相互粘接在一起，形成了一个个单独的密封舱，使之完全阻碍水和潮湿空气的侵入，具有更佳的防水、防潮性能。由于这种类型的绝缘结构中拥有更大比率的空气，等效介电常数较小，速比可达90%，从而显示出独特的低损耗特性。如在1GHz频率下，物理发泡同轴电缆（750-F型）衰减为5.84dB/100m，而竹节式同轴电缆（750-D型）衰减为4.84dB/100m，两者相差1dB。竹节式同轴电缆还具有屏蔽衰减大（可达110dB）、良好的回波损耗特性、较好的机械强度及长寿命等优点。

为了使电缆与接插件很好地配合，并保证装配使用方便，国内对同轴射频电缆绝缘外径的标称尺寸作了规定，绝缘外径分别为0.40mm、0.60mm、0.87mm、1.5mm、2.2mm、3.0mm、4.6mm、7.3mm、9.0mm、11.5mm、15mm、17.3mm、23mm、33mm、37mm、80mm、120mm、152mm、180mm及223mm。

4.3.3　外导体

射频同轴电缆的外导体有两个基本作用：第一是起回路导体的作用；第二是起屏蔽作用。在外导体上的能量损耗占导体损耗的1/3左右，因此对于外导体材料的电导率要求，不如对内导体要求高，可以采用电导率比铜小的铝作外导体，这对总衰减影响不大（约增加6%），但从成本及重量上综合衡量有很大好处。外导体的结构有编织、管状、绞合、镀层等形式。

1. 编织外导体

编织外导体是柔软射频电缆中常用的一种形式。一般用直径为0.1～0.3mm的软铜线、镀银铜线、镀锡铜线编织而成，比较柔软，可用于小尺寸电缆及实体绝缘和半空气绝缘的电缆。编织外导体的缺点是电气性能较差，衰减较大，与光滑管外导体相比，一般情况下衰减将增大到1.5～4倍，特别是在超高频下衰减还会急剧上升。而且，其衰减很不稳定，会随着时间、温度的升降以及弯曲而变化。具有编织外导体的电缆，通常也有较大的驻波系数，而且难于控制。另外，其屏蔽性能也差，还容易引起内部噪声等。

为减小衰减及改进屏蔽性能，应使编织覆盖率不小于90%。编织覆盖率，是在一个编织节距内，编织覆盖的面积与包括的总面积之比，一般以百分数表示。

$$N = (2n_1 - n_1^2) \times 100\% \tag{4-1}$$

$$n_1 = \frac{\alpha n d}{h\cos\varphi} \tag{4-2}$$

$$\tan\varphi = \frac{h}{\pi(D+\delta)} \tag{4-3}$$

式中 N——编织覆盖率；

α——一个方向的编织股数（即编织机锭数的一半）；

n——并股的根数；

d——编织单线线径（mm）；

h——编织节距（mm）；

D——电缆的绝缘外径（mm）；

δ——编织层的径向厚度（mm）；

φ——编织角，一般为45°~50°。

2. 管状外导体

铜管或铝管外导体具有衰减低、屏蔽性好、机械强度高、防潮及密封性好等优点；缺点是柔软性差，允许弯曲半径大，不宜用于需要经常移动或反复弯曲的情况下。大直径管状外导体需要压纹，这可以改善其弯曲性能，是较为常用的外导体形式。

3. 绞合外导体

在一些实体绝缘大功率射频电缆中，有时采用由多根扁铜线绞合在绝缘上而制成的外导体，再在其上重叠绕包一层铜带作为机械扎紧和附加的导电层。扁线有矩形截面或z字形截面两种，后者可保证制成更紧密的表面和良好的接触，有利于改善电气性能，但制造工艺要复杂一些。

绞合外导体的电气性能不如密闭的管状外导体，但比编织外导体好，并且具有足够的柔软性，加工也较方便。绞合外导体是在使用频率不太高的电缆中较常采用的结构形式。

4. 电镀外导体

电镀外导体是先用化学镀覆的方法在绝缘表面上镀包一层0.05μm厚的铜层，电镀增厚到0.025mm。电镀外导体同轴电缆柔软性好，重量轻，屏蔽性好，衰减低，噪声小，电晕电压也较高，是微小型软射频电缆的一种理想外导体结构。

4.3.4 护套

电缆护套的作用是保护电缆免受机械损伤、防潮、防腐蚀，并防护热、光等外界环境因素的影响。

护套材料是根据电缆使用的环境要求来选择的。对护套材料的要求是坚固、稳定、柔软不透潮气，并有抗污染、抗辐射、抗热、抗腐蚀、抗霉菌和阻燃烧等能力。

射频电缆主要是要求柔软，因此不宜采用铅、铝等金属套。射频电缆常用的护套形式有聚氯乙烯护套、聚乙烯护套、聚氨酯护套、聚四氟乙烯或聚全氟乙丙烯护套、硅橡胶护套、氯丁橡胶护套、尼龙护套以及玻璃丝编织护套等。前两种护套用得较广，后几种护套主要用在要求耐高温、防潮，以及要求对有害环境有防护的特殊场合中。

4.3.5 铠装

根据电缆的使用要求，还可以在其塑料护套外再包覆以金属铠装层。常用的铠装形式是镀锌钢丝或高强度铝合金线编织铠装。铠装层可提高电缆的耐磨性，增大电缆的抗张强度，并且改善电缆的屏蔽特性。编织铠装一般用于柔软的射频电缆。对于柔软性较差的管状外导体的电缆，可采用钢带或钢丝铠装。

4.4 射频同轴电缆的结构与类型

射频电缆是无线电与电子设备中不可缺少的元件，自20世纪40代出现了性能极好的高频介质聚乙烯以来，射频电缆的发展更为迅速。到目前为止，已制成了各种各样的射频电缆，并已形成系列，生产已定型，产品已标准化。随着无线电及电子装置整机的发展，对于配套用的射频电缆不断提出各种新的要求，例如大功率、低衰减、稳相、耐高压、高屏蔽、轻重量，高的阻抗均匀性以及耐高温、耐辐射、低噪声、低电容等。为满足各种特殊的使用要求，就相应出现了各种特殊用途的射频电缆。

4.4.1 一般用途的射频电缆

一般用途的射频电缆可用在无线电设备的内部连接线，小型的无线发射或接收馈线等需要经常弯曲的场合。其结构采用聚乙烯或聚四氟乙烯实体绝缘，外导体采用编织结构。这种电缆的品种与规格很多，很多国家都有自己的标准化产品系列。

4.4.2 大功率射频电缆

各种中、短波广播与无线电通信，调频无线电广播，高频与特高频无线电通信，黑白与彩色电视广播，各种高频雷达，对流层雷达以及超远程电离层雷达等大功率雷达以及微波中继多路通信系统等，均要求使用能够承受很大功率的射频电缆，将大功率的射频能量传输到发射天线上去。

随着通信、广播、电视业的不断发展，发射机功率越来越高，因此要求射频电缆应传输更大的功率。为了传输大功率，更要求具有低的衰减。因此，大功率射频电缆的结构特点是制成较大的尺寸，并且采用空气绝缘结构。

20世纪50年代出现的大功率射频电缆是以铜管为内导体，以聚苯乙烯叠带螺旋外包一层聚苯乙烯带作为绝缘，用铝管作外导体的电缆，最大外径为156mm。

聚乙烯咔唑垫片绝缘射频电缆是20世纪60年代初制成的产品，最大外径为156mm，其内导体为经过压接的两个半圆铜管，绝缘为聚乙烯咔唑垫片，外导体为经过压接的两个半圆铜管。聚乙烯咔唑是德国特有的耐高温的高频材料，由于这种材料的工作温度可达170℃以上，因而可提高电缆的功率容量。

聚乙烯螺旋结构是一种比较先进的空气绝缘结构。这种电缆的典型结构是：内导体为皱纹铜管，绝缘为聚乙烯齿条形螺旋，外导体为皱纹铜管。这种电缆已发展成一个系列，最大直径为203.2mm。聚乙烯螺旋电缆已成为世界各国普遍采用的大功率射频电缆，我国生产的SJDV型电缆就属于这一类型。

20世纪70年代初出现了一种最大外径为246mm的聚全氟乙丙烯撑脚绝缘射频电缆，内导体为纵包焊接并轧出环状波纹的铜管，绝缘为三个相隔120°的聚全氟乙丙烯小撑脚，撑脚注塑在一个开放式的镀铜钢环上，外导体由铝锰带纵包焊接并轧出螺旋状波纹。这种电缆是尺寸较大、传输功率较大的射频电缆。

从大功率射频电缆的发展历程可知，提高功率的主要途径是采用空气绝缘结构，增大电缆的尺寸以及采用耐高温的介质材料。同时可采用一些措施来提高电缆的传输功率。如充以压力气体以提高电击穿强度并增大热传导和热对流；在内、外导体表面涂覆热辐射材料，以改善散热；对短段射频电缆采用强制冷却等。

4.4.3 微小型射频电缆

按外导体结构的不同分别介绍几种典型的微小型射频电缆。

编织外导体微小型电缆的一般结构是：内导体为镀银铜包钢线，实体聚四氟乙烯绝缘，外导体为镀银铜线编织，最小尺寸为1.37mm（外导体外径）。这种电缆柔软性好，但制造公差不易控制，对波阻抗均匀性影响很大，屏蔽性差，衰减较大，弯曲时稳定性差，在高密度电路中尤其明显。

铜管外导体微小型射频电缆，其内导体为铜包钢线或镀银铜包钢线，绝缘为实体聚四氟乙烯，外导体为无氧铜管，最小外径为0.2mm。这种电缆具有全屏蔽形式，结构稳定，衰减小，在制造中能严格控制公差，阻抗偏差可达到±0.5Ω，适用于高密度电路中，缺点是柔软性太差。

镀铜外导体微小型电缆的一般结构是：内导体为镀金合金线或镀锡铜线，绝缘为辐照交联聚乙烯（或聚四氟乙烯、聚全氟乙丙烯），外导体为镀铜层，最小外径为0.25mm。还有直径为0.0127mm的铜线作内导体，在其上涂上极薄的绝缘层，再镀铜制成外导体，经挤包护套后的电缆外径仅为0.051mm。这种微小型电缆可用作高密度薄膜记忆板之类的微小型电子元件的引线。由于电镀外导体的制造工艺为柔软的微小型电缆的发展创造了有利条件。这种电缆能较好地解决柔软性和屏蔽性之间的矛盾，既基本上保持了编织电缆的柔软性，又具有半硬铜管电缆的屏蔽性好的优点，特别是弯曲时的稳定性和耐振性尤为突出。与铜管电缆相比，其阻抗偏差大一些。

4.4.4 电视电缆

射频电缆在电视系统中有着广泛的应用。例如电视广播需用大功率馈线电缆，而接收天线与电视机间各种同轴或对称形式的射频电缆，后者的结构是比较简单的，一般常用的是带形电视引线。对电视馈线电缆则有较高的要求，除了要满足大功率与低衰减要求之外，为了保证电视的质量，还要求电缆有尽可能低的驻波比，因此在电缆的设计以及制造工艺上应严格保证质量。电视电缆的发展是由所谓电缆电视系统用的有线电视电缆（CATV电缆）开始。电缆电视系统是由公用天线系统发展而来的。它实际上是一种电视信号的接收分配系统，也就是采用有线电视通信方式，将电视信号经过干线电缆、支线电缆以及引线电缆传输到每台电视机上去。电缆电视系统近年来发展十分迅速，已日益发展成为一个双向化环路多用途的有线电视电缆通信系统。以前的有线电视网络（CATV）传输的是模拟电视信号，射频载波上承载的是频分复用的多个频道的模拟电视信号。21世纪开始，在有线电视网络中传输数字调制的射频信号。广播电视中的同轴电缆特性阻抗为75Ω。

同轴电缆在广播电视特别是在有线电视网络中有广泛的应用。电缆电视系统对电缆的需要量较多，应用范围也较广，因此对有线电视电缆的特性提出了很高的要求，大致有以下几点：

1）传输衰减小；

2）传输性能稳定，抗干扰性强；

3）结构反射衰减大而波阻抗不均匀性小；

4）温度系数小；

5）有足够的机械强度，便于安装敷设；

6）材料来源广，成本低。

为了适应上述要求，发展了各种各样的有线电视电缆。有线电视电缆最高传输频率可达960 兆赫，在这样高的频率下，电缆的衰减将较大，所以为了使干线中继站之间的距离不至于过短，用于市内干线有线电视电缆的结构尺寸较大，一般采用 ϕ17mm（外导体内径）的结构。而一般的中继线可选用 10mm 的同轴电缆。有线电视电缆的外导体大都采用铝-塑粘结复合带或铝带纵包焊接，以节约用铜，降低成本。绝缘一般采用半空气绝缘形式，如螺旋聚乙烯空管及泡沫聚乙烯（或聚丙烯）绝缘等。对于支线电缆也可采用一般实体聚乙烯绝缘编织外导体的同轴电缆。

4.4.5 低噪声电缆

低噪声电缆是适用于振动、冲击、弯曲及环境温度变化条件下的测量系统中用以传输弱信号的电缆。各种测试微小直流或脉冲信号的仪表，也要求使用低噪声电缆。

低噪声电缆的特点是当电缆受到机械振动和冲击时，干扰噪声较小，从而使传输的弱信号不因噪声的干扰而发生信号误差和失真，提高了在振动、冲击下信号传输的准确性，这对于宇宙航行、火箭系统中的电子设备是非常重要的。

电缆产生噪声并引起有害作用的主要原因是由导体与绝缘之间的摩擦以及机械作用下电缆绝缘的形变所产生的。在产生摩擦时，导体和绝缘间产生静电荷，这是引起噪声的根源。

为减小和避免噪声，可在电缆的编织外导体与绝缘层间填以石墨或银粉的半导电介质层，它可以吸收绝缘层与编织外导体之间因摩擦而引起的静电荷。为进一步减少噪声，应采用新的外导体结构，实践表明，塑料电镀外导体电缆是一种理想的低噪声电缆。

4.5 漏泄同轴电缆

在基站与移动站之间的通信，通常依靠无线电传送。目前，通信业的不断发展越来越要求基站与移动站之间随时随地能接通，甚至要求在隧道中也是如此。然而在隧道中，移动通信的电磁波传播效果不佳。隧道中利用同轴线传输通常也很困难，所以关于漏泄同轴电缆（漏缆）的研究也应运而生。漏泄电缆是一种新型的天馈线，既有传输信号的作用，又有天线的功效。辐射型漏泄同轴电缆结构示意图如图 4-10 所示。

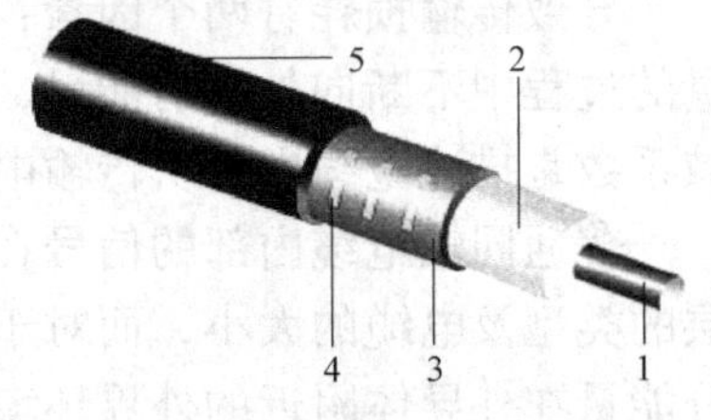

图 4-10 辐射型漏泄同轴电缆结构示意图

1—内导体 2—绝缘体 3—外导体 4—槽孔 5—护套

无线电地下传输有着极其广泛的作用，例如：

1）用于建筑物内、隧道内及地铁的移动通信（GSM、PCN/PCS、DECT、…）；

2）用于地下建筑的通信，例如停车场、地下室及矿井；

3）公路隧道内 FM 波段（88 ~ 108MHz）信息的发送；

4）公路隧道内无线报警点信号的转发；

5）公路隧道内移动电话信号的发送；

6）地铁或地铁隧道中的信号传输；

图 4-11 所示为典型漏缆应用系统结构图。

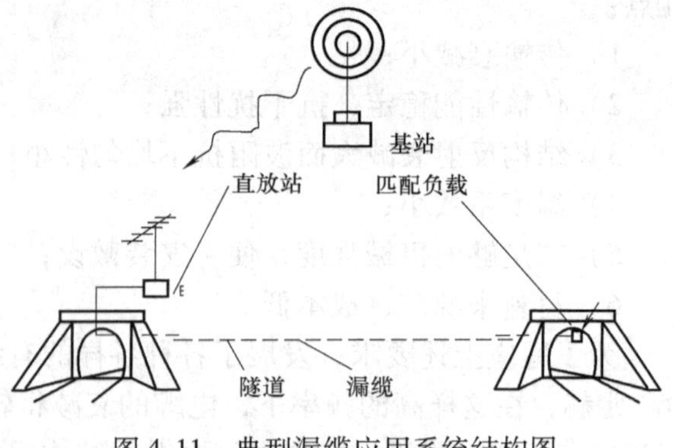

图 4-11 典型漏缆应用系统结构图

4.5.1 漏缆的工作原理

横向电磁波通过同轴电缆从发射端传至电缆的另一端。当电缆外导体安全封闭时，电缆传输的信号与外界是完全屏蔽的，线缆外没有电磁场，或者说，测量不到有电磁辐射。同样，外界的电磁场也不会对电缆内的信号造成影响。

然而通过同轴电缆外导体上所开的槽孔，电缆内传输的一部分电磁能量发送至外界环境。同样，外界能量也能传入电缆内部。外导体上的槽孔使电缆内部电磁场和外界电波之间产生耦合。具体的耦合机制取决于槽孔的排列形式。

漏缆的一个典型例子是编织外导体同轴电缆。绝大部分能量以内部波的形式在电缆中传输，但在外导体覆盖不好的位置点上，就会产生表面波，沿着电缆正向或逆向向外传播，且相互影响。

无线电通信信号的质量通常是因为电缆外部电波电平波动情况不同而相差很大。电缆敷设方式和敷设环境对电缆辐射效果也有影响。大部分隧道内还有各种各样的金属导体，比如沿两侧墙面安装的电力电缆、铁轨、水管等，这些导体将彻底改变电磁场的特性。

4.5.2 漏缆的主要性能指标

漏泄同轴电缆的主要性能参数有频段、特性阻抗、耦合损耗、传输损耗等。最重要的性能参数是纵向衰减和耦合损耗，它们是影响纵向和横向通信距离及通话质量的主要因数。漏缆电性能的主要指标有纵向传输衰减和耦合损耗。

1. 纵向传输衰减

导致传输损耗有两个因素：导体损耗和介质损耗。同时对于漏缆，由于在传输电磁波能量的过程中不断向外辐射能量，故还存在辐射损耗，限制漏缆的纵向传输距离。漏缆纵向衰减系数是描述电缆内部所传输电磁波能量损失程度的重要指标。

普通同轴电缆内部的信号在一定频率下，随传输距离而变弱。衰减性能主要取决于绝缘层的类型及电缆的大小，而对于漏缆来说，周围环境也会影响衰减性能，因为电缆内部少部分能量在外导体附近的外界环境中传播，因此衰减性能也受制于外导体槽孔的排列方式。

给定频率的漏泄电缆纵向传输衰减系数：

$$\alpha = \alpha_1\sqrt{f} + \alpha_2 f + \alpha_3 \tag{4-4}$$

式中 α_1——导体的损耗系数；

α_2——介质的损耗系数；

α_3——辐射损耗系数；

f——频率（MHz）。

α_1取决于导体的阻抗和尺寸，粗电缆的导体损耗显然较小。α_2由介质的相对介电常数和损耗因子决定。α_3取决于电缆的槽孔结构（大小及倾斜角度），同时也受传输频率及电缆周边环境的影响。

2. 耦合损耗

耦合损耗描述的是电缆外部因耦合产生且被外界天线接收的能量大小的指标，它定义为：特定距离下，电缆中传输的能量与被外界天线接收的能量之比。耦合损耗受电缆槽孔形式及外界环境对信号的干扰或反射的影响。宽频范围内，辐射越强意味着耦合损耗越低。由于影响是相互的，也可以用类似的方法分析信号从外界天线向电缆的传输。耦合损耗为

$$L_c = [P_t] - [P_r] \tag{4-5}$$

式中　P_t——电缆内所传输信号的功率；

P_r——距电缆 r 处用半波偶极天线接收到的信号功率。

当接收天线与电缆之间的距离 r 变化时，耦合损耗也必然变化，也就是说，耦合损耗的大小是建立在移动接收机天线与漏泄同轴电缆距离基础上的。当 r 由 R_0 增大到 R 时，耦合损耗的增量为

$$VL_c = 10\lg(R/R_0) \tag{4-6}$$

槽孔的长度和倾斜角度越大，槽孔间距越小，辐射能量越强，耦合损耗就越小。耦合损耗越小，辐射损耗就越大，也就是传输损耗越大。可以选择不同的槽孔结构（如缩短槽孔节距）使耦合损耗小。目前，漏泄电缆的耦合损耗一般设计在 50～55dB，以便增大纵向通信距离。

3. 总损耗

漏泄损耗的总损耗是指传输损耗与耦合损耗之和，它是整个传输链路设计的依据。通常漏泄同轴电缆的总损耗不得超过系统损耗。图 4-12 所示是总损耗与传输距离、辐射量关系图。假定电缆 a 的辐射量和传输损耗都大于 b，可以看出，随着距离的增加，电缆 a 的总损耗将超过电缆 b，而波动也比较大。由于移动台接收机的特点，它的位置相对于漏泄电缆是经常发生变化的，会造成总损耗的波动，但波动不大，移动台和基站都可以通过自身自动增益控制电路（AGC）得到补偿。

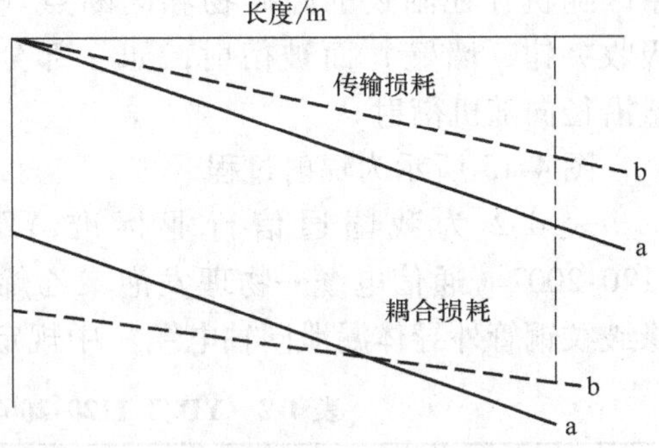

图 4-12　总损耗与传输距离、辐射量关系图

4.5.3　漏缆的种类

根据信号与外界的耦合机制不同，主要有以下两种漏缆：辐射型、耦合型。

1. 辐射型漏缆（RMC）

辐射型电路的电磁场由电缆外导体上周期性排列的槽孔产生。槽孔间距（d）与工作波长（λ）相当，辐射型电路示意如图 4-13 所示。

考虑下面的情形，电缆的外导体上开了一组周期性槽孔，屏蔽层的辐射机制类似于朝着电缆轴向的一系列磁性偶极子的辐射。最简单的例子是，外导体上每个相邻的小孔间距为半波长距离，例如100MHz下为1.5m。

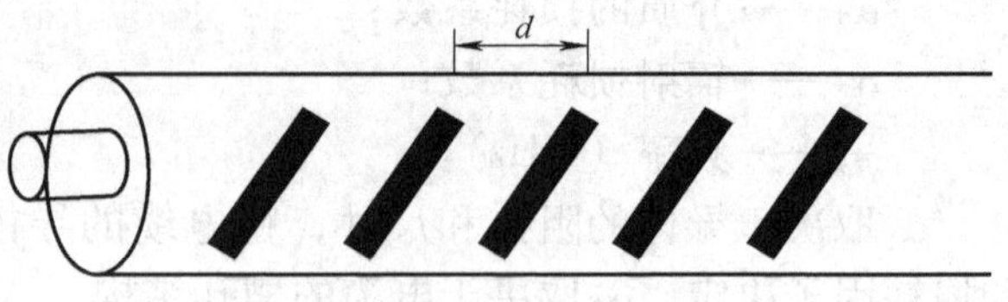

图4-13 辐射型电路示例

辐射模式所有槽孔都符合相位叠加原理。只有当槽孔排列恰当及在特定的辐射频率段，才会出现此模式。也只在很短的频段下，才有低的耦合损耗。高于或低于此频率，都会因干扰因素导致耦合损耗增加。

2. 耦合型漏缆（CMC）

耦合型漏缆则有许多不同的结构形式，例如，在外导体上开一长条形槽，或开一组间距远远小于工作波长的小孔，如图4-14所示。还有就是两侧开缝。

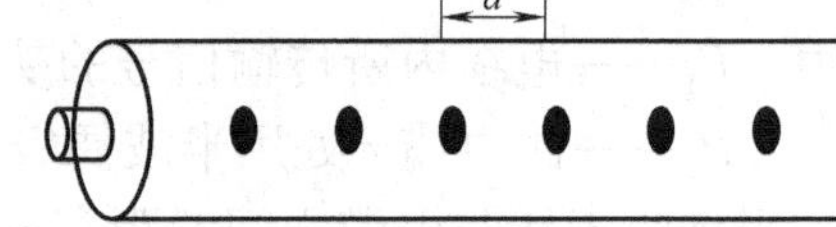

图4-14 耦合型漏缆示例

电磁场通过小孔衍射激发电缆外导体外部电磁场。电流沿外导体外部传输，电缆像一个可移动的长途线向外辐射电磁波。因此，耦合型漏缆亦等同于一根长的电子天线。

与耦合模式对应的电流平行于电缆轴线，电磁能量以同心圆的形式紧密分布在电缆周围，并随着距离的增加而迅速减少，所以这种模式也称为“表面电磁波”。这种模式的电磁波主要分布在电缆周围，但也有少量因随机存在附近的障碍物和间断点（如吸收夹钳、墙壁）而被衍射，如一部分能量沿径向随机衍射。

图4-15所示为辐射过程。

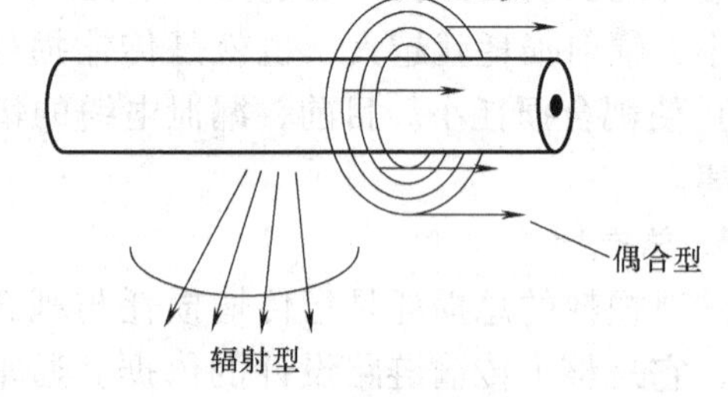

图4-15 辐射过程

表4-2为我国通信行业标准YD/T 1120-2007《通信电缆—物理发泡聚乙烯绝缘皱纹铜管外导体漏泄同轴电缆》中规定的漏泄同轴电缆的电气性能指标要求。

表4-2 YD/T 1120-2007 漏泄同轴电缆的电气性能指标要求

序号	项目		单位	频率/MHz	规格代号 42	32	23	22	17	12	8
1	内导体直流电阻20℃,max	铜包铝线	Ω/km							1.53	3.68
		光滑铜管				0.80	1.40	1.42	1.85		
		螺旋皱纹铜管			1.21						
2	绝缘介电强度(DC,1min)		V		15000	10000	10000	6000	6000	6000	2500
3	绝缘电阻,min		MΩ·km		5000						
4	护套火花试验(AC,有效值)		V		10000	10000	8000	8000	8000	8000	5000
	护套火花试验(DC)		V		15000	15000	12000	12000	12000	12000	7500

（续）

序号	项目	单位	频率/MHz	规格代号						
				42	32	23	22	17	12	8
5	电容	pF/m		76						
6	平均特性阻抗	Ω	150 ~ 2500	50 ±2						
7	纵向衰减，20℃，max	dB/100m	150	0.8	1.3	1.7	1.8	2.4	3.3	4.9
			450	2.0	3.0	3.4	3.6	4.3	6.6	8.5
			900	2.7	4.3	5.1	5.3	6.4	9.5	12.1
			1800	4.4	5.6	7.4	7.6	9.6	13.1	—
			2200	5.1	6.2	8.4	8.6	10.7	14.9	—
			2400	5.6	6.9	8.8	9.0	11.4	15.7	—
8	耦合电阻（50%/90%），2m	dB ± 10dB	150	72/84	70/80	66/75	66/76	70/80	62/78	60/75
			450	79/85	75/85	72/80	72/80	74/83	70/80	68/78
			900	79/85	77/86	72/82	74/85	72/83	71/82	70/80
			1800	80/86	77/88	70/81	80/87	68/79	77/88	—
			2200	80/86	77/88	70/81	77/88	73/82	76/85	—
			2400	82/88	78/88	69/80	78/88	73/82	77/87	—
9	电压驻波比，max		260 ~ 480	1.25						
			820 ~ 960							
			1700 ~ 1860							
			1900 ~ 2050	1.30						
			2100 ~ 2200							
			2300 ~ 2400							
10	相对传输速度	—	30 ~ 200	88						

注：1. 电缆应在合同规定的 1 个或 2 个“工作频率”内符合要求。

2. 用户对电器性能有特殊要求时，应在合同中规定。

3. 电容和相对传输速度仅作为电缆的工程使用数据，进行测试但不作为考核项目。

4.6　同轴电缆的特点及电气过程

4.6.1　理想同轴电缆的电磁场

同轴电缆属于二导体传输线，传输的是横电磁波，电磁波沿同轴对传输时，由于内导体和外导体轴心重合，内、外导体电磁场相互作用，使得同轴对外面的电磁场等于零。

如图4-16所示为同轴电缆的电磁场，图中 H_{φ}^{a} 和 H_{φ}^{b} 分别表示内导体 a 和外导体 b 中的电流产生的磁场强度，r 表示离开导体中心的距离，I 表示导体中流过的电流。

根据安培环路定律可以得出，在内导体 a 的内部磁场强度 H_{φ}^{a} 随半径逐渐增加，而在内导体 a 的外部则按 $H_{\varphi}^{a}=\dfrac{I}{2\pi r}$ 的规律减小。

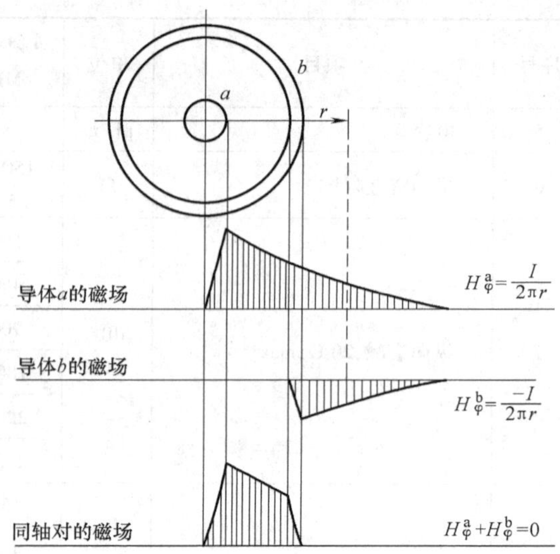

图4-16　同轴电缆的电磁场

根据电磁学原理，在空心圆柱的内部是没有磁场的。在外导体 b 的内部（壁厚之内）的磁场也是随半径的增加而逐渐增加，而在空心圆柱体的外部则和实心导体时一样为 $H_{\varphi}^{b}=-\dfrac{I}{2\pi r}$。

由于半径 r 的值对内导体和外导体都是一样的，都从轴心算起，内、外导体上的电流大小相等，方向相反，因此在同轴对外部空间任意一点上，内导体和外导体的磁场 H_{φ}^{a} 和 H_{φ}^{b} 在数值上相等，方向相反，也就是说在电缆外部的合成磁场等于零。

$$H_{\varphi}=H_{\varphi}^{a}+H_{\varphi}^{b}=\frac{I}{2\pi r}+\left(-\frac{I}{2\pi r}\right)=0$$

也就是说，在同轴线的内部，其磁力线按同心圆形式分布，而在它的外部不存在磁场。

同轴线的电场在内、外导体之间沿径向分布，即它的电力线闭合于正、负电荷之间呈辐射状，在同轴线的外部也不存在电场。所以同轴线所传输的能量全部集中在它的内、外导体间的空间内。同轴回路和对称回路相比较，其电磁场的分布有很大差别，对称电缆与同轴电缆的电磁场如图4-17所示。

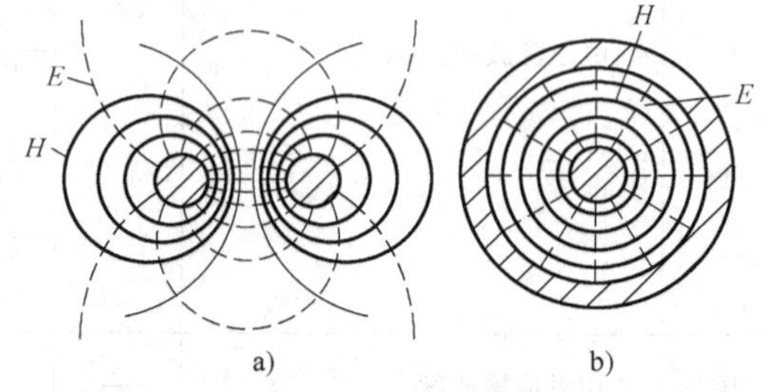

图4-17　对称电缆与同轴电缆的电磁场
a）对称电缆　b）同轴电缆

对称回路电磁场的电力线和磁力线可以作用到离电缆很远处，从而造成对邻近回路的干扰；同时在相邻的回路铅套、铠装等金属材料中产生涡流，这样部分能量将转化为热而消耗。另一方面，邻近的干扰源，其电磁场也同样会在该回路上产生感应电流，因此对称回路受干扰的影响较大。

由于同轴回路没有外部电磁场，就不会在临近回路造成附加的损耗，对其他回路的干扰也小，同时同轴回路本身有自我屏蔽作用，因而防干扰性能好。

4.6.2　内、外导体中的电流分布

由于外导体中的电流不会在内导体上产生磁场，因而不能影响内导体中的电流分布，内导体 a 中电流密度的分布情况取决于趋肤效应的作用。由于趋肤效应的作用，越靠近内导体

表面，电流的密度越大，如图 4-18 所示。

外导体 b 上电流密度的分布情况则取决于内导体 a 对它的邻近效应及本身的趋肤效应作用之和。由于合成磁场 H_φ 的作用的结果，使外导体 b 中的电流的分布变为越接近内表面，电流密度就越大，如图 4-19 所示。

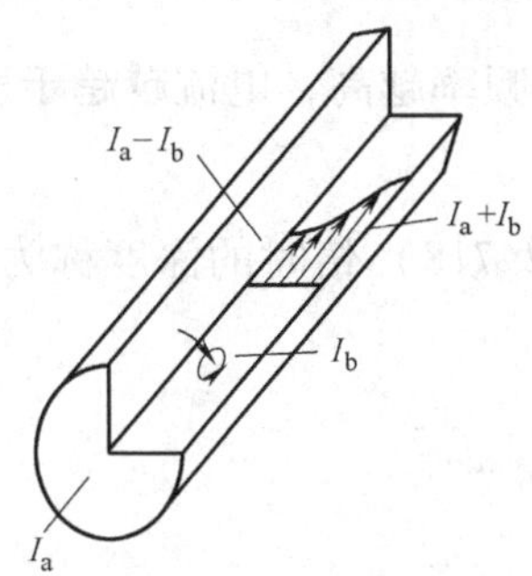

图 4-18　内导体中电流密度分布

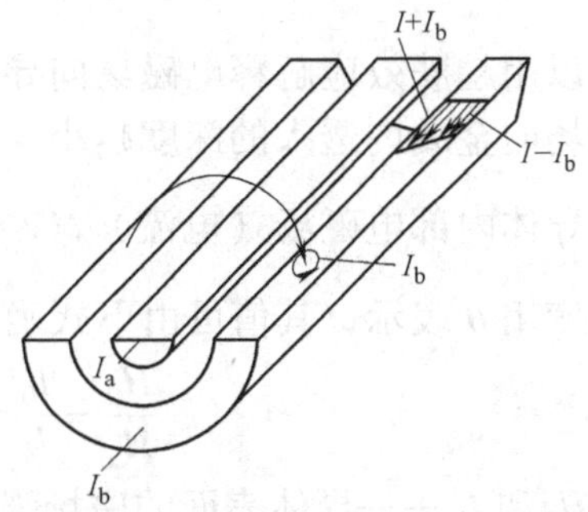

图 4-19　外导体中电流密度分布

由于趋肤效应和邻近效应作用的结果，同轴回路的电流分布分别集中在内、外导体的相向表面上，如图 4-20 所示。电流的频率越高，则电流向内导体的外表面和外导体的内表面集中的情况越严重，此时能量就像由金属内部向外被排挤出来一样，集中在同轴对的介质中，而导体内只限定了电磁波的传播方向。趋肤效应与电流的频率、导线的电导率、磁导率及直径有关。电流频率越高、趋肤效应就越显著，电流几乎仅通过导线的表面。

当临近回路或其他干扰源所造成的高频干扰电磁场作用在同轴对外导体上时，按趋肤效应的原理，干扰电流也不是均匀分布在整个截面上的，而是集中在外导体的对着干扰源的那一面的外表面上。随着频率的增加，趋肤效应和邻近效应也更加显著，因此工作电流越趋于内导体的外表面和外导体的内表面，干扰电流越趋于外导体的外表面，如图 4-21 所示，使得外导体中的工作电流和干扰电流分开，而传输的信号不受干扰。邻近效应除与电流频率、导线的电导率、磁导率及导线直径有关外，还与两导线的距离有关。

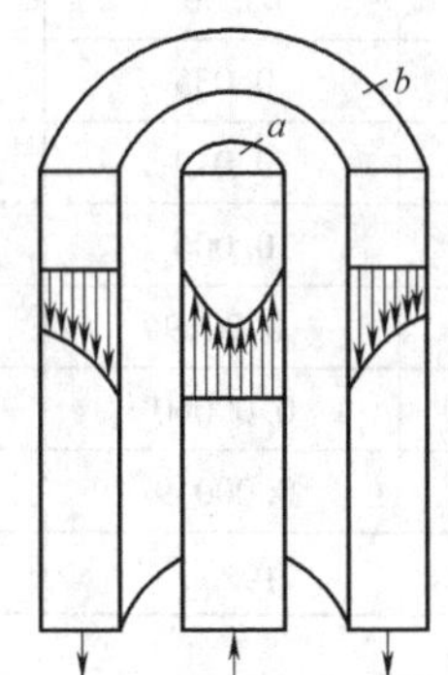

图 4-20　同轴对中电流密度分布

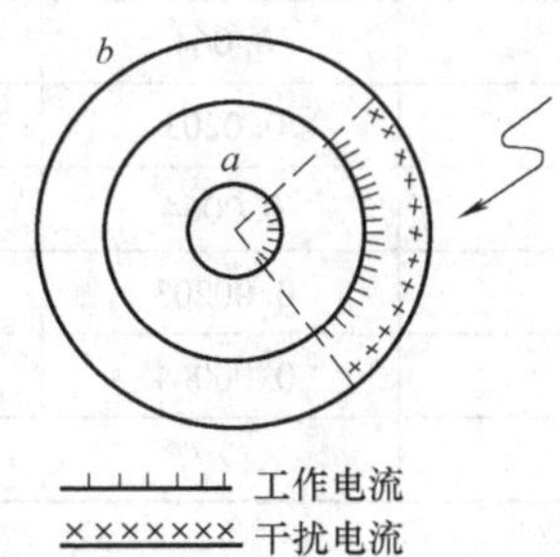

图 4-21　同轴对中干扰电流与工作电流

由此看来，同轴对外导体起着两种作用：①作为传输回路的一根导体；②具有屏蔽作用，而且随着频率的增高，同轴对防止外界干扰的作用越好。

但是，在直流和低频情况下，电流通过导体的全部截面，同轴回路抗干扰的特点便消失了。不仅如此，由于同轴回路对其他回路和大地是不对称的，所以在低频时，同轴电缆在各个方面都不如对称电缆。

综上所述，同轴电缆不适合于低频通信，一般同轴通信电缆通信频率的下限，对校同轴电缆规定在60千赫以上，对中同轴则在300千赫以上。

4.6.3 透入深度

可以用趋肤效应解释电磁场向导体内部透入的问题。频率越高，电流越趋于表面，也就是电磁场向金属内透入的深度越小。

当导体内部电磁场（电流）减小到表面值的$\frac{1}{e}$（e = 2.718）倍时的深度称为透入深度。透入深度用θ表示，其值可由下式确定

$$\frac{H_0}{H_x}=\frac{I_0}{I_x}=e^{k\theta}=e^{\theta\sqrt{\omega\mu\sigma\frac{1}{2}}}\cdot e^{j\theta\sqrt{\omega\mu\sigma\frac{1}{2}}} \tag{4-7}$$

式中 H_0和I_0——导体表面的磁场强度及电流值；

H_x和I_x——深度处的磁场强度及电流值；

$K=\sqrt{j\omega\mu\sigma}$——涡流系数。

于是$\frac{H_0}{H_x}=\frac{I_0}{I_x}=e^{k\theta}=e^{\theta\sqrt{\omega\mu\sigma\frac{1}{2}}}=e'=2.718$，相应的$\theta\sqrt{\omega\mu\sigma\frac{1}{2}}=1$，因此透入深度

$$\theta=\sqrt{\frac{2}{\omega\mu\sigma}} \tag{4-8}$$

透入深度与所用材料及频率有关。几种金属的透入深度与频率的关系见表4-3。

表4-3 几种金属的透入深度与频率的关系

f/Hz	透入深度 θ/mm				
	银	铜	铝	钢	铅
10^3	2.03	2.1	2.7	0.6	7.6
6×10^4	0.26	0.272	0.35	0.077	0.98
10^5	0.203	0.21	0.27	0.06	0.76
3×10^5	0.117	0.122	0.157	0.035	0.44
10^6	0.064	0.067	0.086	0.019	0.24
10^7	0.0203	0.021	0.027	0.006	0.076
10^8	0.0064	0.0067	0.0086	0.0019	0.024
10^9	0.00203	0.0021	0.0027	0.00060	0.0076
10^{10}	0.00064	0.00067	0.00086	0.00019	0.0024
f	$64/\sqrt{f}$	$67/\sqrt{f}$	$86/\sqrt{f}$	$19/\sqrt{f}$	$240/\sqrt{f}$

4.7 射频同轴电缆的一次传输参数计算

4.7.1 射频同轴电缆回路的有效电阻

同轴电缆的有效电阻等于内、外导体有效电阻之和。但是与对称电缆不同的是，同轴电

缆是不对称结构。在同轴电缆中内、外导体的有效电阻与内电感不同，因此要分别进行计算。

由于同轴电缆中传输高频信号，此时内导体的阻抗可由下式表示：

$$Z_a = R_a + j\omega L_a = \frac{\sqrt{2}K_a}{4\pi r_a \sigma_a} + \frac{1}{4\pi r_a^2 \sigma_a} + j\frac{\sqrt{2}K_a}{4\pi r_a \sigma_a} \tag{4-9}$$

分开其实部与虚部，可得到内导体的有效电阻（Ω/m）与内感（H/m）：

$$R_a = \frac{\sqrt{2}K_a}{4\pi r_a \sigma_a} + \frac{1}{4\pi r_a^2 \sigma_a} \tag{4-10}$$

$$L_a = \frac{\sqrt{2}K_a}{4\pi r_a \sigma_a \omega} = \frac{\sqrt{2}\mu_a}{4\pi r_a K_a} \tag{4-11}$$

式中　$K_a = \sqrt{\omega\mu_a\sigma_a}$——内导体的涡流系数；

σ_a——内导体材料的电导率；

μ_a——内导体材料的磁导率；

r_a——内导体的半径（mm）。

外导体的有效电阻和内电感可用下式表示：

$$Z_b = R_b + j\omega L_b = \frac{K_b\sqrt{j}}{2\pi r_b \sigma_b}\left[\mathrm{cth}(\sqrt{j}K_b t) - \frac{1}{8\sqrt{j}K_b}\left(\frac{3}{r_c} + \frac{1}{r_b}\right)\right] \tag{4-12}$$

式中　$t = r_c - r_b$——外导体的厚度（mm）；

r_c——外导体的外半径（mm）；

r_b——外导体的内半径（mm）。

将上式的实部和虚部分开，可得外导体的有效电阻 Ω/m 和内电感 H/m：

$$R_b = \frac{1}{2\pi r_b \sigma_b}\left[\frac{K_b}{\sqrt{2}}\frac{\mathrm{sh}u + \sin u}{\mathrm{ch}u - \cos u} - \frac{4r_b + t}{8(r_b + t)r_b}\right] \tag{4-13}$$

$$L_b = \frac{1}{2\pi r_b \sigma_b}\frac{K_b}{\sqrt{2}\omega}\frac{\mathrm{sh}u - \sin u}{\mathrm{ch}u - \cos u} \tag{4-14}$$

式中　$u = \sqrt{2}K_b t$。

对于高频下：

$$R_b = \frac{1}{2\pi r_b \sigma_b}\left[\frac{K_b}{\sqrt{2}} - \frac{4r_b + t}{8(r_b + t)r_b}\right] \tag{4-15}$$

$$L_b = \frac{\sqrt{2}\mu_b}{4\pi r_b K_b} \tag{4-16}$$

在式（4-15）中后一项比前一项要小得多，因此一般情况下可以忽略，于是外导体的有效电阻可以写成

$$R_b = \frac{K_b}{2\sqrt{2}\pi r_b \sigma_b} \tag{4-17}$$

综上所述，同轴电缆回路的有效电阻可表示为

$$R = R_a + R_b = \frac{1}{4\pi r_a^2 \sigma_a} + \frac{\sqrt{2}K_a}{4\pi r_a \sigma_a} + \frac{\sqrt{2}K_b}{4\pi r_b \sigma_b} = \frac{\rho_a}{\pi d^2} + \sqrt{\frac{f}{\pi}}\left(\frac{\sqrt{\mu_a\rho_a}}{d} + \frac{\sqrt{\mu_b\rho_b}}{D}\right)(\Omega/\mathrm{m}) \tag{4-18}$$

式中 d——内导体的直径（mm）；

D——外导体的直径（mm）；

ρ_a——内导体材料的电阻率；

ρ_b——外导体材料的电阻率；

$\mu_a=\mu_{ar}\mu_0$——内导体的磁导率；

$\mu_b=\mu_{br}\mu_0$——外导体的磁导率；

μ_{ar}——内导体的相对磁导率；

μ_{br}——外导体的相对磁导率；

μ_0——真空磁导率，其值为$4\pi\times10^{-7}$H/m；

f——频率（Hz）。

如果内、外导体由同一材料制成，则同轴回路的有效电阻（Ω/m）：

$$R=\frac{\rho_a}{\pi d^2}+\sqrt{\frac{\mu\rho f}{\pi}}\left(\frac{1}{d}+\frac{1}{D}\right) \tag{4-19}$$

若内、外导体均由铜制成，并化为每公里的值，则同轴回路的有效电阻（Ω/km）：

$$R=\frac{5.5}{d^2}+8.30\times10^{-2}\sqrt{f}\left(\frac{1}{d}+\frac{1}{D}\right) \tag{4-20}$$

若内导体用铜制成，外导体用铝制成，可得

$$R=\frac{5.5}{d^2}+\sqrt{f}\left(\frac{8.30}{d}+\frac{10.6}{D}\right)\times10^{-2}(\Omega/\text{km}) \tag{4-21}$$

4.7.2 同轴电缆的电感

同轴回路的外电感决定于磁通ϕ，而磁通又决定于电缆内导体的电流所引起的磁场强度，内导体间的磁场强度为$H_\varphi=\dfrac{I}{2\pi r}$，因此磁通为

$$\phi=\mu_i\int_{r_a}^{r_b}H_\varphi \mathrm{d}r=\mu_i\int_{r_a}^{r_b}\frac{I}{2\pi r}\mathrm{d}r=\frac{\mu_i I}{2\pi}\ln\frac{r_b}{r_a}$$

因此，回路的外电感为

$$L_i=\frac{\phi}{I}=\frac{\mu_i}{2\pi}\ln\frac{r_b}{r_a}$$

同轴回路的电感（H/m）由内、外导体的内电感（L_a、L_b）和内、外导体间的外电感L_i所组成：

$$\begin{aligned}L&=L_i+L_a+L_b=\frac{\mu_i}{2\pi}\ln\frac{r_b}{r_a}+\frac{\sqrt{2}\mu_a}{4\pi r_a K_a}+\frac{\sqrt{2}\mu_b}{4\pi r_b K_b}\\&=\frac{\mu_i}{2\pi}\ln\frac{D}{d}+\frac{1}{2\pi\sqrt{\pi f}}\left(\frac{\sqrt{\mu_a\rho_a}}{d}+\frac{\sqrt{\mu_b\rho_b}}{D}\right)\end{aligned} \tag{4-22}$$

式中 $\mu_i=\mu_{ir}\mu_0$——绝缘介质的磁导率；

μ_{ir}——绝缘介质的相对磁导率。

如内、外导体都是铜，则通常的空气塑料组合绝缘的$\mu_i=\mu_0=4\pi\times10^{-4}$（H/km），再由式（4-22）可得

$$L=\left[2\ln\frac{D}{d}+\frac{132}{\sqrt{f}}\left(\frac{1}{d}+\frac{1}{D}\right)\right]\times10^{-4}(\mathrm{H/km})\tag{4-23}$$

如果内导体用铜，外导体用铝时，则

$$L=\left[2\ln\frac{D}{d}+\left(\frac{132}{d\sqrt{f}}+\frac{169}{D\sqrt{f}}\right)\right]\times10^{-4}(\mathrm{H/km})\tag{4-24}$$

在高频范围内，内电感远远小于外电感，因此式（4-23）、式（4-24）可简化为

$$L=2\ln\frac{D}{d}\times10^{-4}(\mathrm{H/km})$$

4.7.3　同轴回路的电容

由于同轴对无外部电场，故同轴对的工作电容就等于同轴对内、外导体间的部分电容，其电容（F/m）可按电工原理中圆柱形电容器的电容公式来计算

$$C=\frac{2\pi\varepsilon}{\ln\frac{D}{d}}\tag{4-25}$$

式中　$\varepsilon=\varepsilon_D\varepsilon_0$——组合绝缘的等效介电常数；

ε_D——组合绝缘的等效相对介电常数；

ε_0——真空的介电常数，其值为$\frac{1}{36\pi\times10^9}$（F/m）。

将ε_0代入式（4-25），并化为每公里的值

$$C=\frac{\varepsilon_D\times10^{-6}}{18\ln\frac{D}{d}}\tag{4-26}$$

如将自然对数化为常用对数，且以微微法/米来表示，则

$$C=\frac{24.13\varepsilon_D}{\lg\frac{D}{d}}\tag{4-27}$$

当电缆的内、外导体不是理想圆柱体，而且绝缘为组合形式时，则

$$C=\frac{24.13\varepsilon_D}{\lg\frac{D_e}{d_e}}\tag{4-28}$$

式中　ε_D——绝缘的等效相对介电常数；

D_e——外导体的等效直径（mm）；

d_e——内导体的等效直径（mm）；

对于绞线内导体，$d_e=K_1d$，K_1为有效直径系数，d为内导体直径（mm）。对于编织外导体，$D_e=D+1.5d_w$，D为外导体内径（mm），d_w为编织导线直径（mm）。

对于皱纹内、外导体同轴电缆，电容仍可用式（4-28）计算，但d_e及D_e应用皱纹内、外导体的电容等效直径d_c及D_c来代替。

4.7.4　同轴回路的绝缘电导

同轴对的绝缘电导G由两部分组成：一部分是由绝缘介质极化作用引起的交流电导，

另一部分是由绝缘不完善而引起的直流电导，即

$$G = G_{\sim} + G_0 = \frac{1}{R_{绝}} + \omega c \text{tg}\delta \tag{4-29}$$

式中 $R_{绝}$——同轴对的直流绝缘电阻（Ω/km）；

C——同轴对电容（F/km）；

$\tan\delta$——组合绝缘的等效介质损耗角正切值。

$\omega = 2\pi f$，f 为频率（Hz）。

在同轴对的实用频带内，$G_{\sim} \gg G_0$，故

$$G \approx G_{\sim} = \omega c \text{tg}\delta \tag{4-30}$$

绝缘电导与频率有关，一般随频率的增高而增大，对于不同的材料，增大的程度也不相同，同轴电缆在高频率下运行，为了减小由介质损耗引起的能量损耗，要求采用优良的绝缘介质做绝缘。

4.7.5 一次参数与频率及结构尺寸的关系

从同轴回路一次参数的各个公式，可以得出同轴回路的一次参数与频率以及随结构尺寸比例 D/d 变化的关系曲线，分别如图 4-22 和图 4-23 所示。

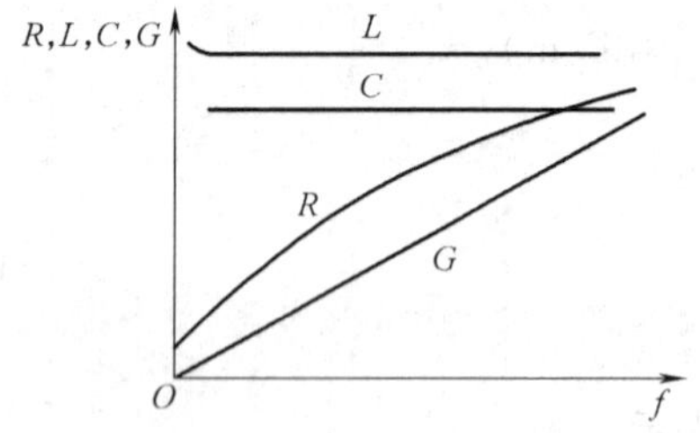

图 4-22 同轴回路的一次参数与频率的关系

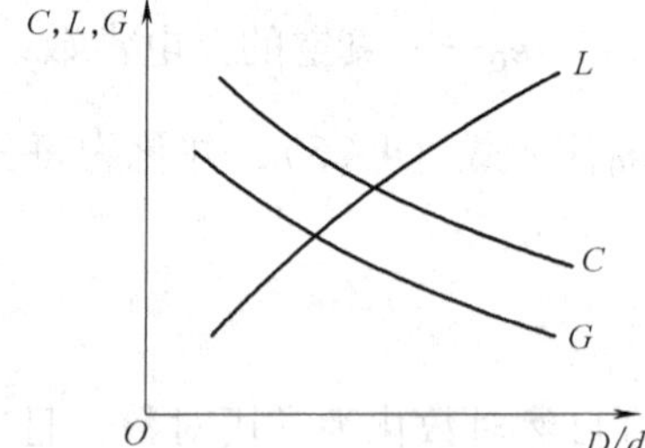

图 4-23 同轴回路的一次参数与频率以及随结构尺寸比例 D/d 变化的关系

由图 4-22 可以看出：

1）由于趋肤效应和邻近效应的影响，有效电阻随频率的增高而增大，在数值上与频率的平方根成正比。

2）电感随频率的增高而减小。由于趋肤效应和邻近效应的影响，使导体中心部分磁通减弱，而使内电感减小，而外电感又与频率无关，故当频率很高时，同轴回路的电感就近似地等于其外电感。

3）同轴电缆所用的塑料一般为聚乙烯。在同轴电缆的使用频带内，其介电常数一般与频率无关，因而电容与频率无关。

4）当同轴电缆所用的绝缘介质的 $\tan\delta$ 与频率无关时，绝缘电导与频率成正比。

由图4-23可以看出：

1）电感随内、外导体直径比的增大而增大，由于内、外导体间的空间面积加大，而导致磁通增大。

2）电容和绝缘电导都随直径比的增大而减小。因内、外导体间的距离加大，相当于电容器极板距离加大，电容减小。绝缘电导与电容成正比，故也随直径比的增大而减小。

3）有效电阻与内、外导体的直径比没有直接关系，而内、外导体各自直径增大时，有效电阻就减小。内导体的有效电阻大于外导体的有效电阻。

上述公式只适用于内、外导体为圆柱形的情况下，实际上，为了满足通信的需求，往往有很多非理想结构。对非理想结构，计算时将公式中的 d、D、ε 以及 $\tan\delta$ 用对应结构的等效内、外导体直径、介质常数与介质损耗角正切值代替，并引入相应的系数即可。

4.8 射频同轴电缆的二次传输参数计算

4.8.1 波阻抗

波阻抗是射频电缆最主要的参数。电缆在使用时，线路是否匹配对传输质量有很大影响。当线路均匀匹配时，没有能量的反射，因而有最高的传输效率。相反，当线路失配时，则存在反射而使传输效率降低。更重要的是由于线路上的反射波会与入射波相互干扰而产生驻波，驻波的存在引起线路上衰减或功率损耗加大，容易使电缆发生电击穿和热损坏，并可使传输信号发生畸变。因此必须尽可能使线路在匹配条件下工作，这首先要对电缆的波阻抗及其偏差加以限定。

1. 理想结构同轴对的波阻抗的计算

当同轴对内、外导体为圆柱形结构时，波阻抗（Ω）为

$$Z_c = \sqrt{\frac{L}{C}} = \frac{60}{\sqrt{\varepsilon_D}} \ln \frac{D}{d} = \frac{138}{\sqrt{\varepsilon_D}} \lg \frac{D}{d} \tag{4-31}$$

式中　D——外导体内径（mm）；

d——内导体直径（mm）；

ε_D——组合绝缘的等效相对介电常数。

2. 柔软同轴电缆的波阻抗的计算

柔软射频同轴电缆，其内、外导体不再是理想的圆柱形结构，此时必须在波阻抗计算公式（4-31）中引入相应的修正系数，以考虑导体结构的影响。

对于由绞合内导体、编织外导体组成的柔软射频同轴电缆，其波阻抗（Ω）计算公式为

$$Z_c = \frac{138}{\sqrt{\varepsilon_D}} \lg \frac{D + 1.5 d_w}{k_1 d} \tag{4-32}$$

式中　ε_D——等效相对介电常数；

D——绝缘外径（或外导体内径）（mm）；

d_w——外导体编织线的单根直径（mm）；

d——内导体直径（mm），$d = pd_0$；

d_0——绞合内导体的单根直径（mm）；

p——d 与 d_0 之比值，见表 4-4；

k_1——内导体有效直径系数，见表 4-4。

表 4-4 与内导体有关的结构常数

符号	说　明	给定绞线股数(n)时的数值			
		1	7	12	19
k_1	有效直径系数	1	0.939	0.957	0.970
k_2	衰减的绞线系数	1	1.3	1.3	1.3
k_S	电压梯度系数	1	1.408	1.403	1.397
p	d 与 d_0 之比	1	3.02	4.16	5.0

绞合内导体的有效直径 d_e 应比实际外径 d 稍小，$d_e = k_1 d$，k_1 为内导体有效直径系数，它表明当计算电缆的电感和电容以及与之有关的波阻抗、衰减等参数时，直径为 d 的绞合导体与直径为 d_e（有效直径）的圆柱体是等效的。

3. 皱纹同轴电缆的波阻抗计算

皱纹同轴电缆，内导体可以是光管，也可以是皱纹管，外导体皱纹管的皱纹深度及形状也多种多样，结构比较复杂，因此尚无精确的波阻抗计算公式。下面介绍几种对于图 4-24 所示皱纹外导体同轴电缆的波阻抗的近似计算公式。

（1）利用电感、电容来计算

皱纹管外导体同轴电缆的电感（H/m）可用下式计算：

$$L = 4.6 \times 10^{-7} \lg \frac{D_m}{d} \tag{4-33}$$

式中　$D_m = D_i + \delta$——皱纹外导体的平均直径。

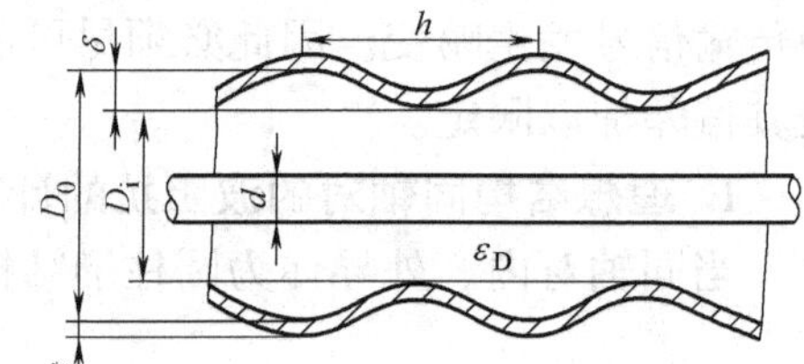

图 4-24　皱纹外导体同轴电缆

皱纹管外导体同轴电缆的电容可看成皱纹波峰处的电容 C_2 和皱纹波谷处的电容 C_1 之算术平均值，即：

$$C = \frac{1}{2}(C_1 + C_2) \tag{4-34}$$

波谷处的电容 C_1 为

$$C_1 = \frac{24.13\varepsilon_D}{\lg \dfrac{D_i}{d}} \tag{4-35}$$

ε_D——皱纹波谷下部分的等效介电常数。

波峰处电容 C_2 可按下式计算：

$$\frac{1}{C_2} = \frac{1}{C_1} + \frac{1}{24.13} \lg \frac{D_i + 2\delta}{D_i} \tag{4-36}$$

计算出电感与电容后，其波阻抗可从公式 $Z_C = \sqrt{\dfrac{L}{C}}$ 来求出。

（2）利用几何平均值来计算

当皱纹深度不大时，电容及电感的等效直径（计算电容及电感时，具有等效直径的光管与皱纹管是等效的）D_C 及 D_L 都等于皱纹管的几何平均直径，即

$$D_C = D_L = \sqrt{D_i D_0} \tag{4-37}$$

式中，$D_0 = D_i + 2\delta$（见图4-24）。

由于电容、电感的等效直径按同样公式计算，因此波阻抗的等效直径亦为 $D_e = \sqrt{D_i D_0}$。即皱纹外导体同轴电缆的波阻抗（Ω）为

$$Z_C = \frac{60}{\sqrt{\varepsilon_D}}\ln\frac{D_e}{d} = \frac{138}{\sqrt{\varepsilon_D}}\lg\frac{D_e}{d} \tag{4-38}$$

当皱纹深度较大时，虽然电感等效直径仍可用式（4-38）表示，但电容的等效直径的公式不再适用了，它应该比式（4-38）计算出来的数值更小些。在皱纹很深的情况下，它应该等于皱纹管的内径 D_i。

当皱纹深度为中间情况时，电容等效直径可用以下的经验公式

$$D_C = D_i + (1-k)\delta \tag{4-39}$$

式中，k 代表与皱纹管有关的修正系数，它与皱纹节距与深度的比值 h/δ 有关，一般可在0.4~0.8范围内选取，而 h/δ 越小，则 k 应取得越大。

确定电容及电感等效直径 D_C 及 D_L 后，电容 C 及电感 L 和波阻抗 $Z_C = \sqrt{\frac{L}{C}}$ 均可求出。

（3）利用算术平均值来计算

在计算皱纹外导体同轴电缆的波阻抗时，采用其算术平均直径作为波阻抗的等效直径，即

$$D_e = D_i + \delta \tag{4-40}$$

由此可得波阻抗（Ω）的计算公式为

$$Z_C = \frac{60}{\sqrt{\varepsilon_D' k}}\ln\frac{D_e}{d} = \frac{138}{\sqrt{\varepsilon_D' k}}\lg\frac{D_e}{d} \tag{4-41}$$

式中 ε_D'——皱纹管内径 D_i 以下部分的等效相对介电常数；

k——介电常数的修正系数。

为了便于计算，采用皱纹管的算术平均直径作为波阻抗计算时的等效直径，但计算实际波阻抗必需引入一个修正系数 k。

修正系数 k 是用实验方法来确定的，即通过实测出长度为lm的皱纹同轴电缆的第一次谐振频率 f_1（兆赫），代入下式算出电缆的等效介电常数 ε_D。

$$\sqrt{\varepsilon_D} = 75/f_1 \cdot l \tag{4-42}$$

而皱纹管内径 D_i 以下的介质的等效介电常数为 ε_D'，则系数 k 可按下式确定

$$k = \varepsilon_D/\varepsilon_D' \tag{4-43}$$

对于SDV-50-7-3电缆，实际求出的修正系数 $k=1.04$，而对于SJDV75-37-2电缆 $k=1.05$，对于SJDV50-80-3电缆，k 约为1.07。

对于内导体为皱纹的情况，亦可按上述方法来进行考虑。

4.8.2 衰减

在射频下，同轴电缆的衰减通常可用下式来表示

$$\alpha = \alpha_R + \alpha_G = \frac{R}{2}\sqrt{\frac{C}{L}} + \frac{G}{2}\sqrt{\frac{L}{C}} \tag{4-44}$$

1. 内、外导体为理想圆柱体时

同轴射频电缆的内、外导体都是由铜制成的圆柱形导体时，其衰减（N/km）可按下式

进行计算

$$\alpha=\frac{8.30\sqrt{f\varepsilon_D}\left(\frac{1}{d}+\frac{1}{D}\right)\times10^{-3}}{12\ln\frac{D}{d}}+\frac{10}{3}\pi f\sqrt{\varepsilon_D}\tan\delta_D\times10^{-6}\tag{4-45}$$

如将上式中自然对数化为常用对数，并且衰减常数以 dB/m 来表示，上式将变为

$$\alpha=\frac{2.61\sqrt{f\varepsilon_D}\left(\frac{1}{d}+\frac{1}{D}\right)\times10^{-6}}{\lg\frac{D}{d}}+9.10f\sqrt{\varepsilon_D}\tan\delta_D\times10^{-8}\tag{4-46}$$

式中 D——外导体内径（mm）；

d——内导体直径（mm）；

ε_D——绝缘的等效相对介电常数；

$\tan\delta_D$——绝缘的等效相对介质损耗角正切值；

f——频率（Hz）。

2. 当内导体为绞合内导体，外导体为编织时，并且内、外导体的电阻率分别为 ρ_1 和 ρ_2，则衰减（dB/m）公式

$$\alpha=\frac{2.61\sqrt{f\varepsilon_D}\times10^{-6}}{\lg\frac{D+1.5d_w}{k_1d}}\left(\frac{k_2k_{\rho_1}}{d}+\frac{k_bk_{\rho_2}}{D}\right)+9.10f\sqrt{\varepsilon_D}\tan\delta_D\times10^{-8}\tag{4-47}$$

式中 k_1——内导体有效直径系数（见表 4-4）；

k_2——内导体衰减的绞线系数（见表 4-4）；

k_b——外导体为编织时引起射频电阻增大的编织效应系数（见图 4-25）；

k_{ρ_1}——内导体相对于国际标准软铜的射频电阻增大或减小的系数；

k_{ρ_2}——外导体相对于国际标准软铜的射频电阻增大或减小的系数；

d_w——编织用导线直径（mm）。

内导体衰减的绞线系数 k_2 表示直径为 d 的绞线导体的衰减比直径为 d 的实体导体衰减大的倍数。

编织效应系数 k_b 表示外导体采用编织时，外导体的衰减与相应直径理想圆管外导体的衰减之比值。图 4-25 所示为编织效应系数 k_b 与电缆绝缘外径 D 的关系曲线，它适合在 700 兆赫以下的频率范围内使用。在更高的频率时，k_b 值将比图示值大 1.2～1.5 倍。因编织线间存在有接触电阻，在频率增高时，此接触电阻也参与导电，并且随频率的增高，通过接触电阻的电流将增加，甚至完全通过接触电阻来导电，而接触电阻很大，因此在频率很高时，相当于外导体电阻增加，k_b 值也相应地增加。接触电阻与线表面情况、接触压力有关，还会随着电缆的弯曲以及使用过程中的老化而变化，因而将使电缆的衰减增大而且不稳定。

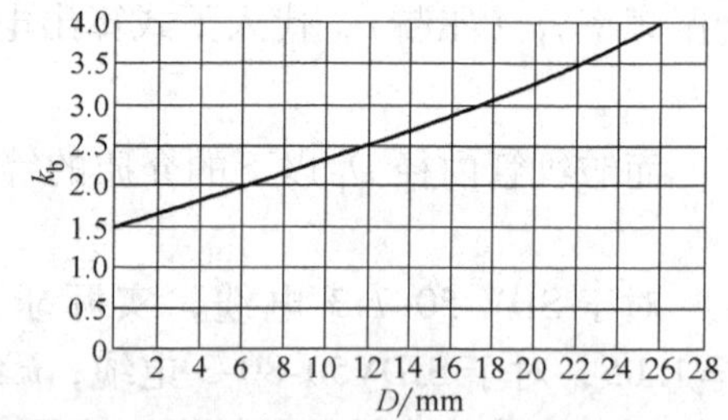

图 4-25 编织效应系数 k_b 与电缆绝缘外径的关系曲线

当内、外导体不是标准软铜，而是其他金属材料时，其衰减增大或减小的系数 k_ρ 值及相应材料的电阻率见表 4-5。

表 4-5　常用金属材料的电阻率及系数 k_ρ

金属材料	比重	电导率百分比(%)	电阻率 $/10^{-6}\Omega\cdot cm$	$\frac{\rho}{\rho_0}$	系数 $k_\rho=\sqrt{\frac{\rho}{\rho_0}}$
银	10.50	104	1.66	0.97	0.98
铜(软)	8.89	100	1.7241	1.00	1.00
铜(硬)	8.89	96	1.79	1.04	1.02
铬铜	8.89	84	2.05	1.19	1.09
镉铜	8.94	79	2.18	1.27	1.13
铝	2.70	61	2.83	1.64	1.28
铍铜(软)	8.23	50	3.45	2.00	1.41
锌	7.05	28	6.10	3.55	1.88
镍	8.9	18	9.59	5.56	2.36
锡	7.30	15	11.5	6.67	2.58
低碳钢	7.80	15	11.5	6.67	2.58
铅	11.40	8.3	20.8	12.10	3.48
不锈钢	7.90	2.5	69	40	6.33

注：ρ_0 为国际标准软铜的电阻率，$\rho_0=1.7241\times10^{-6}\Omega\cdot cm$。

如果导体采用镀银铜线、镀锡铜线或铜包钢线等双金属结构形式与采用铜线相比，衰减的改变也可用系数 k_ρ 来表示。k_ρ 值的大小与镀层的厚薄及使用频率有关。在很高的射频下，可以把它看成由表面层材料构成的单金属导体来处理。但是，当表面层极薄，或使用频率较低时，表面层和内部金属层都参与导电作用。此时双金属导体的衰减与表面层金属材料及厚度、内部金属材料以及使用频率都有关。图 4-26、图 4-27 给出镀锡铜线、镀银铜线的系数 k_ρ 与频率的关系曲线。

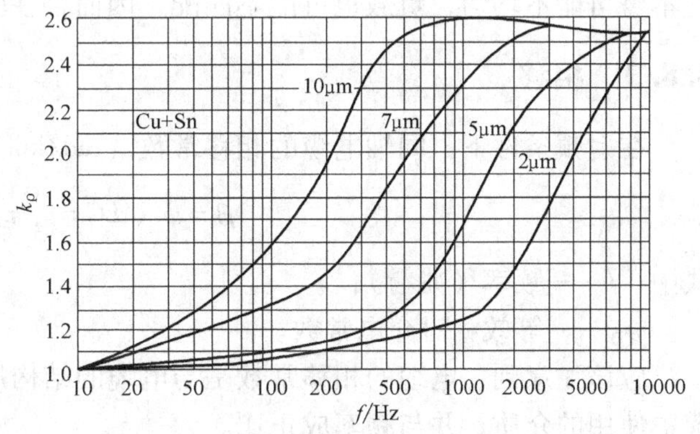

图 4-26　镀锡铜线 k_ρ 与频率的关系曲线

由图 4-26 及图 4-27 可见，镀锡铜线适于较低频段，而镀银铜线适于较高频段。

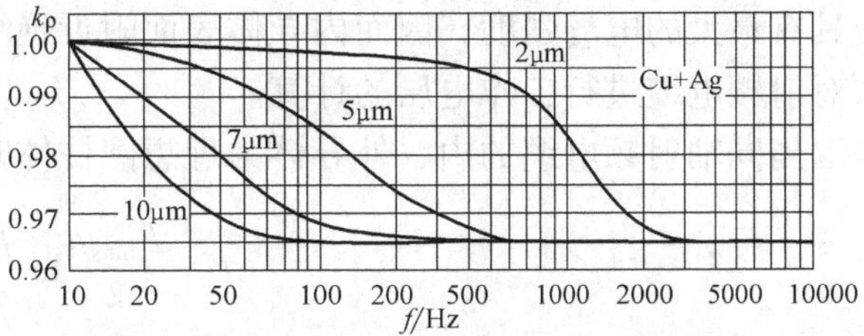

图 4-27　镀银铜线 k_ρ 与频率的关系曲线

3. 当内导体为铜绞线，外导体为扁铜线绞合时，衰减的计算公式为

$$\alpha=\frac{2.61\sqrt{f\varepsilon_D}\times10^{-6}}{\lg\frac{D}{k_1d}}\left(\frac{k_2}{d}+\frac{k_S}{D}\right)+9.10\times10^{-8}f\sqrt{\varepsilon_D}\tan\delta_D\,(\mathrm{dB/m})\tag{4-48}$$

式中　k_S——扁线绞合结构引起电阻增大的系数，一般可取 1.07～1.10。

4. 当内、外导体为皱纹管结构时，衰减计算公式为

$$\alpha = \frac{2.61\sqrt{f\varepsilon_D}\times 10^{-6}}{\lg\dfrac{D_e}{d_e}}\left(\frac{k_{e1}}{d_e}+\frac{k_{e2}}{D_e}\right)+9.10\times 10^{-8}f\sqrt{\varepsilon_D}\tan\delta_D\,(\text{dB/m}) \tag{4-49}$$

式中 d_e——皱纹管内导体的等效直径，$d_e = d_0 - \delta_1$；

D_e——皱纹管外导体的等效直径，$D_e = D_i + \delta_2$；

d_0——皱纹管内导体的外径（mm）；

D_i——皱纹管外导体的内径（mm）；

δ_1——皱纹管内导体的轧纹深度（mm）；

δ_2——皱纹管外导体的轧纹深度（mm）；

k_{e1}、k_{e2}——分别为皱纹管内、外导体与光管相比，其高频电阻增大的系数。对于皱纹铜管 k_{e1}（或 k_{e2}）= 1.15 ~ 1.20，对于皱纹铝管 k_{e1}（或 k_{e2}）= 1.47 ~ 1.54。

上面讨论的衰减计算公式都是在常温下的公式，在大功率射频电缆中，内、外导体的温度会升高，环境温度也要变化，因此导体电阻会随之改变，从而使衰减随之而变。要引入一个衰减温度系数，以反映电缆衰减随温度的变化情况。

上述各公式所计算的衰减都是认为电缆本身是均匀的，但电缆在实际的工作状态下，电缆本身可能不均匀，负载也可能不匹配，因而存在驻波，它会使电缆线路的总衰减增大。

4.8.3 相移

在射频条件下，同轴电缆的相移常数（rad/km）可用如下简化公式来计算，即

$$\beta = \omega\sqrt{LC} = \frac{20}{3}\pi f\sqrt{\varepsilon_D} \tag{4-50}$$

式中 f——频率（兆赫）；

ε_D——等效相对介电常数。

应该注意到，电缆的相移常数是与电缆的结构尺寸无关的一个物理量，它仅仅取决于电缆中使用的介质，并与频率成正比。

4.8.4 工作电压

射频同轴电缆要传输较大的功率，施加的电压也较高。在较高的电压作用下，内导体表面具有最大的电场强度，因而内导体表面附近绝缘最容易产生电晕，进而导致击穿，因此必须对射频电缆进行工作电压的计算。

当同轴射频电缆的内、外导体为理想圆柱体时，其容许工作电压由下式确定

$$U = \frac{E_{max}d}{2}\ln\frac{D}{d}(\text{kV}) \tag{4-51}$$

式中 E_{max}——最大允许工作场强（kV/mm）；

d——内导体外径（mm）；

D——外导体内径（mm）。

如果 E_{max} 用 kV/mm（峰值）为单位，并用常用对数来表示，则

$$U=1.15E_{max}d\lg\frac{D}{d}(\mathrm{kV})\tag{4-52}$$

工作电压有效值为

$$U=0.814E_{max}d\lg\frac{D}{d}(\mathrm{kV})\tag{4-53}$$

如果电缆内导体为绞线时，还必须引入适当的系数，即

$$U=\frac{1.15}{k_S}E_{max}d\lg\frac{D}{k_1d}(\mathrm{kV})\tag{4-54}$$

式中　k_1——内导体的有效直径系数（见表 4-4）；

k_S——电压梯度系数，它等于在相同的外加电压下粗糙导体表面上的最大电场强度和理想圆柱导体表面的电场强度之比（见表 4-4）。

对于各种电缆结构，用聚乙烯及聚四氟乙烯为绝缘介质时，最大允许工作场强 E_{max} 可按表 4-6 选取，表中数据为经验数据，而且考虑了足够的裕量。

表 4-6　最大允许工作场强

内导体与绝缘结构 / 工作条件		实体绝缘或内导体上包有介质层的半空气绝缘		空气、半空气绝缘及氧化镁矿物绝缘
		单线导体	绞合导体	
E_{max}/(kV/mm)	直流	40	56	1.0
	脉冲	10	14	1.0
	射频	5	7	1.0

从表 4-6 中可以看出，对于实体绝缘或内导体上包有介质层的半空气绝缘电缆，绞合内导体所容许的最大电场强度要比单线高 40%，因在绞合的情况下聚乙烯介质和导线之间有更紧密的接触，在导体表面和聚乙烯之间不大可能有气泡，气泡只会夹在导线之间电场强度较低的空间里。

工作电压也可用实验方法来确定。电缆在工作时，其工作电压比介质材料的击穿电压低得多，因介质与导体之间或者介质内部往往存在着气泡，在比介质材料的击穿电压低得多电压下，这种气泡就会发生电晕放电，这种电晕放电是十分有害的，它会使聚乙烯或聚四氟乙烯介质逐步破坏，从而使电缆使用寿命降低。此外，电晕放电会产生损耗和噪声，这也是不希望的。因此，电缆的工作电压应该取得比电晕电压低，可按以下经验公式选取

射频工作电压(峰值) = 工频电晕电压(峰值) ×0.35　(4-55)

式中，0.35 是当考虑到安全因数取为 2 时，以及射频下耐电压强度比工频降低 70% 而得出的。

工频电晕电压可通过试验方法来确定，工频电晕电压应取电晕熄灭电压。试验方法如下：先加上电压使电晕发生，然后逐步减少外加电压，直到电晕熄灭为止，此时的电压为工频电晕电压。

4.9　同轴射频电缆的传输功率

射频电缆的传输功率，是表征电缆在各种运行条件下允许传输高频能量的能力。传输功

率是射频电缆的重要特性之一。

当输入到同轴射频电缆上的功率逐渐增加时，可导致电缆的击穿或热损坏，其原因是：①施加在电缆的电压引起了绝缘介质的电击穿；②由于损耗引起的内部发热使电缆各部分的温度升高，超过绝缘所允许的使用温度。这两种情况都限制了电缆的传输功率，因此确定电缆允许的传输功率必须从电击穿和热损坏两方面加以考虑。

4.9.1 额定峰值功率

射频电缆使用在脉冲系统时，传输的平均功率并不大，但射频电压却很高。如高功率雷达发射机所使用的脉冲电缆，射频电压会引发电击穿。当电缆匹配时（Z_C为最小），在给定的最大允许电压下，电缆可以传输的功率为最大。此功率即为额定峰值功率，可以由下式计算

$$P_{峰}=\frac{U_{max}^2}{2Z_C}(W) \tag{4-56}$$

式中 U_{max}——电缆所允许的最大工作电压（峰值）；

Z_C——电缆的波阻抗。

额定峰值功率是表示电缆可以长期安全运行而不发生电击穿的峰值功率的规定值。由4.8节的学习可以在确定最大工作电压之后，求出额定峰值功率。

在振幅调制或驻波状态下工作时，额定峰值功率就会下降，此时

$$P_{峰}=\frac{U_{max}^2}{2Z_C(1+m)^2}\frac{1}{S} \tag{4-57}$$

式中 m——调制度；

S——电压驻波系数。

对于空气绝缘电缆，额定峰值功率与所充的气体种类及电缆内的压力有关。当采用高耐电强度气体（如SF_6）及提高充气压力时，其额定峰值功率可以大为提高，而在电缆处于低气压条件下会使额定峰值功率下降。

4.9.2 额定平均功率

射频电缆在用于天线馈线等的大功率场合时，电缆所传输的平均功率很大，致使电缆发热而内部温度升高，当温度超过绝缘介质所能承受的温度时，便致使电缆产生热损坏。

电缆热损坏的形式是：过热使介质变软，内导体可能偏心，严重时会与外导体短路，过热也可使电缆各部分热膨胀程度不同而引起机械损坏，还可能使介质发生化学损坏，使电缆寿命下降。因此，必须避免内部过热，也就是额定平均功率要受到温升的限制。

电缆的额定平均功率（或称平均传输功率）是电缆长期运行而不发生热损坏的平均功率的规定值。也可以说是在给定的环境条件和稳定状态下，电缆具有匹配负载和绝缘达到它所允许的温升时，电缆所能传输的功率。额定平均功率是大功率射频电缆的重要特性之一。

电缆的额定平均功率取决于电缆内部的发热情况及其散热的能力，并且与介质材料的耐高温能力有关。电缆内部发热除与传输功率大小有关外，还与电缆的衰减值有关，电缆的衰减越低，则可以传输的功率也越大。电缆的散热能力取决于电缆的热力学特性以及敷设条件、环境温度等。而介质的耐温能力越高，则可传输的功率也越大。因此，为求取大功率射

频电缆的额定平均功率，必须要进行热计算。

当高频能量在电缆中传输时，在内导体、绝缘及外导体中均会发热，使电缆温度升高(内导体温度为最高)，同时电缆也向外散热，当达到热平衡时，电缆的温度不再上升。

研究电缆的上述发热过程，可以采用类似于欧姆定律的关系公式，即

$$W=\frac{t_{内}-t_{媒}}{S}(\mathrm{W}) \tag{4-58}$$

式中 W——电缆中产生的总热流（W/cm）；

$t_{内}$——电缆的最高允许温度（℃），电缆中的绝缘层应该能够长期在此温度下保证足够好的电气和机械性能；

$t_{媒}$——电缆周围媒质的温度（℃）；

S——热流从电缆内导体流到周围媒质所遇到的总热阻（热欧·厘米）。

由上式可知，为了确定某一电缆所允许的传输功率，应先求 $t_{内}$ 和 $t_{媒}$ 值，再求电缆中发出的热流及各结构元件和周围媒质的热阻值。图4-28所示是计算热流及热阻用的同轴电缆示意图。

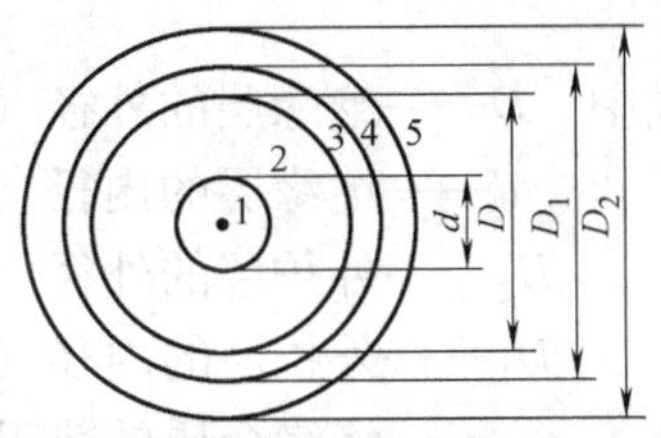

图4-28 计算热流及热阻用的同轴电缆示意图

1—内导体 2—绝缘 3—外导体 4—护层 5—周围媒质

同轴射频电缆中所产生的热流包括以下几部分：

1）内导体中的热流 W_a；

2）电缆绝缘层中的热流 W_G；

3）外导体中的热流 W_b。

导体中热流是内、外导体的有效电阻引起的热损耗。绝缘层中的热流是绝缘材料的介质损耗及导电损耗。

因此热流可用电缆中的热损耗来表征。在一般情况下，热损耗可以由下式确定：

$$\left.\begin{aligned}W_a&=I^2R_a\\W_b&=I^2R_b\\W_G&=U^2G\end{aligned}\right\} \tag{4-59}$$

式中 I——电缆回路中的电流；

U——电缆回路中的电压；

R_a——内导体的有效电阻；

R_b——外导体的有效电阻；

G——同轴回路的绝缘电导。

当同轴射频电缆具有匹配负载时（即行波传输或无反射传输），下列各式是适用的：

波阻抗
$$Z_C=\frac{U}{I}=\sqrt{\frac{L}{C}} \tag{4-60}$$

衰减常数
$$\alpha=\alpha_a+\alpha_b+\alpha_G=\frac{R_a+R_b}{2}\sqrt{\frac{C}{L}}+\frac{G}{2}\sqrt{\frac{L}{C}}$$
$$=\frac{R_a}{2Z_C}+\frac{R_b}{2Z_C}+\frac{GZ_C}{2} \tag{4-61}$$

式中 α_a、α_b、α_G——内导体、外导体和绝缘层的衰减常数。

由式（4-58）可得

$$R_a = 2\alpha_a Z_C, R_b = 2\alpha_b Z_C, G = \frac{2\alpha_G}{Z_C}$$

则式（4-56）可改写为

$$\left.\begin{aligned} W_a &= 2I^2\alpha_a Z_C \\ W_b &= 2I^2\alpha_b Z_C \\ W_G &= I^2 Z_C^2 G = 2I^2\alpha_G Z_C \end{aligned}\right\} \tag{4-62}$$

电缆的总热阻包括有绝缘热阻 $S_{绝}$、护层热阻 $S_{护}$ 和电缆向周围媒质散热的热阻 $S_{媒}$。内、外导体的热阻和金属护层的热阻与上述这些热阻相比可以忽略不计。

对于同轴射频电缆，绝缘层和外护层单位长度的热阻可由下列公式确定：

$$S_{绝} = \frac{1}{2\pi}\rho_{绝} \ln \frac{D}{K_1 d} \tag{4-63}$$

$$S_{护} = \frac{1}{2\pi}\rho_{护} \ln \frac{D_2}{D_1} \tag{4-64}$$

式中 D——绝缘层的外径（mm）；

d——绝缘层的内径（mm）；

D_2——外护层的外径（mm）；

D_1——外护层的内径（mm）；

$\rho_{绝}$——绝缘介质的热阻系数（热欧·厘米）；

$\rho_{护}$——外护层材料的热阻系数（热欧·厘米）。

热阻的单位为“热欧”，1 热欧表示由一单位立方体的一个面，在温度差为 1℃时，将 1W 热流移至另一个方向 1cm 远的侧面时所遇到的阻力。

射频电缆常用的绝缘即护层材料大的热阻系数见表 4-7。

向周围媒质散的热阻决定于媒质情况（即电缆敷设的环境）。一般大功率射频电缆，大部分是用于架空敷设，这时单位长度的热阻为

$$S_{媒} = \frac{1}{\pi D_2 k_h \theta_0^{1/4}} \tag{4-65}$$

式中 D_2——电缆的外径（cm）；

k_h——电缆表面的散热系数；

θ_0——内导体达到最高允许温度时，电缆外表面和周围环境的温差（℃）。

表 4-7 常用材料的热阻系数（热欧·厘米）

材料名称	热阻系数	材料名称	热阻系数
聚乙烯	350～450	氯丁橡胶	500
聚氯乙烯	700	涂沥青的棉麻	500
聚四氟乙烯	500	土壤	120
泡沫聚乙烯	900	干燥电缆纸	1000
聚苯乙烯	750	静止空气	4100

电缆表面的散热系数 k_h 如图 4-29 所示。

图 4-29 所示是一根电缆单独架设时的数值，如两根电缆并排架空敷设，k_h 值应减小 30%，如三根电缆在一起，则 k_h 应减小 40%。

当电缆埋地敷设时，向周围媒质散热的单位长度的热阻为

$$S_{媒}=\frac{1}{2\pi}\rho\pm\ln\frac{4l}{D_2} \tag{4-66}$$

式中　ρ——土壤的热阻系数（热欧·厘米）；

l——埋地深度（cm）；

D_2——电缆外径（cm）。

下边讨论电缆各结构元件中发出的热流及其传导情况。

同轴射频电缆的等效热路图如图4-30所示。

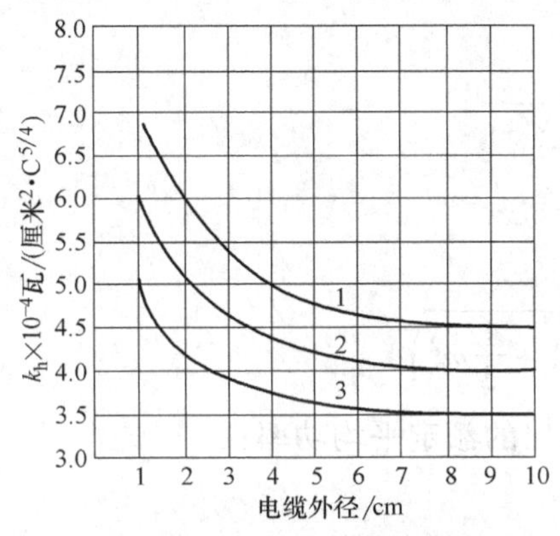

图4-29　电缆表面的散热系数 k_h

1—塑料护套　2—裸铅套　3—铜线编织

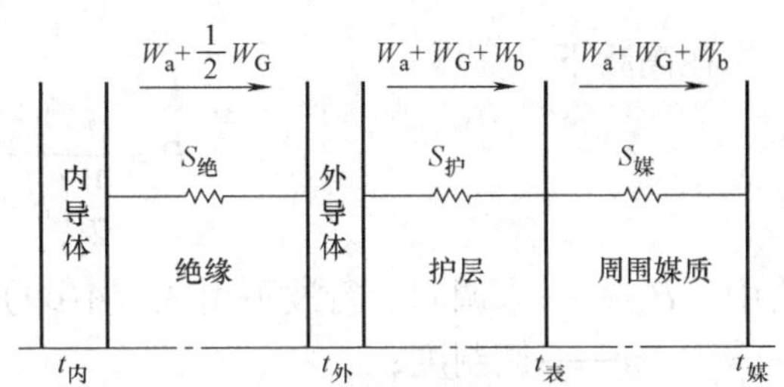

图4-30　同轴电缆等效热路图

从图4-30中可以看出，内导体热流 W_a 流经绝缘热阻 $S_{绝}$、护层热阻 $S_{护}$ 和周围媒质热阻 $S_{媒}$。外导体的热流 W_b 只流过 $S_{护}$ 和 $S_{媒}$。绝缘中热流 W_G 除流过 $S_{护}$ 和 $S_{媒}$ 外，还应考虑流过绝缘的热阻 $S_{绝}$，但因 W_G 是在整个绝缘中产生的，W_G 并不是流过整个的 $S_{绝}$，因此，热流 W_G 在绝缘中引起的温度降与热流通过 $\frac{1}{2}S_{绝}$ 所引起的温度降是一样的，所以绝缘中的热流 W_G 的总热阻为 $S_{护}$、$S_{媒}$ 与 $\frac{1}{2}S_{绝}$ 之和。

根据热欧姆定律，电缆最高允许温度和周围媒质温度的温差由下式确定

$$\begin{aligned}t_{内}-t_{媒}&=W_a(S_{护}+S_{媒}+S_{绝})+W_b(S_{护}+S_{媒})+W_G\left(S_{护}+S_{媒}+\frac{1}{2}S_{绝}\right)\\&=\left(W_a+\frac{1}{2}W_G\right)S_{绝}+(W_a+W_b+W_G)(S_{护}+S_{媒})\end{aligned} \tag{4-67}$$

将式（4-59）代入式（4-67），则得电缆热平衡基本方程式

$$\begin{aligned}t_{内}-t_{媒}&=I^2Z_C[(2\alpha_a+\alpha_G)S_{绝}+2(\alpha_a+\alpha_b+\alpha_G)(S_{护}+S_{媒})]\\&=P_{额}[(2\alpha_a+\alpha_G)S_{绝}+2\alpha(S_{护}+S_{媒})]\end{aligned} \tag{4-68}$$

由此可得沿电缆传输的额定平均功率为

$$P_{额}=\frac{t_{内}-t_{媒}}{(2\alpha_a+\alpha_G)S_{绝}+2\alpha(S_{护}+S_{媒})} \tag{4-69}$$

式中　$t_{内}$——电缆中允许的最高温度（℃）；

$t_{媒}$——电缆周围媒质的温度（℃）；

α_a、α_G、α——相应为内导体、绝缘层及电缆的衰减常数（奈/厘米）；

$S_{绝}$、$S_{护}$、$S_{媒}$——绝缘层、外护层及周围媒质的热阻（热欧·厘米）。

式中的衰减常数应取最高允许温度下的值。

由上式可见，电缆允许传输的最大功率为所选定电缆结构的容许最高使用温度的函数。

由式（4-69）计算所得的额定平均功率（记为 $P_{额}$）是在行波状态下，即负载匹配时求得的。实际上电缆往往是在失配情况下运行，失配将造成反射使损耗增加，因而允许传输的功率将减小。额定平均功率与驻波系数、调制度有如下关系：

在低频下

$$P=\frac{P_{额}}{S\left(1+\frac{1}{2}m^2\right)} \tag{4-70}$$

在高频下

$$P=\frac{P_{额}}{\frac{1}{2}\left(S+\frac{1}{S}\right)\left(1+\frac{1}{2}m^2\right)} \tag{4-71}$$

式中 $P_{额}$——未调制、行波下由式（4-69）计算出的额定平均功率；

m——调制度；

S——电压驻波系数。

在射频电缆中，承受高温作用的结构元件是绝缘。对于聚乙烯绝缘，最大允许温度为85℃，对于聚四氟乙烯绝缘为250℃。在对射频电缆进行热计算时，周围空气温度取为+40℃，因此电缆中的允许温度降为（$t_{内}-t_{媒}$），对于聚乙烯是45℃，对于聚四氟乙烯是205℃。可见，采用耐高温的绝缘材料，可大大提高额定平均功率值。

当环境温度变化时，额定平均功率也随之变化。在其他环境温度下的额定平均功率可由下式求出。

$$P_t=\frac{t_{内}-t}{t_{内}-t_0}P_{额} \tag{4-72}$$

式中 $t_{内}$——电缆最高允许温度（℃）；

t——实际工作时的环境温度（℃）；

t_0——额定平均功率规定的环境温度，一般取+40℃；

$P_{额}$——+40℃环境温度时的额定平均功率。

额定平均功率与电缆结构尺寸及频率的关系如图4-31所示。

由式（4-69）及图4-31可以看出，额定平均功率与电缆结构尺寸及传输频率有关。空气绝缘较实体绝缘有较低的衰减，因而传输的功率较大。随着电缆直径增加，则传输功率增加，而频率越高，电缆衰减越大，则传输的功率就越小。

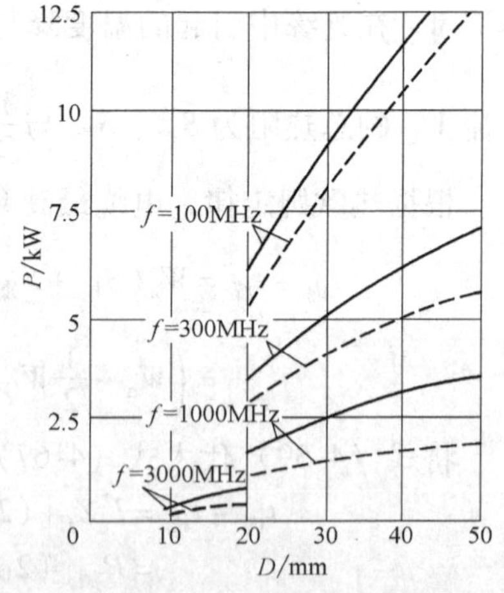

图4-31 额定平均功率与电缆结构尺寸及频率的关系

实线表示当 $\varepsilon=1.4$ 时，聚乙烯空气绝缘；虚线表示当 $\varepsilon=2.28$ 时，实体聚乙烯绝缘。

此外，额定平均功率也会随着一些环境因素变化而变化。如当电缆使用在高空时，随着离地高度的增加，空气越稀薄，表面散热将越加困难，额定平均功率也就随之而下降。

上述公式只适用于实体绝缘射频电缆额定平均功率的计算。对于空气绝缘电缆，绝缘层中的热流要通过传导、对流、辐射三种形式散热，这与实体绝缘电缆不同，而其热阻的计算也与实体绝缘电缆不同，因此不能用上述公式计算空气绝缘电缆的额定平均功率。对于空气绝缘电缆的额定平均功率的计算，应用图解法来求，但计算的基本方法基本类似。

4.10　同轴射频电缆的最高使用频率

同轴射频电缆的使用频率，正在不断向更高频率以及微波波段发展，现代的射频电缆可以使用高达 18 千兆赫的频率，但同轴射频电缆的使用频率还是有限制的。

频率的限制首先是由于衰减，其次是由于谐波和结构沿长度方向的不均匀性。

4.10.1　衰减指标对最高使用频率的限制

各种线路的衰减频率特性如图 4-32 所示。

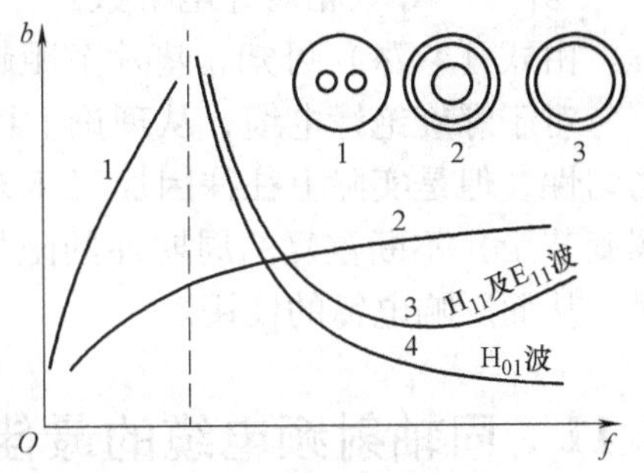

图 4-32　各种线路的衰减频率特性

1—对称回路　2—同轴电缆　3、4—波导

图 4-32 表明，在衰减方面，同轴电缆较对称电缆优越，而可使用较宽的频谱中，但其与波导相比，同轴射频电缆较适用于 2000～3000 兆赫的频段，当频率再高时，在衰减方面就不如波导优越了。

衰减对使用频率的限制，还与具体的产品结构有关。对于编织外导体的同轴电缆，在微波频率下会出现衰减的急增现象，而且衰减值很不稳定，会随着电缆所承受的机械应力、弯曲或者长期的老化过程而发生很大的变化，因此这种电缆的最高使用频率较低。介质电镀外导体的射频电缆，可以用到高达 18 千兆赫的频率。

4.10.2　同轴射频电缆的截止频率

同轴电缆在正常情况下是传输横电磁波的（TEM 波），如果电缆的横向尺寸与工作频率下的波长相比拟时，会出现高次谐波，使电缆衰减急剧上升，并破坏沿电缆的基波的正常传输。这时的波长称为极限波长，相应的频率称为同轴电缆的截止频率，它是沿电缆可传输频率范围的上限。

同轴射频电缆的截止频率为

$$f_0 = \frac{2c}{\pi(D+d)\sqrt{\varepsilon_D}}(\text{Hz}) \tag{4-73}$$

式中　c——光速，为 3×10^{10}cm/s；

D——外导体内径（cm）；

d——内导体直径（cm）；

ε_D——绝缘的等效相对介电常数。

由式（4-73）可见，随着电缆直径的增大，截止频率 f_0 将下降；但使用频率给定，则为降低衰减而增大电缆直径就要受到限制。

4.10.3 绝缘结构对最高使用频率的限制

非连续（例如垫片式）绝缘电缆的使用频率受到周期重复的不均匀性的限制。当电缆在使用频率下的波长是垫片节距的二倍时，将会引起很大的反射而不能使用，因而必须在这种频率之下使用。

决定于非连续绝缘结构的最高使用频率（Hz）可由下式确定

$$f_h = \frac{c}{2h\sqrt{\varepsilon_D}} \tag{4-74}$$

式中 h——垫片节距（cm）；

c——光速，为 3×10^{10}cm/s；

ε_D——等效相对介电常数。

由式（4-74）可知，垫片节距越大，则最高使用频率越低。

对于螺旋绝缘电缆，从理论上可以认为，其绝缘结构不存在沿长度方向分布的周期的不均匀性，但是实际上往往因加工工艺和材料的不均匀性，使其存在以螺旋节距（或几倍于螺旋节距）不断重复的周期性的阻抗变化，因而在式（4-73）所算出频率下出现很大的反射，从而影响电缆的使用。

4.11 同轴射频电缆的最佳结构

在干线同轴电缆中主要的要求之一是衰减小，因而应在衰减最小的情况下求出内、外导体的最佳比值。对于同轴射频电缆，则因使用上的要求不同（如要求衰减最小、工作电压最高或传输最大功率），而有不同的最佳比值。而波阻抗的大小又与最佳比值有关，因此成为电缆设计中的一个重要基本参数。

4.11.1 衰减最小时的最佳直径比

由于内、外导体所用材料及结构的不同，最佳直径比不同，因而衰减最小时的最佳阻抗值也将不同。对于内、外导体用相同材料及为理想圆柱结构时，最佳直径比$\frac{D}{d}=3.6$，此时最佳阻抗（Ω）为

$$Z_C = \frac{60}{\sqrt{\varepsilon_D}}\ln 3.6 = \frac{77}{\sqrt{\varepsilon_D}} \tag{4-75}$$

4.11.2 额定电压最大时的最佳直径比

如果同轴射频电缆的绝缘介质可以承受的最大电场强度为 E_{max}，其最大额定工作电压相应于内导体表面达到该场强时的电压，它可按式（4-51）给出

$$U = \frac{E_{max}d}{2}\ln\frac{D}{d}$$

设 $x=\frac{D}{d}$，则上式可变为

$$U=\frac{E_{\max}D}{2}\ln\frac{D}{d} \tag{4-76}$$

当 D 不变时，将式（4-76）对 x 求导数，可求得额定电压最大时的最佳直径比的条件是

$$\ln x=1 \qquad 即\ x=\frac{D}{d}=2.72$$

耐压最大时的最佳阻抗（Ω）为

$$Z_{\mathrm{C}}=\frac{60}{\sqrt{\varepsilon_{\mathrm{D}}}}\ln 2.72=\frac{60}{\sqrt{\varepsilon_{\mathrm{D}}}} \tag{4-77}$$

4.11.3　额定峰值功率最大时的最佳直径比

额定峰值功率由式（4-56）给出

$$P_{峰}=\frac{U_{\max}^2}{2Z_{\mathrm{C}}}$$

将 $U=\frac{E_{\max}d}{2}\ln\frac{D}{d}$ 及 $Z_{\mathrm{C}}=\frac{60}{\sqrt{\varepsilon_{\mathrm{D}}}}\ln\frac{D}{d}$ 代入上式，并设 $x=\frac{D}{d}$，则可得

$$P_{峰}=\frac{E_{\max}^2\sqrt{\varepsilon_{\mathrm{D}}}D^2}{480}\frac{1}{x^2}\ln x \tag{4-78}$$

用式（4-78）对 x 求导，并使 $\frac{\mathrm{d}P}{\mathrm{d}x}=0$，可求得最佳直径比为

$$\frac{\mathrm{d}P_{峰}}{\mathrm{d}x}=\frac{E_{\max}^2\sqrt{\varepsilon_{\mathrm{D}}}D^2}{480}\left(-\frac{1}{x^3}\right)(2\ln x-1)=0$$

$$2\ln x=1,\ln x=\frac{1}{2},x=\frac{D}{d}=1.65$$

由此，额定峰值功率最大时的最佳阻抗（Ω）为

$$Z_{\mathrm{C}}=\frac{60}{\sqrt{\varepsilon_{\mathrm{D}}}}\ln 1.65=\frac{30}{\sqrt{\varepsilon_{\mathrm{D}}}} \tag{4-79}$$

4.11.4　额定平均功率最大时的最佳直径比

额定平均功率与衰减常数与热阻有关，即与电缆结构与敷设条件有关。当内、外导体采用铜或其他材料以及为不同结构时，最佳直径比 $\left(x=\frac{D}{d}\right)$ 介于2.3～3.1。$x=2.3$ 是相应于内、外导体为相同材料及理想圆柱体时的数值。

额定平均功率最大时，对于内、外导体用铜及理想圆柱结构，其最佳阻抗（Ω）为

$$Z_{\mathrm{C}}=\frac{60}{\sqrt{\varepsilon_{\mathrm{D}}}}\ln 2.3=\frac{50}{\sqrt{\varepsilon_{\mathrm{D}}}} \tag{4-80}$$

4.11.5　同轴射频电缆波阻抗的取值

从波阻抗公式

$$Z_{\mathrm{C}}=\frac{60}{\sqrt{\varepsilon_{\mathrm{D}}}}\ln\frac{D}{d}$$

可以看出，当取不同的最佳直径比时，波阻抗的数值是不同的。如采用空气绝缘 $\varepsilon_D=1.1$ 及实体聚乙烯绝缘 $\varepsilon_D=2.3$，按式（4-75）、式（4-77）、式（4-79）及式（4-80）计算各种最佳直径比时的波阻抗值见表4-8。

表4-8　各种最佳直径比的波阻抗值

绝缘形式 \ Z_C/Ω \ 最佳直径比	最低衰减 $\frac{D}{d}=3.6$	最大额定电压 $\frac{D}{d}=2.72$	额定峰值功率最大时 $\frac{D}{d}=1.65$	额定平均功率最大时 $\frac{D}{d}=2.3$
空气绝缘 $\varepsilon_D=1.1$	73(73.4)	57(57.2)	29(28.6)	48(47.6)
实体聚乙烯绝缘 $\varepsilon_D=2.3$	50(50.8)	40(39.6)	20(19.8)	33(32.9)

从波阻抗计算公式及表4-8中可以看出，采用不同的最佳直径比及不同绝缘形式时，波阻抗的数值是不同的。使用时如采用这样多的波阻抗值，会给线路匹配、接插件及设备制造带来很多不便。为便于设备制造及使用，必须使波阻抗标准化。现已确定了三种统一的波阻抗等级，作为不同要求下的波阻抗的综合值。

1. 波阻抗标称值为50Ω

这是同轴射频电缆较多采用的波阻抗值。这一波阻抗值兼顾了功率与衰减的最佳条件。在30兆赫以上的频段大多采用50Ω这一等级的波阻抗值。50Ω的同轴接插件是一种较容易制造的规格。

2. 波阻抗标称值为75Ω

这一波阻抗值主要用在要求有低衰减的情况下，如用于视频或脉冲数据传输及大长度电缆系统（如CATV电缆系统）。干线同轴电缆主要是要求低衰减，所以其波阻抗采用75Ω。

3. 波阻抗标称值为100Ω

这一波阻抗值是用在要求有低电容的情况下，如某些脉冲电缆或其他特种用途的电缆。

目前，我国的同轴射频电缆已经统一在这三个波阻抗标准上。

设计电缆时，在选择电缆结构及所用材料时，要进行综合考虑，以求在不同的要求下获得总体优良的电气和机械性能。

4.12　波阻抗不均匀性及驻波

4.12.1　波阻抗不均匀性的概念

当电磁波沿着不均匀线路传输时，在线路阻抗变化处就会产生反射。对于低频信号的传输，由于其相应的波长比电缆制造长度要长得多，所以线路随机分布的各不均匀点的反射波相位可看作相同，而且正、负反射均有可能相互抵消，因此影响甚微。当频率增高后，这种不均性的影响将有所加强。

对于高频对称电缆，当复用频率提高时，线路的波阻抗不均性将对传输质量有所影响。但高频对称电缆的主要作用是要保证有足够的近段串音衰减和远端串音防卫度。随着频率的增高，对称电缆的近段电缆的近段串音衰减和远端串音防卫度均将下降，这种现象限制了对称电缆使用频率的提高。

对于同轴电缆，随着频率的提高，回路的近段串音衰减和远端串音防卫度将增加，因此从这一点来看，扩展沿同轴电缆的传输频率是没有限制的，但当传输频率达到 1 兆赫以上时，即其相应的波长短于电缆制造长度时，电缆的不均匀性对线路传输参数产生了明显的影响。它限制了同轴回路传输频率的扩展。因此，同轴电缆的波阻抗不均匀性就成为传输质量的最重要的质量标准。

绝对均匀的传输线路仅是理论上的假设，而在实际上由于材料、结构尺寸与制造工艺的缺陷和分散性的影响，同轴对波阻抗沿长度的分布是不均匀的，即同轴对存在着波阻抗不均匀性。

4.12.2　波阻抗不均匀性的种类和原因

在同轴电缆线路上有内部（电缆制造长度内）不均匀性、持续不均匀性及机线失配不均匀性三种不均匀性形式。

1. 内部不均匀性

内部不均匀性一般可以分为如下两类：

第一类是以任意幅值沿长度机遇性分布的不均性。在目前几十兆赫以下的频带内，主要是这一类不均匀性。

同轴对内、外导体直径的偏差，它们之间的偏心、椭圆度、沿同轴对长度上的绝缘的不均匀，以及在制造、运输和施工过程中外导体变形所引起同轴回路波阻抗的变化，都属于这一类不均匀性。

第二类是沿电缆长度均匀分布的小量值的周期的不均匀性。它的幅值是由制造工艺本身所决定，因此各周期几乎相等。这一类不均匀性所引起的反射在某些相应的谐振频率上按同相位相加，造成数十兆赫以上个别谐振频率内（该频率下波长的一半与周期性变化的间隔相等）的传输衰减剧变。在目前几十兆以下的传输频率内，这一类不均匀性的影响可以不考虑。

2. 接续不均匀性

当波阻抗不同的两盘电缆进行接续时，也要出现不均匀性。这种在接续点上产生的不均匀性称为接续不均匀性。

3. 机线失配不均匀性

对于同轴电缆的端阻抗和载波机、增音机的输入阻抗不完全匹配，这就在每个增音段的两端或载波机的接续处出现不均匀点，这种不均匀性称为机线失配不均匀性。

4.12.3　不均匀性对传输质量的影响

由于上述原因，同轴回路的波阻抗沿线路是不均匀的，因此电磁波在线路上传输时将发生反射现象。

奇次和偶次反射波的产生如图 4-33 所示，主波沿同轴回路传输时，遇到波阻抗不均匀点就产生反射波，即产生一次反射，这些反射波回到始段的过程中遇到反射不均匀

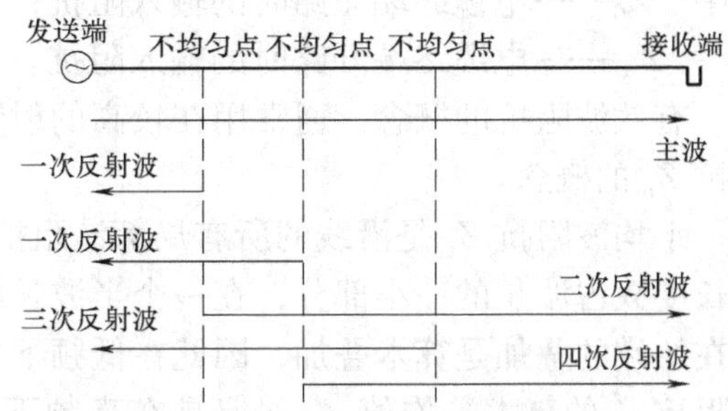

图 4-33　奇次和偶次反射波的产生

点时，又将部分反射回去的这些二次反射波又传输到线路的终端。同样，二次反射波又会引起三次反射波的出现，三次反射波又可引起四次反射波的出现等。

所有奇次反射波都传输到线路的始端，而偶次反射波都传输到线路的终端。由于反射系数 P 值往往是很小的，因此三次及三次以上的能量和一、二次反射波的能量相比是很小的，通常可以忽略不计。

上述到达线路始端的所有奇次反射波之和，即为逆流通量（或称为反向能流）。逆流通量在始端引起输入阻抗的变化，从而引起主波信号功率的变化。输入阻抗对频率不规则的变化产生了衰减频率的波动，因而引起传输信号失真，这对电话通信最为不利。国际电话电报咨询委员会曾建议：对于传输电话的同轴对，在增音端上阻抗（实数部分）频率特性的波动不应超过平均光滑曲线的 ±3%。

在回路上产生的所有偶次反射波之和形成了伴流通量（或称同向能流），它到达到电缆终端，叠加在有用的主波信号上，但在时间上却滞后于主波，这就对主波造成了干扰。在传输电视节目时，这种干扰尤为有害。因为传输图像时，在黑白段的分界上应该有信号的瞬时消失现象。但当存在偶次反射波时，信号的瞬时消失现象就显不出来了，于是在黑白段的分界上就出现影印而导致清晰度下降。为了保证电视信号的传输质量，通常规定整个线路的伴流通量不得大于主波信号的1%。

对称电缆回路不传送电视节目，故一般不考虑伴流的影响。但是当利用对称电缆回路传送脉冲信号时（PCM 通信），由于回路中波阻抗不均匀性产生的伴流会使接收端脉冲的波形畸变，造成信号失真。这时伴流在对称回路中的影响就必须计算和考虑。为了减少伴流在对称电缆回路中的影响，本节所谈到的各种不均匀性，也应当尽量减少，以保证电缆的内部不均匀性小于规定的技术指标。

4.12.4 射频下波阻抗不均匀性的特点

射频电缆在制造时，电缆的导体直径、绝缘外径总是或多或少地存在着偏差，加之可能出现的绝缘偏心及绝缘的介电常数沿长度的变化，因此在实际的电缆线路上每一点的阻抗都不相等。电缆上任意一个截面上的波阻抗称为局部波阻抗 Z_x，此时，由于沿线存在波阻抗不均匀性，即使终端匹配，其输入阻抗不再等于其匹配阻抗之值，这时输入阻抗的数值与频率、电缆长度有关。对于不均匀线路，必须引入一个“有效波阻抗”的概念。

根据国际电工委员会的标准，电缆的有效波阻抗 Z_e 定义为

$$Z_e = \sqrt{Z_0 Z_\infty} \tag{4-81}$$

式中 Z_0——电缆终端短路时的输入阻抗；

Z_∞——电缆终端开路时的输入阻抗。

有效波阻抗的概念，通常用在较高的射频频率下，而在较低的频率下，一般采用平均波阻抗 Z_m 的概念。

平均波阻抗 Z_m 是沿线的所有局部波阻抗 Z_x 的算术平均值。因在低频下，每个不均匀性的长度只占波长的一小部分，在一个半波长的长度内会有很多不均匀点，不均匀性引起的反射在始端的叠加是算术叠加，因此在低频下有效波阻抗 Z_e 实质上就是沿线分布的许多局部波阻抗 Z_x 的算术平均值 Z_m。但是在高频下，由于波长较短，在线路始端出现的总的反射波，不仅取决于沿线各点 Z_x 引起许多内部反射波的大小，而且与它们之间的相位有关。因

此，在高频下线路的有效波阻抗 Z_e 是许多内部局部波阻抗 Z_x 的几何相加。有效波阻抗 Z_e 与平均波阻抗 Z_m 不同，它对于频率的变化是很敏感的，很小的频率变化，往往会引起 Z_e 的很大变化。

图 4-34 所示是内部不均匀性的典型曲线。图 4-34a 是沿线只存在一个阻抗不均匀性；图 4-34b 是沿线存在着周期性的阻抗不均匀性；图 4-34c 是随机分布阻抗不均匀性的情况。

这种输入阻抗随频率的波动是十分有害的，它会使输入到线路的功率及线路的衰减随频率波动。不均匀性的二次反射对传输电视信号的影响较大。因此在制造电缆时，要控制不均匀性，越小越好。

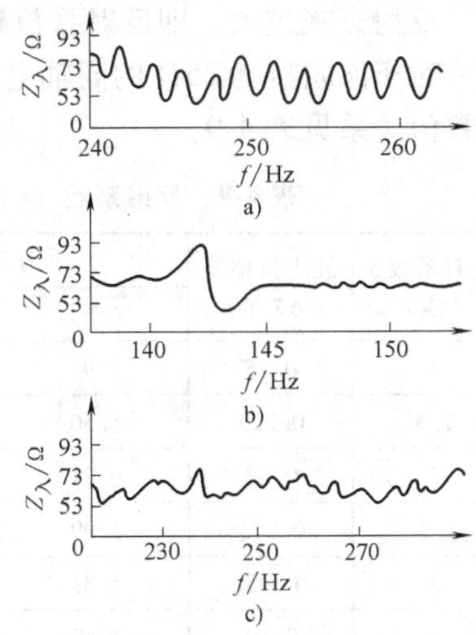

图 4-34　内部不均匀性的典型曲线

4.12.5　阻抗偏差、驻波系数和反射衰减

内部不均匀性的大小可用有效波阻抗 Z_e 与额定波阻抗值之偏差表示，阻抗偏差越大，则反映内部不均匀性越大。

作为射频电缆的内部不均匀性的指标，国际电工委员会曾提出规定，在 2300 ~ 3300 兆赫的频段内，均匀地选取 20 个测试频率，测到的有效波阻抗与额定波阻抗的偏差的方均根值不应该大于额定波阻抗值的 3%。

射频电缆也常采用电缆的输入驻波系数 S 作为内部不均匀性的指标。

驻波系数又叫做驻波比。如果电缆线路上有反射波，它与行波相互作用就会产生驻波，这时线上某些点的电压振幅为最大值 U_{max}，某些点的电压振幅为最小值 U_{min}。最大振幅与最小振幅之比，即 $S=\dfrac{U_{max}}{U_{min}}$，称为驻波系数。驻波系数越大，表示线路上反射波成分越大，也即表示线路不均匀或线路终端失配较大。为控制电缆的不均匀性，要求一定长度的终端匹配的电缆在使用频段上的输入驻波系数 S 不超过某一规定的数值。

阻抗偏差 ΔZ、驻波系数 S 与反射系数 p 之间可以相互换算，其公式为

$$S=\frac{1+p}{1-p}=\frac{2Z_C+\Delta Z}{2Z_C-\Delta Z} \tag{4-82}$$

式中　p——输入端反射系数。

$$p=\frac{S-1}{S+1}=\frac{\Delta Z}{Z_C(Z_C+\Delta Z)}\approx\frac{\Delta Z}{2Z_C} \tag{4-83}$$

式中　ΔZ——有效波阻抗 Z_e 与额定波阻抗 Z_C 之间的偏差。

电缆中不均匀性的大小，也可用反射衰减来表示。反射系数的倒数的绝对值取对数，称为反射衰减 b_H。

$$b_H=\ln\left|\frac{1}{p}\right|(\text{Np}) \tag{4-84}$$

或

$$b_H=20\lg\left|\frac{1}{p}\right|(\text{dB}) \tag{4-85}$$

反射衰减越大，即反射系数越小，也就是驻波系数越小，表示内部不均匀性越小。

对于波阻抗为75Ω的同轴电缆回路，表示波阻抗不均匀性的三种方式，其p、ΔZ、b_H的数值关系见表4-9。

表4-9 反射系数（p）、波阻抗偏差（ΔZ）与反射衰减（b_H）的数值关系

反射系数p（‰）	波阻抗偏差$\Delta Z/\Omega$	反射衰减b_H		反射系数p（‰）	波阻抗偏差$\Delta Z/\Omega$	反射衰减b_H	
		（奈）	（dB）			（奈）	（dB）
1	0.15	6.91	60.0	5	0.75	5.30	46.0
1.5	0.225	6.50	56.5	5.5	0.825	5.20	45.2
2	0.30	6.21	54.0	6	0.90	5.12	44.4
2.5	0.375	5.99	52.0	7	1.05	4.96	43.1
3	0.45	5.81	50.5	8	1.20	4.83	42.0
4	0.60	5.52	48.0	10	1.50	4.61	40.0

第 5 章　通信电缆回路间的串音

何为串音？在一个回路上传输信号，在另一个回路上或多或少的也能收到这个信号，这种现象就称为串音。串音的大小，一般是用串音衰减（或串音防卫度）来表示的。串音衰减越大，表示在串音过程中能量衰减越大，串音的影响就小，否则串音影响就越严重。

5.1　对称电缆回路间的串音机理及串音参数

5.1.1　等效电路及一次串音参数

串音是由于电路之间的干扰影响造成的。即是由于电磁场作用的结果。这个作用有两部分：电耦合和磁耦合。

1. 电耦合

如图 5-1 所示，当干扰回路 a、b 施加有电压 U_1 时，回路的两根导线将分别带有正、负电荷 $+Q_1$ 和 $-Q_1$，这两个电荷就在其周围产生电场，其一部分电力线将与相邻回路 c、d（受干扰回路）的两根导线相接触，因此在 c、d 之间就引起感应电压 U_2，感应电压 U_2 便在 c、d 导线中产生感应电流 I_2 并沿着这一回路流通，这就是电干扰影响。

a、b 回路的电磁场，虚线为电力线，实线为磁力线。

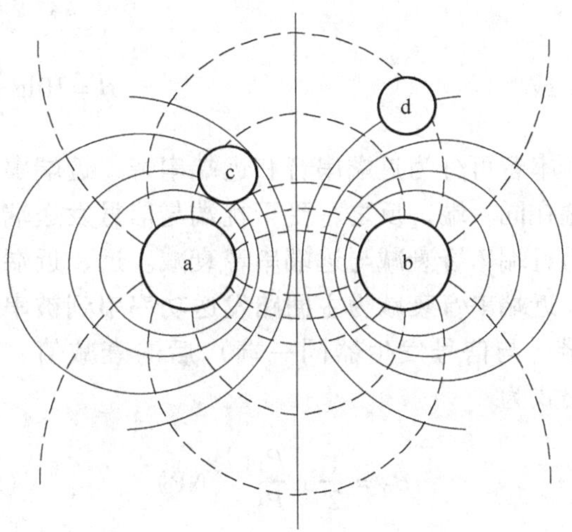

图 5-1　对称回路间相互干扰示意图

电干扰用电耦合 k_{12} 来表示，电耦合 k_{12} 是由受干扰回路中的感应电流 I_2 对干扰回路的电压 U_1 之比所决定。

$$k_{12} = \frac{I_2}{U_1} = g + \mathrm{j}\omega k \qquad (5\text{-}1)$$

式中　g——电耦合的实数部分，即介质耦合；

k——电容耦合。

2. 磁耦合

另一方面，当电流 I_1 沿着干扰回路 a、b 通过时，在回路两根导线周围就存在有磁场。与电场的电力线一样，磁场的一部分磁力线作用到相邻回路的两根导线上，由于这些磁力线切割了导线 c、d，因此就在其中感应出电动势 E_2。这个电动势便在回路 c、d 中引起感应电流 I_2，使回路 c、d 受到干扰，这就是磁干扰影响。

磁干扰用磁耦合 M_{12} 表示，并由受干扰回路的感应电动势 E_2 对干扰回路中电流 I_1 的比值来确定：

$$M_{12}=\frac{E_2}{I_1}=r+\mathrm{j}\omega m \tag{5-2}$$

式中 r——磁耦合的实数部分，即导电耦合；

m——电感耦合。

对称回路间干扰的等值电路如图 5-2 所示。

g、k、r、m 称为对称电缆的一次串音参数。它们的大小是由主串和被串回路的导线相互位置以及所使用材料的质量和工艺过程中的均匀程度所决定的。当结构均匀，位置对称时，可使一次串音参数减小到接近于零。

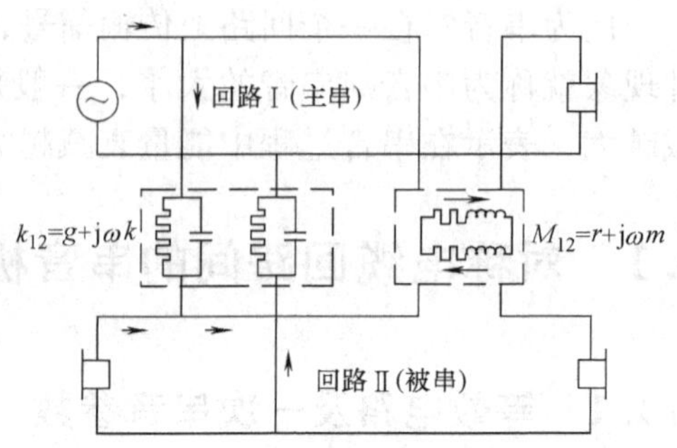

图 5-2 对称回路间干扰的等值电路

5.1.2 二次串音参数

用来表示串音大小的串音衰减和串音防卫度是通信电缆的二次串音参数。二次串音参数是由一次串音参数所决定的。

串音衰减用以表示能量从主串回路串入被串回路时衰减的程度。串音衰减越大，表示在串音过程中，能量衰减越大，串音的影响就越小，反之，串音的影响就越严重。

串音衰减在数值上用主串回路的发送功率 P_1 与串到被串回路中的干扰功率 P_2 之比的对数来表示。即

$$B=\frac{1}{2}\ln\frac{P_1}{P_2}\ (\mathrm{NP}) \tag{5-3}$$

或

$$B=10\lg\frac{P_1}{P_2}\ (\mathrm{dB}) \tag{5-4}$$

串音可分为近端串音和远端串音，近端串音是指被串回路受干扰端与主串回路的信号发送端在同一端，反之，受干扰端与信号发送端不在同一端，则为远端串音。相应地串音衰减分为近端串音衰减与远端串音衰减。远、近端串音衰减示意图如图 5-3 所示。

近端串音衰减为主回路发送功率串到被串回路近端（与信号发生器同一端）后的衰减值。其计算公式为

$$B_0=\frac{1}{2}\ln\frac{P_{10}}{P_{20}}\ (\mathrm{NP}) \tag{5-5}$$

或

$$B_0=10\lg\frac{P_{10}}{P_{20}}\ (\mathrm{dB}) \tag{5-6}$$

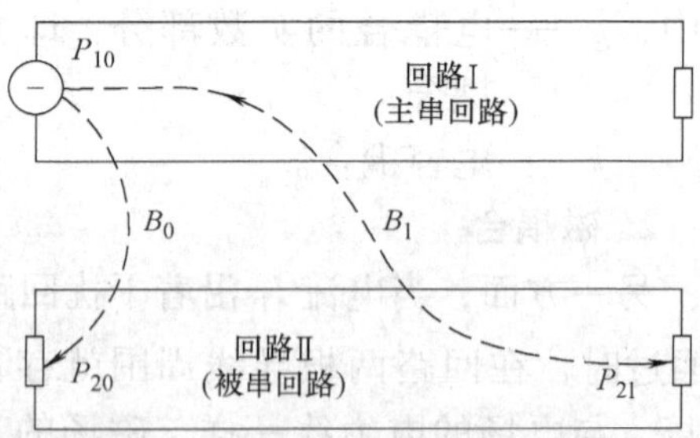

图 5-3 远、近端串音衰减示意图

式中 P_{10}——主串回路的发送功率；

P_{20}——串至被串回路近端的串音功率。

远端串音衰减为主串回路发送功率串到被串回路远端（信号发生器另一端）后的衰减值。其计算公式为

$$B_1 = \frac{1}{2}\ln\frac{P_{10}}{P_{21}}\ (\mathrm{NP}) \tag{5-7}$$

或

$$B_1 = 10\lg\frac{P_{10}}{P_{21}}\ (\mathrm{dB}) \tag{5-8}$$

式中　P_{21}——串至被串回路远端的串音功率。

当主串回路波阻抗为 Z_{C1}、被串回路波阻抗为 Z_{C2} 时，近端与远端串音衰减如用电流或电压表示，则上述分式变为

$$B_0 = \ln\left|\frac{I_{10}}{I_{20}}\right| + \frac{1}{2}\ln\left|\frac{Z_{C1}}{Z_{C2}}\right| = \ln\left|\frac{U_{10}}{U_{20}}\right| + \frac{1}{2}\ln\left|\frac{Z_{C1}}{Z_{C2}}\right|\ (\mathrm{NP}) \tag{5-9}$$

或

$$B_0 = 20\lg\left|\frac{I_{10}}{I_{20}}\right| + 10\lg\left|\frac{Z_{C1}}{Z_{C2}}\right| = 20\lg\left|\frac{U_{10}}{U_{20}}\right| + 10\lg\left|\frac{Z_{C1}}{Z_{C2}}\right|\ (\mathrm{dB}) \tag{5-10}$$

$$B_1 = \ln\left|\frac{I_{10}}{I_{21}}\right| + \frac{1}{2}\ln\left|\frac{Z_{C1}}{Z_{C2}}\right| = \ln\left|\frac{U_{10}}{U_{21}}\right| + \frac{1}{2}\ln\left|\frac{Z_{C1}}{Z_{C2}}\right|\ (\mathrm{NP}) \tag{5-11}$$

或

$$B_1 = 20\lg\left|\frac{I_{10}}{I_{21}}\right| + 10\lg\left|\frac{Z_{C1}}{Z_{C2}}\right| = 20\lg\left|\frac{U_{10}}{U_{21}}\right| + 10\lg\left|\frac{Z_{C1}}{Z_{C2}}\right|\ (\mathrm{dB}) \tag{5-12}$$

式中　I_{10}——主串回路发送端的电流；

U_{10}——主串回路发送端的电压；

I_{20}——串入被串回路近端的串音电流；

U_{20}——串入被串回路近端的串音电压；

I_{21}——串入被串回路远端的串音电流；

U_{21}——串入被串回路远端的串音电压。

当主串回路和被串回路波阻抗相同时，则

$$B_0 = \ln\left|\frac{I_{10}}{I_{20}}\right| = \ln\left|\frac{U_{10}}{U_{20}}\right|\ (\mathrm{NP}) \tag{5-13}$$

或

$$B_0 = 20\lg\left|\frac{I_{10}}{I_{20}}\right| = 20\lg\left|\frac{U_{10}}{U_{20}}\right|\ (\mathrm{dB}) \tag{5-14}$$

$$B_1 = \ln\left|\frac{I_{10}}{I_{21}}\right| = \ln\left|\frac{U_{10}}{U_{21}}\right|\ (\mathrm{NP}) \tag{5-15}$$

或

$$B_1 = 20\lg\left|\frac{I_{10}}{I_{21}}\right| = 20\lg\left|\frac{U_{10}}{U_{21}}\right|\ (\mathrm{dB}) \tag{5-16}$$

在通信中，串音的程度直接影响着传输质量，但如果只用串音衰减的大小来表示，则不够全面。因为串音功率影响通话时，其影响的程度取决于接收的有用信号功率和串音信号功率相对的大小。因此，如果串音功率虽大，但接收的有用信号功率比它大得多，相对来说串音影响并不大；相反，若串音功率虽小，但接收的有用信号功率也很小，甚至接近串音功率，则影响就大了。所以实践中广泛采用串音防卫度 B_{12} 这一概念来表示串音影响的程度。

在通信工程中常用的串音防卫度是指远端串音防卫度。

远端串音防卫度为被串回路远端（接收端）收到的信号电平 $p_{信}$ 与串到该接收端的串音电平 $p_{串}$ 之差，即

$$B_{12} = p_{信} - p_{串} = (p'_{10} - \alpha_2 l) - (p_{10} - B_1)$$

式中　p_{10}——主串回路发送端的发送电平；

p'_{10}——被串回路发送端的发送电平；

$\alpha_2 l$——被串回路的固有衰减；

B_1——主串到被串的远端串音衰减。

当主被串回路相同（$\alpha_1=\alpha_2=\alpha$）及发送电平相同（$p'_{10}=p_{10}$）时，远端串音防卫度为

$$B_{12}=B_1-\alpha l$$

如果用对数表示，则为

$$B_{12}=\frac{1}{2}\ln\frac{P_{10}}{P_{21}}-\frac{1}{2}\ln\frac{P_{10}}{P_{11}}=\frac{1}{2}\ln\frac{P_{11}}{P_{21}}\ (\text{NP}) \tag{5-17}$$

式中　P_{11}——主串回路远端接收到的信号功率。

如果用电压来表示

$$B_{12}=\ln\left|\frac{U_{11}}{U_{21}}\right|\ (\text{NP}) \tag{5-18}$$

或

$$B_{12}=20\lg\left|\frac{U_{11}}{U_{21}}\right|\ (\text{dB}) \tag{5-19}$$

远端串音防卫度的测试即根据式（5-18）或式（5-19）进行。

一次串音参数和二次串音参数都是用以表征回路间干扰的参数。一次串音参数主要用来研究数十千赫兹下的短电缆（约为制造长度）的干扰，此时它可反映出在一次串音参数中哪些是起主要作用的。在研究高频电缆或长电缆线路中的串音时，一次串音参数很难确定，因此就用二次串音参数来衡量串音的程度。

一次串音参数（电磁耦合）与二次串音参数（串音衰减）与下列因素有关，即主串回路与被串回路间的相互位置、通信方式、绞合方式、结构上（无论是沿电缆长度，还是沿电缆截面）的均匀程度及所用材料的质量等，还与电缆的长度和传输信号的频率有关。

5.2 制造长度对称电缆回路的串音衰减和防卫度

通信电缆线路都是由许多制造长度为数百米的短电缆经过适当连接而成的，因此，要研究远距离通信线路间的相互干扰影响，就离不开对制造长度短电缆回路间干扰的研究。这不仅是因为线路间的干扰就其本质上几乎是一样的，而且前者是以后者为基础的，另外，对于直接生产电缆的制造厂商来说，这种研究更有重要意义。

由于制造长度对称电缆比较短（大多是数百米），可以认为电流和电压沿着这样的线路传输时不发生任何变化，可不考虑相移和衰减。在研究一回路对另一回路的干扰时，可不考虑相反的第二次影响，因为这些影响较其前一次影响要小得多，可以略去不计，在干扰回路和被干扰回路两端都是匹配负载，并等于线路的特性阻抗 Z_C。

5.2.1 制造长度对称电缆串音衰减的确定

为了方便，先把图 5-4 所示的电耦合和磁耦合这两种情况分别来研究。

图 5-4a 表示在干扰回路 I 的电压 U_1 的作用下，由电耦合引起的干扰电流的流向；

图 5-4b 表示在干扰回路 I 的阻抗 Z_1 的作用下，由磁耦合引起的干扰电流的流向。

由电耦合而串到第Ⅱ回路中的电流 I_k，其中有一部分流向回路的近端（始端），另一部

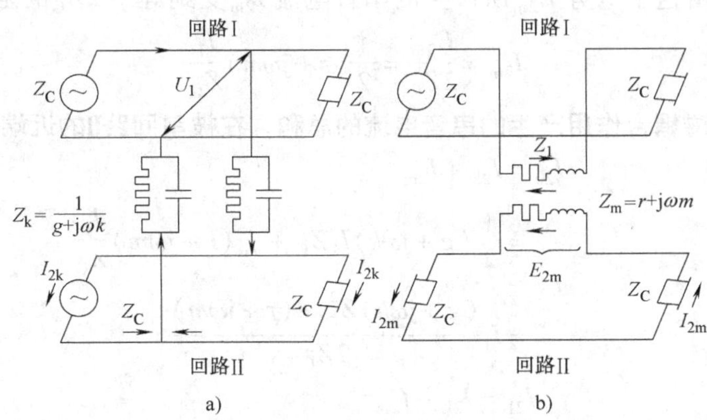

图5-4　由电、磁耦合引起的干扰电流的流向

a）电耦合　b）磁耦合

分流向回路的远端（终端），由磁耦合产生的磁耦合电流 I_{2m} 将依次流过回路的近端和远端。因此，总的干扰结果是，在被干扰回路Ⅱ的近端和远端同时有两种干扰电流流过：电耦合电流和磁耦合电流，而且流过回路Ⅱ近端的将是这两种电流之和；反之，流过远端的则是两种电流之差。所以，远端的干扰影响也就要比近端的小。以下是具体计算。

1. 电耦合引起的串音电流 I_{2k}

总的耦合电流 I_k，从回路Ⅰ到达回路Ⅱ的过程中，会遇到由电耦合阻抗 Z_k 和 $Z_C/2$ 相串联的阻抗 Z，其中

$$Z_k=\frac{1}{g+j\omega k}$$

则

$$Z=Z_k+\frac{Z_C}{2}$$

所以

$$I_k=\frac{U_1}{Z}=\frac{U_1}{\frac{1}{g+j\omega k}+\frac{Z_C}{2}}=\frac{I_1Z_C}{\frac{1}{g+j\omega k}+\frac{Z_C}{2}} \tag{5-20}$$

式中，I_1 和 U_1 是主串回路（干扰回路）的电流和电压。

由于 $Z_k>>Z_C/2$，因此，上式中略去 $Z_C/2$ 后可得

$$I_k=(g+j\omega k)I_1Z_C$$

则流向回路Ⅱ近端和远端的串音电流 I_{2k} 则等于 $I_k/2$

$$I_{2k}=\frac{1}{2}I_k=\frac{1}{2}(g+j\omega k)I_1Z_C \tag{5-21}$$

2. 磁耦合电流 I_{2m}

由磁耦合在回路Ⅱ中产生的感应电势 E_{2m} 由下面的方程决定

$$E_{2m}=I_1Z_m=I_1(r+j\omega m)$$

式中　Z_m——磁耦合阻抗（$=M_{12}$）；

I_1——回路Ⅰ的电流。

在回路Ⅱ中，由这个电势 E_{2m}所产生的串音电流 I_{2m}受到等于 $2Z_C$的阻抗，从而

$$I_{2m}=\frac{E_{2m}}{2Z_C}=\frac{1}{2}(r+j\omega m)\frac{I_1}{Z_C} \tag{5-22}$$

3. 由电耦合和磁耦合作用产生的串音电流的总和，在被串回路Ⅱ的近端和远端分别等于

近端

$$\begin{aligned}I_{20}&=I_{2k}+I_{2m}\\&=\frac{1}{2}(g+j\omega k)I_1Z_C+\frac{1}{2}(r+j\omega m)\frac{I_1}{Z_C}\\&=I_1\frac{(g+j\omega k)Z_C^2+(r+j\omega m)}{2Z_C}\end{aligned} \tag{5-23}$$

远端

$$\begin{aligned}I_{21}&=I_{2k}-I_{2m}\\&=I_1\frac{(g+j\omega k)Z_C^2-(r+j\omega m)}{2Z_C}\end{aligned} \tag{5-24}$$

4. 利用上述结果，可以得到制造长度对称回路间的串音衰减计算公式近端串音衰减为

$$B_o=\ln\left|\frac{I_1}{I_{20}}\right|=\ln\left|\frac{2Z_C}{(g+j\omega k)Z_C^2+(r+j\omega m)}\right| \tag{5-25}$$

远端串音衰减为

$$B_1=\ln\left|\frac{I_1}{I_{21}}\right|=\ln\left|\frac{2Z_C}{(g+j\omega k)Z_C^2-(r+j\omega m)}\right| \tag{5-26}$$

经适当变换后，式（5-25）和式（5-26）可简单表示如下

$$B_o=\ln\left|\frac{2}{\omega Z_C N}\right|\ (\text{NP}) \tag{5-27}$$

$$B_1=\ln\left|\frac{2}{\omega Z_C F}\right|\ (\text{dB}) \tag{5-28}$$

其中：

$$N=\left(\frac{g}{\omega}+jk\right)+\frac{\left(\frac{r}{\omega}+jm\right)}{Z_C^2} \tag{5-29}$$

$$F=\left(\frac{g}{\omega}+jk\right)-\frac{\left(\frac{r}{\omega}+jm\right)}{Z_C^2} \tag{5-30}$$

数值 N 和 F 分别称为电缆回路近端和远端的电磁耦合系数。

式（5-27）和式（5-28）可以确定制造长度对称电缆中电耦合和磁耦合干扰电流串音衰减的总和值，此公式表明了传输电流的角频率 ω 越高，电缆的特性阻抗 Z_C越大，电磁耦合系数 N 和 F 越大，串音衰减越小。

5.2.2 串音防卫度

同样，串音防卫度在数值上等于线路远端串音衰减与线路固有衰减之差：

$$B_{12}=B_1-\alpha l \tag{5-31}$$

但是，根据在制造长度内可以认为电压和电流沿着线路传输时没有衰减，即 $\alpha=0$。因

此，上式应为

$$B_{12}=B_1=\ln\left|\frac{2}{\omega Z_C F}\right| \tag{5-32}$$

式（5-32）表明，在短段的制造长度对称电缆中，串音防卫度可看作等于电缆的远端串音衰减。这一点，尤其对单位长度（1000m 以内）的制造长度对称电缆来讲，实践证明是基本正确的。

5.3　对称电缆电磁耦合的分析与计算

在串音衰减的计算中，提到了近端和远端的电磁耦合系数 N 和 F，这两个系数都包含有电耦合 k_{12} 和磁耦合 M_{12} 所表示的 g、k、r、m 四个参数，那么，这四个参数到底表示何种意义，在具体计算中，它们又是如何确定的呢？

电缆线路的特性阻抗 Z_C 和传播常数 γ 一般称为线路的二次传输参数，而 R、L、C、G 则称为电缆线路的一次传输参数。与此相似的，在电缆线路间的相互干扰方面，g、k、r、m 就表示了线路间的一次干扰参数，B_o、B_1、B_{12} 为线路间的二次干扰参数。

5.3.1　电容耦合 k

电容耦合 k 表示主串回路（干扰回路）与被串回路（被干扰回路）间的部分电容不平衡的结果。

如图 5-5 所示，设导线①、②为主串回路，导线③、④为被串回路。各线芯间存在介质，相当于四只有损电容器。图中 C_{13}、C_{14}、C_{23}、C_{24} 为导线间的部分电容，g_{14}、g_{13}、g_{23}、g_{24} 是线芯间等效的介质损耗电导。由图 5-5 可见，它相当于一个电桥，如果两回路结构完全对称，即所有部分电容及等效介质损耗电导相同，则相当于电桥处于平衡状态，因此两回路不会产生感应电流。如果结构不对称，介质本身电气特性不均匀，绝缘厚度不同，或者某些变形，则部分电容和等效介质损耗电导之间便不同，致使电桥不平衡，在被串回路中产生感应电流。

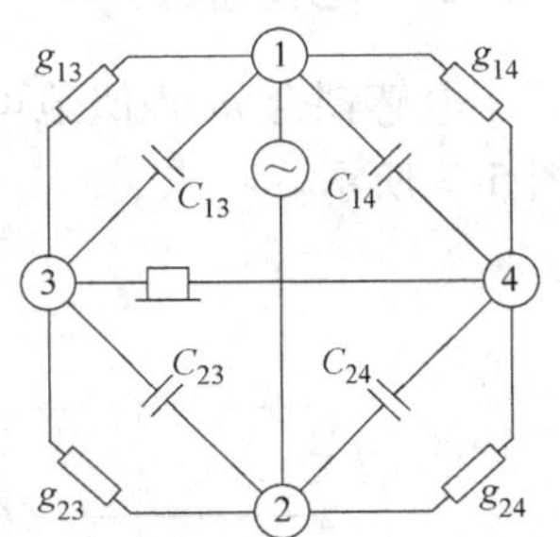

图 5-5　电耦合的等效电桥

电容耦合值可表示为

$$k=\frac{(C_{13}+C_{24})-(C_{14}+C_{23})}{4} \tag{5-33}$$

在电缆的测量技术中，实际应用的不是电容耦合 k，而是电容耦合系数 k_1。即

$$k_1=4k=(C_{13}+C_{24})-(C_{14}+C_{23}) \tag{5-34}$$

若用 r 表示导线的半径，而以 a_{13}、a_{14}、a_{23}、a_{24} 分别表示导线①-③、①-④、②-③、②-④中心间的距离（见图 5-6），通过静电场理论的计算，可求得电容耦合 k 与几何尺寸间的关系。

$$k=\frac{\pi\varepsilon_D}{2}\frac{\ln\dfrac{a_{14}a_{23}}{a_{13}a_{24}}}{\ln\dfrac{a_{12}}{r}\ln\dfrac{a_{34}}{r}} \tag{5-35}$$

5.3.2 介质耦合 g

介质耦合（或称电耦合的实数部分）是由介质内能量损耗的不平衡决定的。

当电缆导线中通过交流电流时，介质便产生能量损耗，在这种情况下，四线组内部的干扰现象可看成是由环绕电缆导线的介质内的等效能量损耗 g_{13}、g_{23}、g_{14}、g_{24} 所组成的电桥不平衡而引起的，如图 5-5 所示。

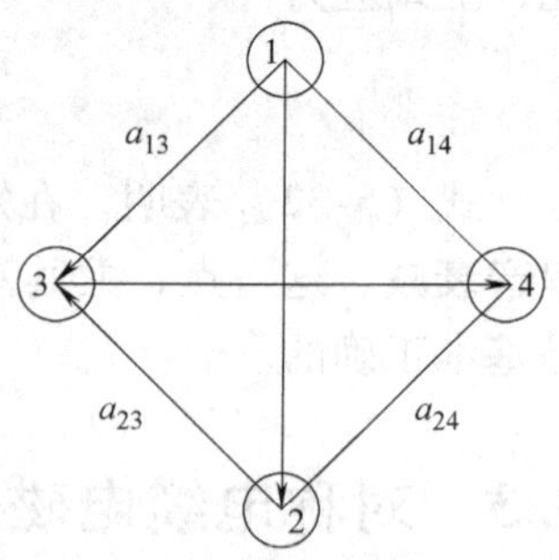

图 5-6 导线间位置距离

介质中的能量损耗与绝缘电导 G 成正比，如果介质的电气性能不均匀，或导线绝缘的厚度不相等，或电缆在同位置上发生了变形等，都会使介质中的部分损耗 g_{13}、g_{23}、g_{14}、g_{24} 不相等。这就破坏了电桥的平衡，从而造成了回路间能量相互转移。这种不平衡是以介质耦合系数 g_1 来表示的：

$$g_1 = (g_{13} + g_{24}) - (g_{14} + g_{23}) \tag{5-36}$$

与电容耦合一样，可得到电缆的介质耦合如下：

$$g = \frac{(g_{13} + g_{24}) - (g_{14} + g_{23})}{4} = \frac{g_1}{4} \tag{5-37}$$

5.3.3 电感耦合 m

电感耦合 m 相似地可依照变压器原理作用的部分电感组成的电桥不平衡性来说明，如图 5-7 所示。

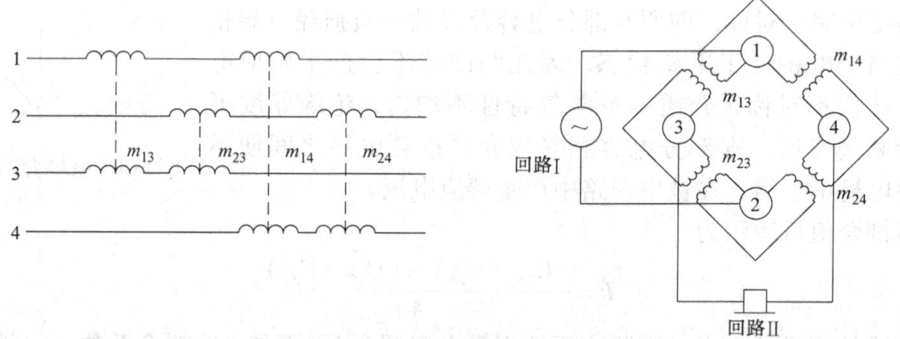

图 5-7 部分电感组成的电桥

在这里没有电荷关系，只有磁通关系，由图 5-7 可知，电桥平衡的条件是：

$$(m_{14} + m_{23}) - (m_{13} + m_{24}) = 0 \tag{5-38}$$

但是，实际上是不可能平衡的。因为电缆中存在着回路结构不对称，介质本身电气特性不均匀，绝缘厚度不同，或者某些变形。电感耦合 m 就是说明了电桥的这种失调，能量由主串回路 I 传到被串回路 II 中去的程度。

$$m = (m_{14} + m_{23}) - (m_{13} + m_{24}) \tag{5-39}$$

如果利用磁场理论对两个双线回路间的互感进行计算，就可以得到上述两个回路间的电感耦合 m 与导线间几何尺寸的关系式：

$$m = \frac{\mu}{2\pi}\ln\frac{a_{14}a_{23}}{a_{13}a_{24}} \tag{5-40}$$

5.3.4 导电耦合 r

导电耦合或称磁耦合的实数部分是由于涡流作用发生在金属中的能量损耗不平衡而引起的。

当交流电流通过电缆回路时，在相邻的导线中由于交变磁场的作用将会感应出涡流电流，从而产生额外的能量损耗。这种损耗也同样会发生在电缆的屏蔽中，或铅皮层中以及其他金属部分中。

在对称四线组中，这种损耗同样可以用类似电感耦合的电桥来表示，当某一回路对另一回路的导线和金属层的相对位置不对称时，以及使用了不同线径和不同电气特性的导线，都会导致涡流损耗的不平衡，从而表现为由 r_{14}、r_{23}、r_{24}、r_{13} 组成的电桥失调，这种失调可用导电耦合来表示。磁耦合的等效电桥如图 5-8 所示。

$$r = (r_{14} + r_{23}) - (r_{13} + r_{24}) \tag{5-41}$$

各导线在有效电阻方面，以及在相邻回路、屏蔽层、铅包层和其他金属部分中的涡流损耗方面的差别越大，这种实数耦合就越大。

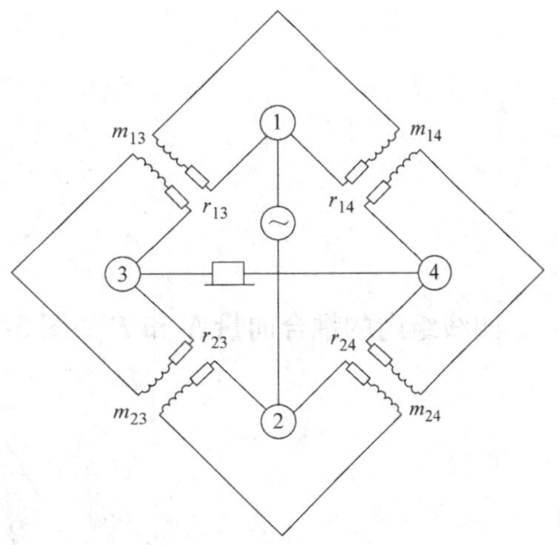

图 5-8 磁耦合的等效电桥

g、k、r、m 称为对称电缆的一次串音参数，以上列出了它们与相应部分值之间的关系，而相应的部分值都是不知道的，所以一次串音参数是无法根据其相应的部分值来进行计算。但这些关系式还是有一定的实际意义的。

根据耦合产生的原因，对称电缆的电磁耦合可分为机遇性耦合和系统性耦合。机遇性耦合是由于电缆的原材料不均匀及在制造过程中所造成的结构不均匀所引起的。在理想情况下，一切都是均匀的，机遇性耦合应该为零。通过严格控制原材料的质量及制造工艺可以使机遇性耦合减小到很小。系统性耦合是由于电缆固有结构所造成的，比如组内系统性耦合就是通过金属层和四线组线束所形成的第三回路产生的，不能由提高原材料和工艺的均匀性来降低，即使在电缆结构的理想情况下也是存在的。

应当指出，在对称回路间的相互干扰中，上列四个耦合分量，其中起主要作用的是 k 和 m 这两个分量。而实数耦合分量 r 和 g 一般都是很微小的。如果是低频电缆，电缆回路间的电耦合和磁耦合的有功分量均可忽略不计，而电感耦合的作用量比起电容耦合来也可忽略不计，因此电缆的串音在低频时直接决定于电容耦合 k，而且近端电磁耦合系数和远端电磁耦合系数也可看做相等，这时 $N \approx F \approx k$。因此，在低频下电容耦合（测量值）k_1 与串音衰减有着直接的关系，为了便于测试，对于低频电缆的串音性能可以仅规定电容耦合值，而不规定串音衰减（串音防卫度）值。

5.4 电磁耦合系数及频率的关系

在对一次干扰参数有了了解之后，就进而讨论电磁耦合系数 N 和 F 以及它们各分量与频率之间的关系。

5.4.1 N、F 对串音衰减的影响

近端和远端电磁耦合系数 N 和 F，可用电耦合系数 k_{C} 和磁耦合系数 k_{m} 的代数和来表示。

$$
\begin{aligned}
N &= k_{\mathrm{C}} + k_{\mathrm{m}} \\
&= \left(\frac{g}{\omega} + \mathrm{j}k\right) + \frac{\frac{r}{\omega} + \mathrm{j}m}{Z_{\mathrm{C}}^{2}} \\
&= \frac{k_{12}}{\omega} + \frac{m_{12}}{\omega Z_{\mathrm{C}}^{2}}
\end{aligned} \tag{5-42}
$$

$$
\begin{aligned}
F &= k_{\mathrm{C}} - k_{\mathrm{m}} \\
&= \left(\frac{g}{\omega} + \mathrm{j}k\right) - \frac{\frac{r}{\omega} + \mathrm{j}m}{Z_{\mathrm{C}}^{2}} \\
&= \frac{k_{12}}{\omega} - \frac{M_{12}}{\omega Z_{\mathrm{C}}^{2}}
\end{aligned} \tag{5-43}
$$

四线组内的耦合向量 N 和 F 如图 5-9 所示。

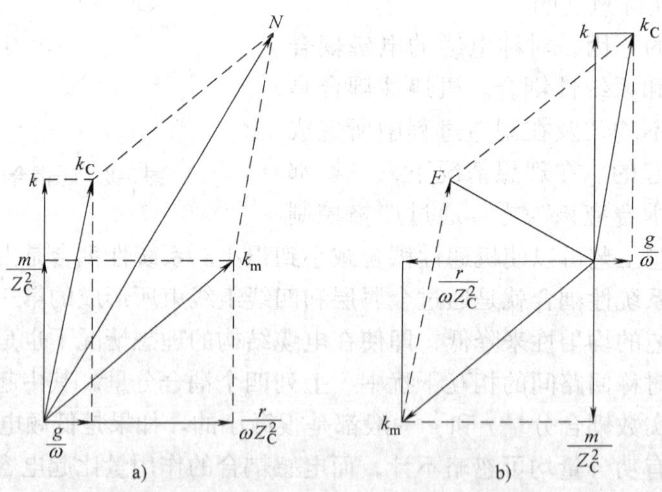

图 5-9 四线组内的耦合向量 N 和 F

a）近端 b）远端

电缆四线组内远端和近端耦合系数见表 5-1。

表 5-1　电缆四线组内远端和近端耦合系数

样品 f/kHz	I		II		III	
	N	F	N	F	N	F
1	$0.7^{\angle +100^0}$	$0.7^{\angle +90^0}$	$0.25^{\angle -63^0}$	$0.2^{\angle -79^0}$	$2.2^{\angle +95^0}$	$2.8^{\angle +96^0}$
10	$1.1^{\angle +113^0}$	$0.3^{\angle +17^0}$	$0.52^{\angle -90^0}$	$0.16^{\angle +14^0}$	$4.5^{\angle +108^0}$	$1.7^{\angle +42^0}$
20	$1.38^{\angle +102^0}$	$0.25^{\angle -37^0}$	$0.35^{\angle -92^0}$	$0.09^{\angle 0^0}$	$5.4^{\angle +102^0}$	$1.0^{\angle +16^0}$
60	$1.7^{\angle +94^0}$	$0.15^{\angle -68^0}$	$0.42^{\angle -104^0}$	$0.06^{\angle 0^0}$	$6.8^{\angle +106^0}$	$1.1^{\angle +0^0}$

如果把 N 和 F 的实部与虚部分开表示：

$$N=\left(\frac{g}{\omega}+\frac{r}{\omega Z_{\mathrm{C}}^{2}}\right)+\mathrm{j}\left(k+\frac{m}{Z_{\mathrm{C}}^{2}}\right) \tag{5-44}$$

$$F=\left(\frac{g}{\omega}-\frac{r}{\omega Z_{\mathrm{C}}^{2}}\right)+\mathrm{j}\left(k-\frac{m}{Z_{\mathrm{C}}^{2}}\right) \tag{5-45}$$

则

$$|N|=\sqrt{\left(\frac{g}{\omega}+\frac{r}{\omega Z_{\mathrm{C}}^{2}}\right)^{2}+\left(k+\frac{m}{Z_{\mathrm{C}}^{2}}\right)^{2}} \tag{5-46}$$

$$|F|=\sqrt{\left(\frac{g}{\omega}-\frac{r}{\omega Z_{\mathrm{C}}^{2}}\right)^{2}+\left(k-\frac{m}{Z_{\mathrm{C}}^{2}}\right)^{2}} \tag{5-47}$$

在低频范围内，耦合影响主要决定于电耦合 k，此时 $|N|$ 和 $|F|$ 将相等，并且 $|N|=|F|=k$ 表 5-2 中列出了 32×2 型纸绝缘电缆对称四线组内部和组间 $|N|$ 和 $|F|$ 多次测量的平均值，清楚地表明了在四线组内部的 $|N|$ 要比 $|F|$ 大得多，四线组内部的耦合系数大于四线组之间的耦合系数，因而四线组内部的干扰影响最危险。这一点在图 5-10 所示的制造长度中四线组内和四线组间的串音衰减（典型情况）中同样得到证明。

表 5-2　32×2 型纸绝缘电缆对称四线组内部和组间系数 $|N|$ 和 $|F|$

f/kHz	四线组内		四线组间	
	$\|N\|$	$\|F\|$	$\|N\|$	$\|F\|$
5	11.0	1.5	0.5	0.8
10	12.6	0.7	0.2	1.0
20	13.5	0.75	0.1	1.1
30	13.9	1.0	0.2	1.1
40	14.3	1.4	0.4	1.0
50	15.4	1.8	0.7	0.9
60	17.7	2.1	1.0	0.9
70	20.1	3.1	1.5	0.89
80	22.5	4.6	2.0	0.70

综上所述，可得到这样的结论：各四线组之间的串音衰减比四线组内的串音衰减大

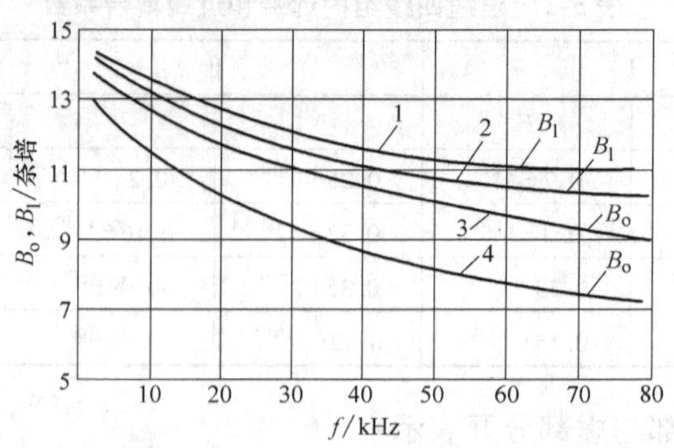

图5-10 制造长度中四线组内和四线组间的串音衰减（典型情况）

1、3—四线组间 2、4—四线组内

（约大1~4奈培）；远端串音衰减明显大于近端衰减，这在四线组内部尤为突出；串音衰减将随频率增加而减少。

利用式（5-27）和式（5-28）可得到串音衰减与远、近端耦合系数的关系。

$$B_l - B_o = \ln\left|\frac{2}{\omega Z_C F}\right| - \ln\left|\frac{2}{\omega Z_C N}\right| = \ln\left|\frac{N}{F}\right| \quad (5\text{-}48)$$

5.4.2 耦合系数与频率的关系

图5-11绘出了在70kHz以下的频率范围内，磁耦合实数部分 r，电耦合实数部分 g，电容耦合 k 及电感耦合 m 与频率的特性关系。

图5-12表示了4×4型聚苯乙烯绝缘电缆内耦合百分比随频率变化的特征，而图5-13则表示了比值 $\left|\frac{k_C}{k_m}\right|$ 与频率的关系。

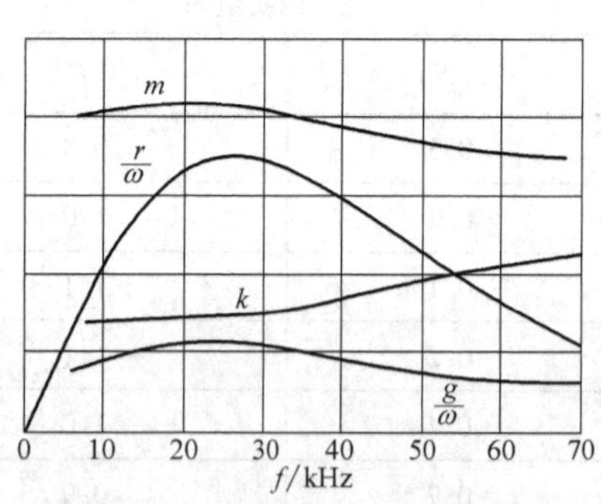

图5-11 耦合系数的频率变化特性图

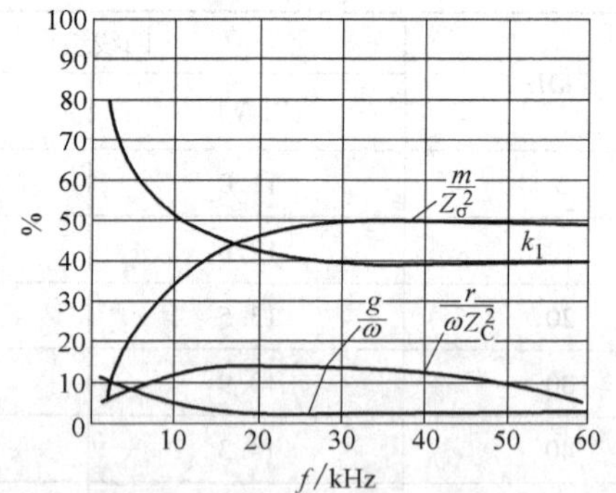

图5-12 电缆四线组内耦合百分比随频率变化的特征

对以上所测的图表分析如下：

1）在音频时（小于10kHz）电容耦合是电感耦合的6~10倍，然后随频率的增高，它们之间的比例关系便改变了。当频率接近20kHz时，电感耦合在数值上已经和电容耦合几

乎相等，只是在以后才稍微超过一些（在四线组中当频率为 60 ~ 80kHz 时，比值 $\left|\frac{k_C}{k_m}\right|$ 为 0.7 ~ 0.9）。以 10kHz 开始比值 $\left|\frac{k_C}{k_m}\right|$ 平均等于 1。四线组内电磁耦合系数与频率的关系如图5-14。

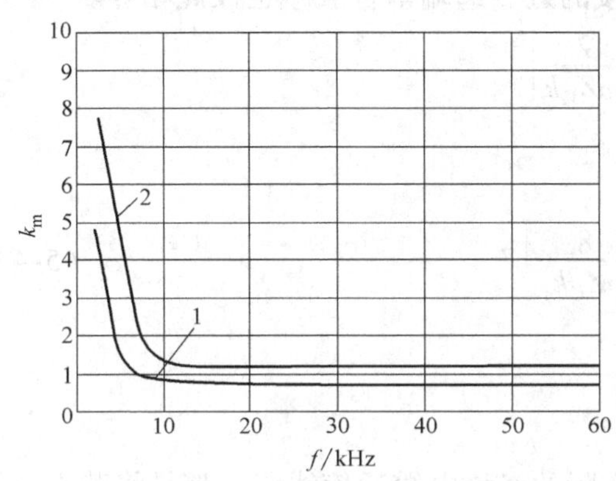

图 5-13　电容和电感耦合之比与频率的关系
1—四线组内　2—四线组间

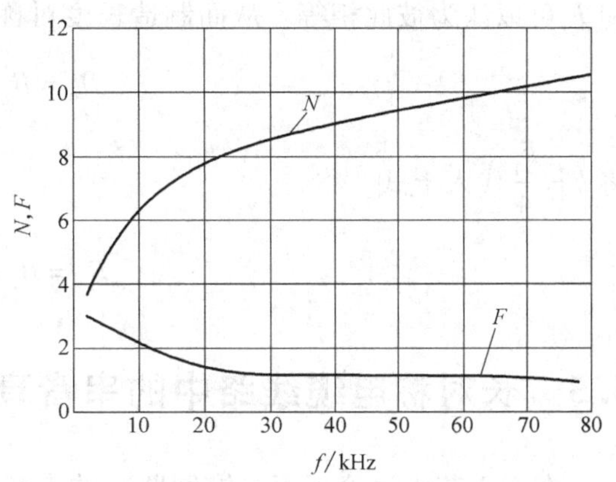

图 5-14　四线组内电磁耦合系数与频率的关系

2）随着频率的增长，耦合（特别是磁耦合）的实数部分的作用将显著地增大（在直流时，它们都等于零）。

电耦合的实数部分$\left(介质耦合\frac{g}{\omega}\right)$比较小，在聚苯乙烯绝缘的电缆中则更小，这是由于聚苯乙烯的介质损耗系数 $\tan\delta$ 很小，而产生的介质损耗也就很小。在许多试验样品中测得的耦合实数部分与虚数部分的比率的平均值大致为

$$\frac{g}{\omega}/k = 0.1 \sim 0.2$$

$$\frac{g}{\omega}/m = 0.2 \sim 0.4$$

3）耦合各分量与频率的关系。

电容耦合 k 随频率的增高稍微增大，这在纸绝缘电缆内特别明显。显然，这种耦合的变化是与介电系数 ε 的频率特性有关。

电感耦合 m，从 $f = 10 \sim 20$kHz 均匀地减小。这是因为在所测量的回路间，随着频率的增大，对邻近线组或电缆其他金属部分（铅皮等）邻近效应作用的原因。

磁耦合的实数部分$\frac{r}{\omega}$，随着频率的增大，从零（直流时）开始增大，在 $f = 15 \sim 30$kHz 时，将达到最大值，然后又将慢慢下降。这是因为在涡流损耗极大时，涡流的不平衡很不明显。

电耦合的实数部分$\frac{g}{\omega}$，只有在交流时才开始作用，并在某频率时达到最大值。这种情况显然与所用介质材料本身的特性是有关系。在聚苯乙烯绝缘的电缆内，其最大值出现在音频

范围内，而纸绝缘电缆则是出现在 30～40kHz 范围内。

通过以上分析，可得到这样的结论：在长途通信电缆高频作用时，为了要保证干扰防卫度达到要求，必须考虑耦合的各个部分；但是在低频范围内，由于电容耦合系数的影响，所占的比重突出，所以对低频使用的电缆，只要考虑电容耦合系数就够了。这也就是在一般对称电缆的制造中，通常以测量其 k_1 值来控制串音衰减的原因。在这种情况下，耦合系数 N 和 F 可以认为彼此相等。从而制造长度对称电缆段的近、远端串音衰减也彼此相等。

$$B_o = B_l = \ln\left|\frac{2}{\omega Z_C k}\right|$$

将 $k=\frac{k_1}{4}$代入上式，得

$$B_o = B_l = \ln\left|\frac{8}{\omega Z_C k_1}\right| \tag{5-49}$$

5.5 长对称电缆线路中的串音衰减

在 5.2 节中讨论了短电缆回路间的串音。而实际的对称电缆通信线路，都是将若干个短段（制造长度）的电缆连接起来，因此确定长电缆线路回路之间的串音衰减规律是很重要的。

长线路与短线路不同，对于长线路不能忽略衰减和相移，即不能忽略电压及电流沿线路的变化。但长线路是由若干个短段所组成的，长线路总的干扰则为各短段干扰的叠加。

各短电缆段电磁耦合的大小和相位都是随机分布的。从电磁耦合测试结果得知，各短电缆段电磁耦合的分布是遵守正态分布规律的，因此，根据概率论知道，长电缆回路间的总串音电流应为各短电缆段原串音电流的几何和，即

$$I = \sqrt{I_1^2 + I_2^2 + \cdots\cdots + I_n^2} = \sqrt{\sum_{k=1}^{n}(I^k)^2} \tag{5-50}$$

式中 I——回路间总串音电流；

I_1、I_2……——各短段的串音电流。

对于各短电缆段回路间产生单元串音电流的电磁耦合，实际并不相等，但由于各短电缆段电磁耦合的分布符合正态分布规律，为此在研究各短电缆段串音电流时，可用各短电缆段电磁耦合的平均值来代替实际值，即可以认为各短段回路间的近端（或远端）串音衰减是相等的。现在以此假定来研究长电缆线路中串音衰减和线路长度的关系。长电缆回路间的串音如图 5-15 所示。

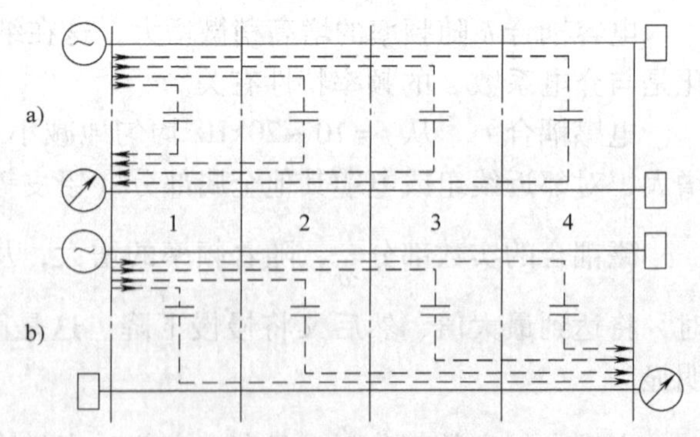

图 5-15 长电缆回路间的串音

a）近端串音 b）远端串音

图 5-15 说明了串入被串回路近端和远端串音电流的差别。对于远端串音，各段串入被串回路的远端的串音电流所经过

的途径是相同的，因而各串音电流到达终端有同样的衰减。对于近端串音，各段串入近端的串音电流的途径是不同的，某一电缆段离始端越近，则这一段串入被串回路近端的串音电流就越大。因此，长电缆线路回路间的近端串音衰减和远端串音衰减是不同的。

5.5.1　近端串音衰减

按电流在线路上的衰减规律，自线路的第 k 段流到被串回路始端的串音电流 I_{20}^{k} 为

$$I_{20}^{k}=I_1 e^{-2\alpha s(k-1)} e^{-B_0} \tag{5-51}$$

式中　I_1——主串回路始端的电流；

$2\alpha s(k-1)$——从线路始端到第 k 段的长度上主串及被串回路总的固有衰减；

B_0——在电缆制造长度上（单元段）主、被串回路间的近端串音衰减值；

s——电缆的制造（短段）长度（km）；

α——衰减常数（奈/km），此处认为两电缆回路的衰减常数相同，且各段也相同。

利用式（5-50）所表示的关系可得被串回路近端的总串音电流为

$$I_{20}=\sqrt{\sum_{k=1}^{n}(I_{20}^{k})^2}=\sqrt{\sum_{k=1}^{n}(I_1 e^{-2\alpha s(k-1)} e^{-B_0})^2}=I_1 e^{-B_0}\sqrt{\sum_{k=1}^{n} e^{-4\alpha s(k-1)}}$$

据此可得长电缆线路的近端串音衰减值

$$B_{on}=\ln\left|\frac{I_1}{I_{20}}\right|=\ln\frac{I_1}{I_1 e^{-B_0}\sqrt{\sum_{k=1}^{n} e^{-4\alpha s(k-1)}}}=B_0-\ln\sqrt{\sum_{k=1}^{n} e^{-4\alpha s(k-1)}} \tag{5-52}$$

式（5-52）中第二项根号内为一等比级数，并根据双曲线函数可表示为

$$\sqrt{\sum_{k=1}^{n} e^{-4\alpha s(k-1)}}=\sqrt{\frac{1-e^{-4\alpha ns}}{1-e^{-4\alpha s}}}=\ln\sqrt{\frac{\mathrm{sh}2\alpha ns}{\mathrm{sh}2\alpha s}}\sqrt{\frac{e^{2\alpha s}}{e^{2\alpha ns}}}$$

代入式（5-52）中可得

$$B_{on}=B_0-\ln\sqrt{\frac{\mathrm{sh}2\alpha ns}{\mathrm{sh}2\alpha s}}+\alpha ns-\alpha s$$

因为在长电缆线路中 n 很大，所以 αs 与 αns 相比可以略去，这样

$$B_{on}=B_0-\ln\sqrt{\frac{\mathrm{sh}2\alpha ns}{\mathrm{sh}2\alpha s}}+\alpha ns \tag{5-53}$$

式中　αns——整个电缆回路的固有衰减值。

对于短线路，即当 $2\alpha ns<0.2$ 时，因为 $\mathrm{sh}2\alpha ns=2\alpha ns$，及 $\mathrm{sh}2\alpha s=2\alpha s$，而且此时 αns 很小可以略去，于是式（5-53）可变为

$$B_{on}=B_0-\ln\sqrt{n} \tag{5-54}$$

在长线路情况下，即当 $2\alpha ns>3$ 时，$\mathrm{sh}2\alpha ns\approx\frac{e^{2\alpha ns}}{2}$，又因 $2\alpha s$（短段）很小，故 $\mathrm{sh}2\alpha s\approx 2\alpha s$，所以

$$B_{on} = B_0 - \ln\sqrt{\frac{e^{2\alpha ns}}{2\times 2\alpha s}} + \alpha ns = B_0 + \ln\sqrt{4\alpha s} \tag{5-55}$$

一般情况下，$\sqrt{4\alpha s}$的值小于1，则$\ln\sqrt{4\alpha s}$为负值，所以在长电缆线路中$B_{on} < B_0$。图5-16示出了近端串音衰减B_{on}与电缆线路长度（电缆单元段的数目）的关系曲线，由图5-16可见，当线路长度较短时B_{on}随线路长度的增大而减小，然后从某个长度起开始稳定下来。这说明长电缆线路的近端串音衰减值仅决定靠近近端的电缆段，而与后面的电缆段关系不大。从物理意义上看也很清楚，因为距离近端越远的段产生的近端串音电流所遇衰减越大，而流到始端时已变得很小，可以忽略。正因为如此，在连续长电缆线路时，靠近增音段两端的一些电缆要选B_0值较高的，这样可以保证长线路具有较高的近端串音衰减B_{on}。

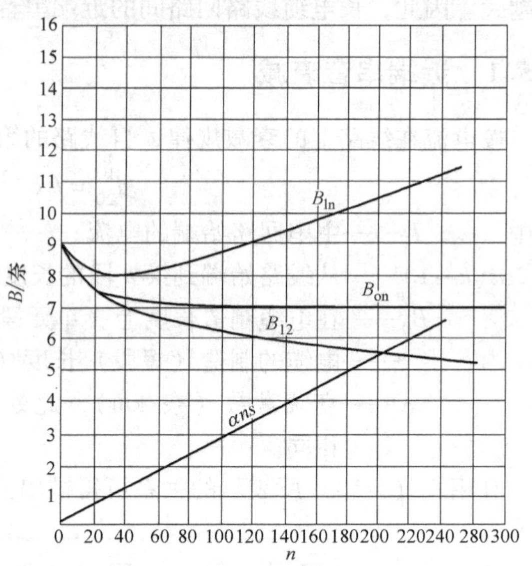

图5-16 长电缆线路中的串音衰减

如果将式（5-27）代入式（5-55），B_{on}可表示为下列形式

$$B_{on} = \ln\left|\frac{2}{\omega Z_C K_0}\right| + \ln\sqrt{4\alpha s} = \ln\left|\frac{4\sqrt{\alpha s}}{\omega Z_C K_0}\right| \tag{5-56}$$

5.5.2 远端串音衰减

由图5-15可知，在线路任何单元段从主串回路串至被串回路终端的干扰电流差不多受到相同的衰减，因此通过第k段到达远端的串音电流I_{21}^k为

$$I_{21}^k = I_1 e^{-B_1} e^{-\alpha ns} \tag{5-57}$$

式中 αns——整个电缆回路的固有衰减；

B_1——短电缆段（制造长度）上主串与被串回路间的远端串音衰减；

I_1——主串回路始端的电流。

利用式（5-50）可得被串回路远端的总串音电流为

$$I_{21} = \sqrt{\sum_{k=1}^{n}(I_{21}^k)^2} = \sqrt{(I_1 e^{-\alpha ns} e^{-B_1})^2 n} = I_1 e^{-B_1} e^{-\alpha ns}\sqrt{n}$$

所以，长电缆线路的远端串音衰减为

$$B_{ln} = \ln\left|\frac{I_1}{I_{21}}\right| = B_1 + \alpha ns - \ln\sqrt{n} \tag{5-58}$$

B_{ln}与线路长度的关系如图5-16所示。当线路长度刚开始增加时，$\ln\sqrt{n}$起的作用大，因此B_{ln}开始时是减小的，而以后由于线路本身固有衰减的增大，因此B_{ln}又急剧的增大。

将式（5-28）代入式（5-58），B_{ln}可表示为

$$B_{\mathrm{ln}} = \ln \left| \frac{2}{\omega Z_{\mathrm{C}} K_1 \sqrt{n}} \right| + \alpha ns \tag{5-59}$$

5.5.3　远端串音防卫度

长电缆线路回路之间的远端串音防卫度可用下式表示

$$B_{12\mathrm{n}} = B_{12} - \alpha ns = B_1 - \ln \sqrt{n} \tag{5-60}$$

如将式（5-28）代入式（5-60），则 $B_{12\mathrm{n}}$ 可表示为

$$B_{12\mathrm{n}} = \ln \left| \frac{2}{\omega Z_{\mathrm{C}} K_1 \sqrt{n}} \right| \tag{5-61}$$

对于制造长度的短电缆，其固有衰减 αl 较小，相对于远端串音衰减 B_1 可以略去，即可认为制造长度对称电缆的远端串音衰减 B_1 近似等于其远端串音防卫度，由此长线路与制造长度的远端串音防卫度有下列关系

$$B_{12\mathrm{n}} = B_{12} - \ln \sqrt{n} \tag{5-62}$$

由式（5-62）可以看出，长线路的远端串音防卫度 $B_{12\mathrm{n}}$，随着线路的增长是按照 $\ln \sqrt{n}$ 规律减小。因为各制造长度对称电缆的串音电流流到远端所经过的途径与信号电流流到远端的途径一样长，在线路上传输时的固有衰减一样大，因而电缆段数的增加只意味着串音电流的积累增大，而与固有衰减的增大无关。因此，线路越长，串音防卫度越小，如图 5-16 所示。

上述长线路的近端串音衰减 B_{on}、远端串音衰减 B_{ln} 及远端串音防卫度 $B_{12\mathrm{n}}$ 与线路长度的关系是在只考虑两回路间的直接串音导出的。实际上，电缆回路间不仅有直接串音，也存在各种途径的间接串音。由于间接串音的存在，使由式（5-53）、式（5-58）及式（5-62）所表示的 B_{on}、B_{ln} 及 $B_{12\mathrm{n}}$ 与线路长度的关系受到破坏。但总的变化规律还是不变的，因此上述结论是有实际意义的。

5.6　对称电缆内任意回路间的电磁耦合

以上，我们研究了在电缆内的一个星形四线组范围内的两个回路间的干扰影响，但是，当能量沿着多芯电缆传输时，电缆内不同四线组的回路间也会发生电磁相互作用的干扰影响。不仅如此，在低频电缆内利用幻象电路（见图 5-17），沿着一个四线组实现不只是两对，而是三对线路的通信时，也会产生实回路和幻象回路间的干扰。另外，由于导电芯线和铅皮间部分电容的存在，同样有可能引起经过大地而产生串音。

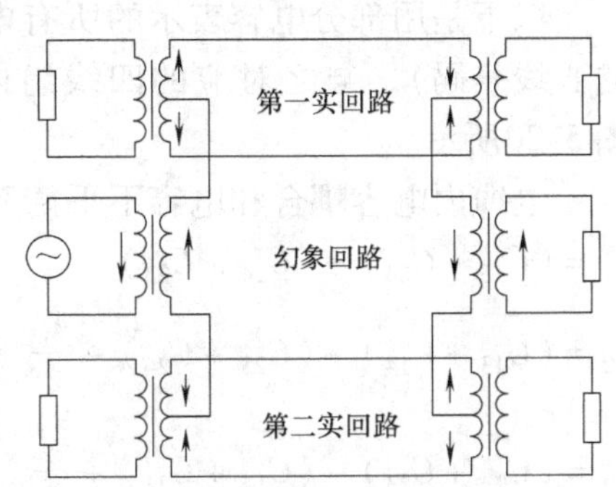

图 5-17　幻象回路通信

每一种回路间的干扰都有相当的耦合系数符号，表 5-3 给出了不同回路间耦合系数的符号。图 5-18 所示是与之对应的两个四线组间耦合系数符号。

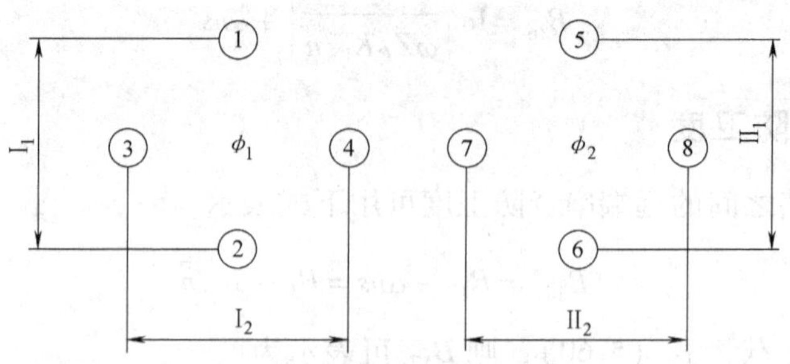

图 5-18 四线组间耦合系数符号

表 5-3 不同回路间耦合系数的符号

系数名称	回路名称	符号
k_1	实路Ⅰ/实路Ⅱ	$\mathrm{I}_1/\mathrm{I}_2$
k_2	实路Ⅰ/幻路	I_1/ϕ_2
k_3	实路Ⅱ/幻路	I_2/ϕ_1
e_1	实路Ⅰ/大地	$\mathrm{I}_1/3$
e_2	实路Ⅱ/大地	$\mathrm{I}_1/3$
e_3	幻路/大地	$\phi_1/3$
k_4	幻路/幻路	ϕ_1/ϕ_2
k_5	四线组Ⅰ的实路Ⅰ/四线组Ⅱ的幻路	I_1/ϕ_2
k_6	四线组Ⅰ的实路Ⅱ/四线组Ⅱ的幻路	I_2/ϕ_2
k_7	四线组Ⅰ的幻路/四线组Ⅱ的实路Ⅰ	ϕ_1/II_1
k_8	四线组Ⅰ的幻路/四线组Ⅱ的实路Ⅱ	ϕ_1/II_2
k_9	四线组Ⅰ的实路Ⅰ/四线组Ⅱ的实路Ⅱ	$\mathrm{I}_1/\mathrm{II}_2$
k_{10}	四线组Ⅰ的实路Ⅰ/四线组Ⅱ的实路Ⅰ	$\mathrm{I}_1/\mathrm{II}_1$
k_{11}	四线组Ⅰ的实路Ⅱ/四线组Ⅱ的实路Ⅰ	$\mathrm{I}_2/\mathrm{II}_1$
k_{12}	四线组Ⅰ的实路Ⅱ/四线组Ⅱ的实路Ⅱ	$\mathrm{I}_2/\mathrm{II}_2$

从表 5-3 中可看到 $k_{1\sim3}$ 和 $e_{1\sim3}$ 确定一个四线组内的干扰，而 $k_{4\sim12}$ 说明了两个不同回路间的干扰，系数 e 称为电容不平衡系数。

以下是用部分电容表示的所有电容耦合系数值及电容不平衡系数值（注脚指出了相应的心线号码），与之对应的四线组内的部分电容如图 5-19 所示，四线组间的部分电容如图 5-20所示。

电缆内电容耦合和电容不平衡系数的数值如下：

$$k_1 = (C_{13} + C_{24}) - (C_{14} + C_{23})$$

$$k_2 = (C_{13} + C_{14}) - (C_{23} + C_{24}) + \frac{e_1}{2}$$

$$k_3 = (C_{13} + C_{23}) - (C_{14} + C_{24}) + \frac{e_2}{2}$$

$$e_1 = (C_{10} - C_{20})$$

$e_2=(C_{30}-C_{40})$

$e_3=(C_{10}+C_{20})-(C_{30}+C_{40})$

$k_4=(C_{15}+C_{16}+C_{25}+C_{26}+C_{37}+C_{38}+C_{47}+C_{48})-(C_{17}+C_{18}+C_{27}+C_{28}+C_{35}+C_{36}+C_{45}+C_{46})$

$k_5=(C_{15}+C_{16}+C_{27}+C_{28})-(C_{17}+C_{18}+C_{25}+C_{26})$

$k_6=(C_{35}+C_{36}+C_{47}+C_{48})-(C_{37}+C_{38}+C_{45}+C_{46})$

$k_7=(C_{15}+C_{25}+C_{36}+C_{46})-(C_{16}+C_{26}+C_{35}+C_{45})$

$k_8=(C_{17}+C_{27}+C_{38}+C_{48})-(C_{18}+C_{26}+C_{37}+C_{47})$

$k_9=(C_{15}+C_{20})-(C_{16}+C_{25})$

$k_{10}=(C_{17}+C_{28})-(C_{18}+C_{27})$

$k_{11}=(C_{35}+C_{46})-(C_{36}+C_{45})$

$k_{12}=(C_{37}+C_{48})-(C_{38}+C_{47})$

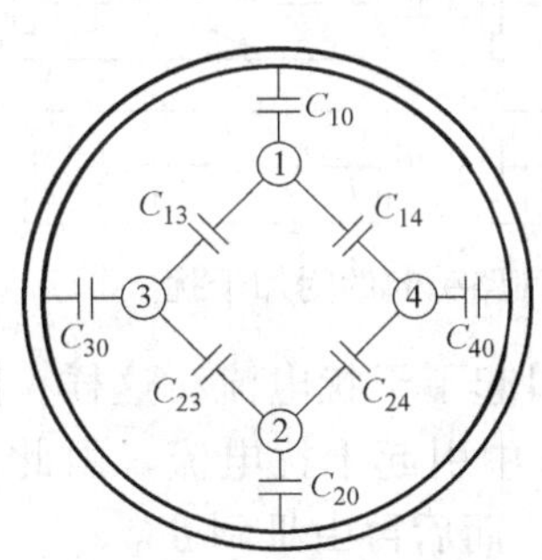

图 5-19　四线组内的部分电容

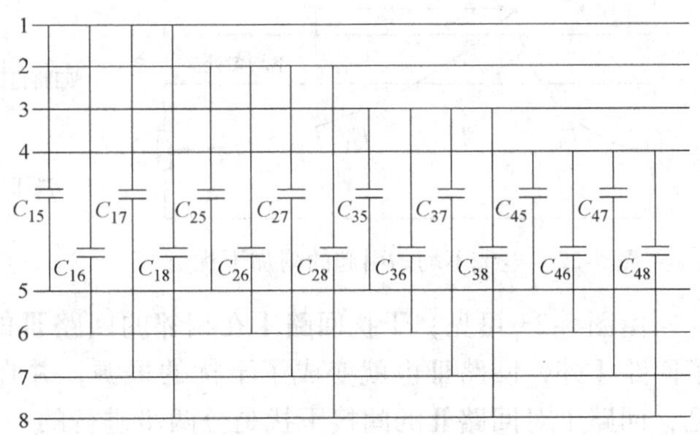

图 5-20　四线组间的部分电容

至于电感耦合 m 可用类似的注脚 $m_{1\sim12}$ 来标记。

前面已经指出，在低频电缆内部只需考虑电容耦合就行了，在高频电缆内干扰是由电感和电容耦合的总作用决定的，因此必须运用数值 $k_{1\sim12}$ 和 $m_{1\sim12}$。但是，由于高频的电缆都不利用幻象电路，所以只有考虑 k_1 和 $k_{9\sim12}$ 以及 m_1 和 $m_{9\sim12}$ 就可以。

5.7　回路间的间接干扰

由于电缆线路终端负载阻抗的不匹配，或者线路本身的结构不均匀，或者通过邻近第三回路而产生的干扰，都叫做间接干扰。

负载不匹配引起的附加干扰如图 5-21 所示。

到达回路 I 终端的电能，由于负载失配，只有一部分被负载吸收，另有一部分被反射而流回始端。这部分电能，在流回始端的过程中，由于回路的电容、电感耦合也有一部分进入回路Ⅱ，并在近端和远

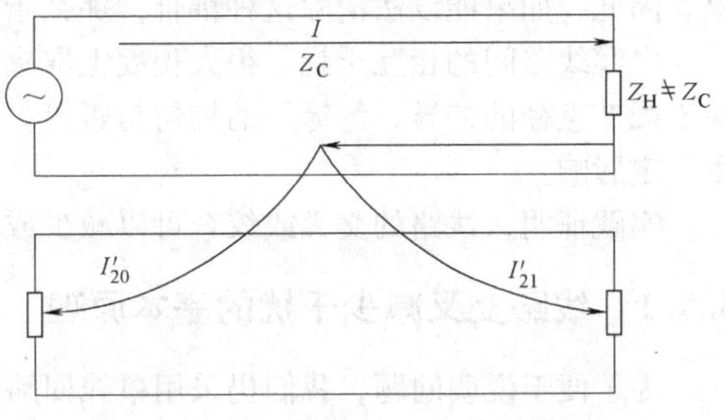

图 5-21　负载不匹配引起的附加干扰

端产生干扰电流。这样，除了通信电能在传输过程中发生的直接干扰外，又出现了由于线路负载失配而引起的反射能量的附加干扰。

因电缆内部的不均匀，通信电能将会在不均匀处（阻抗值不相等处）发生能量反射，从而也会在回路间引起附加干扰。这种情况与上述情况是一样的，图 5-22 所示为电缆不均匀引起的附加干扰。

如果能量的串移是通过并列的其他相邻回路来实现的，它不同于回路Ⅰ及回路Ⅱ直接相互作用的情况，这种干扰称为通过第三回路的干扰。图 5-23 所示为第三回路引起的附加干扰。

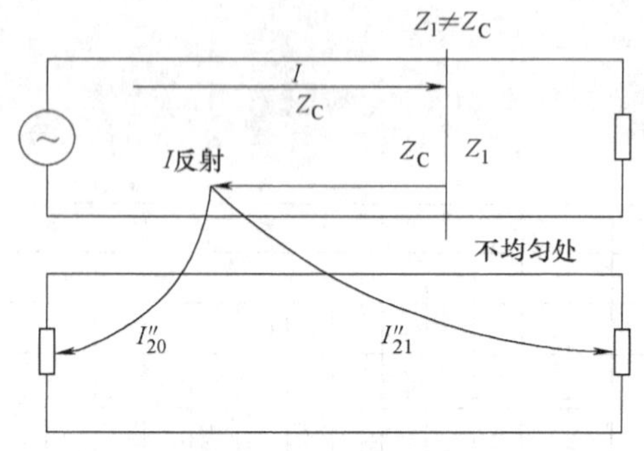

图 5-22　电缆不均匀引起的附加干扰

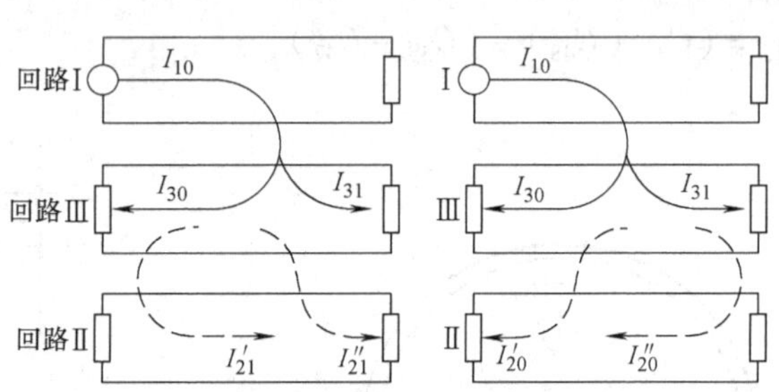

图 5-23　第三回路引起的附加干扰

由图 5-23 可见，干扰回路Ⅰ在相邻的回路Ⅲ的近端和远端引起了干扰电流。这样，除了回路Ⅰ外，回路Ⅲ也就变成了干扰的根源，并在被干扰回路Ⅱ中引起干扰电流。由此可见，回路Ⅰ对回路Ⅱ的间接干扰是分两步进行的：先是由Ⅰ到Ⅲ，而后再由Ⅲ到Ⅱ。

经过回路Ⅲ的这种干扰，同样也影响到被干扰回路Ⅱ的远端和近端，但理论上及实验上都证明了最大的干扰是经过回路Ⅲ的远端及近端的串音电流 I'_{21} 和 I''_{21} 对回路Ⅱ的远端的干扰。

必须指出，任何干扰都应该把直接干扰和间接干扰综合起来考虑，因为这样电缆近端及远端串音衰减 B_0 及 B_1 就要相应地减小，而回路的干扰防卫度也就大大地降低。

5.8　线路的交叉或绞合对防止和消除回路间干扰的作用

通过以上的叙述，我们知道线路之间的干扰是由于回路间电磁场作用产生电磁耦合的结果。因此，如果能设法消除这种耦合，那么干扰现象就随之消失，串音也就不会发生。

电缆线路间的相互干扰，很大程度上取决于导电线芯之间的相互位置，除此之外，还取决于线芯直径的差异、绝缘层的均匀与否等。这种电缆制造中的均匀程度也将对串音干扰产生一定影响。

实践证明，线路的交叉或绞合可以减少或消除这种干扰。

5.8.1　线路交叉减少干扰的基本原理

为了便于说明问题，我们仍采用单线回路对双线回路的干扰作为例子。并将双线回路的两根导线交叉成图 5-24 所示。

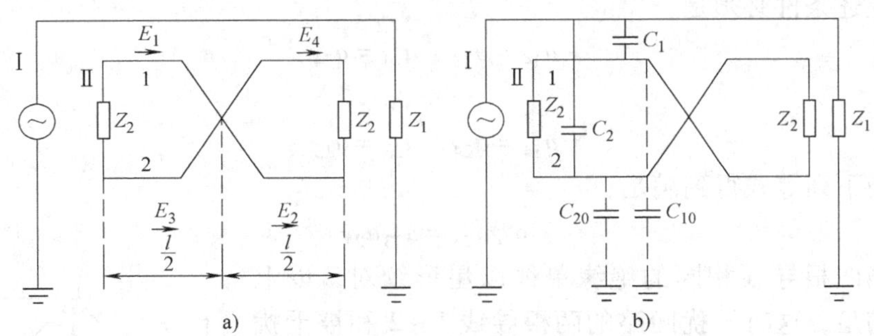

图5-24 线路交叉消除耦合示意图

a）线路交叉消除电感耦合 b）线路交叉消除电容耦合

如图5-24a所示，从磁干扰方面来观察，在双线回路Ⅱ导线1中，由电磁感应引起的感应电势是（E_1+E_2），在导线2上则是（E_3+E_4）。但$E_1=E_4$，$E_2=E_3$，这是因为导线1左边一段与导线2右边一段分别与单线线路距离相同，而导线2左边一段与导线1右边一段分别与单线线路距离相等，且线路长度也是相等的。长度与距离既然相等，则所感应的电势也应相等。所以$E_1+E_2=E_3+E_4$是双线回路是交叉的结果。由于两根线路上的感应电势大小相等，方向相反，而没有感应电流在回路里流动，从而也就消除了磁干扰的影响。

从静电感应方面观察，由图5-24b可知，因导线1左半段为单线线路距离较近，而右半段则距离较远，同样，在导线2的左半段距离单线线路较远，而右半段则距离较近，故线路交叉的结果，使$C_1=C_2$，则图5-24b的电桥便可以平衡，负载中没有电流通过，也就消除了电干扰的影响。

以上分析，是以整个线路上各部分线段都有相同的电压及电流为根据的，也只有在这样的情况下，方可得出$E_1=E_4$，$E_2=E_3$。实际上，当电能沿线路传输时，其电压和电流都不断衰减，所以线路间每一小段的感应作用是不同的，因此，对于一个很长的线路只有一个交叉来消除干扰是不够的，而必须用许多个交叉才行。电缆线路收线间的相互扭绞，在消除或减小相互干扰方面与线路的交叉作用是相同的。

5.8.2 电缆绞合的基本情况

在电缆的制造过程中，将线芯绞合成组（对绞组、星绞组、复对绞组等），再由组按层绞合成整个缆芯的目的，除了增加电缆的可弯曲性外，主要还是使电缆各个回路间的电磁耦合的相互干扰得到减小。

电缆回路间的耦合有以下几种：

组内耦合（同一线组内回路间的耦合）；

邻近耦合（同一层中的不同线组的回路间的耦合）；

层间耦合（不同层的各线组的回路间的耦合）。

电容耦合和电感耦合都可用干扰回路的导线（1~2）和被干扰的回路的导线（3~4）间的距离来表示，由式（5-35）和式（5-40）可知，不存在电容耦合和电感耦合的条件是：

$$l_n\frac{a_{14}a_{23}}{a_{13}a_{24}}=0 \tag{5-63}$$

要达到上述条件必须是

$$a_{14}=a_{13}\quad a_{23}=a_{24} \tag{5-64}$$

或

$$a_{14}=a_{24}\quad a_{23}=a_{13} \tag{5-65}$$

再或者使下列等式得到满足：

$$a_{14}a_{23}=a_{13}a_{24} \tag{5-66}$$

显然，当四根导线相同的绝缘单线以星形绞对，以上条件能自动满足，这时干扰回路的两根导线 1～2 和被干扰回路的两根导线 3～4 正好始终在一对相互垂直的轴上，绝缘单线以星形绞对组的情况如图 5-25 所示。因此，在这类绞合中发生组内耦合仅是由于制造时的误差和不均匀引起，而与绞合节距无关。

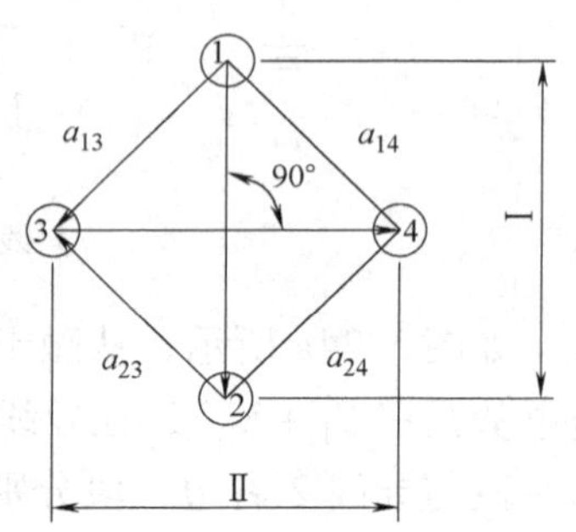

图 5-25　绝缘单线以星形绞对组的情况

复绞对四线组通常是由两个相同绞距的对绞组以 90°为相移扭绞而成，复对式四线组的绞合情况如图 5-26 所示。

由图 5-26 可以看出，组内两回路基本上符合 $a_{14}a_{23}=a_{13}a_{24}$的条件，这就是说，复对绞或四线组内两线对以同一绞距扭合，是可以减少组内回路间的相互干扰的。

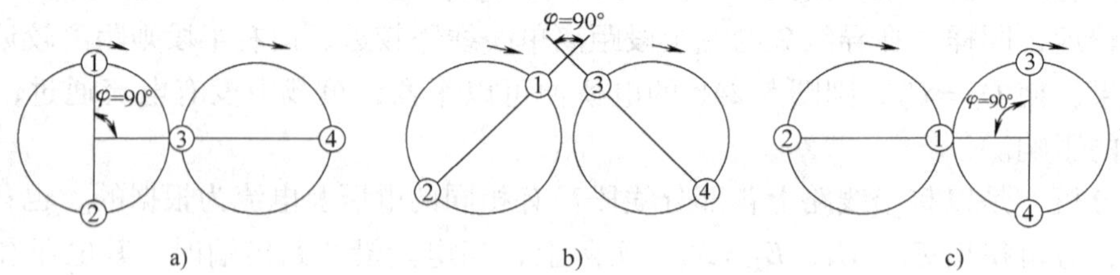

图 5-26　复对式四线组的绞合情况

a）第一位置　b）第二位置　c）第三位置

对于组间的邻近耦合或层间耦合的情况将是如何？是否可以用相同绞距的线组绞合成电缆呢？为此，我们先来看如图 5-27 所示的回路组成情况。

图 5-27a 表示了相互紧靠且平行放置的两个回路，其中一个回路（被串回路Ⅱ）的两根导线在中点交叉。

根据前面已提到的线路交叉的结论可知，由于回路Ⅱ的交叉，流过干扰回路导线 1 的电流 I_1，将不对回路Ⅱ发生干扰作用，同样，流经被干扰回路导线 2 的电流对干扰回路也不会发生干扰影响。

因此，两个互靠近和并行放置的回路，若变动其中一个回路的两根导线的位置（交叉）时，一般可消除回路间的干扰，而且，这种位置的变动越是频繁（即交叉越多），则回路间的干扰也越小。

现在来看图 5-27b，不是一个回路，而是两个回路在同一点交叉的情况。从图可知，由于导线 1 和 3 及导线 2 和 4，始终处于各自并行，因此，线路等于没有进行交叉一样，干扰现象照样发生，当绞距相同的两个线组相互靠近和并行放置时，正好与此相当，所以也不能减轻线路间的相互干扰。

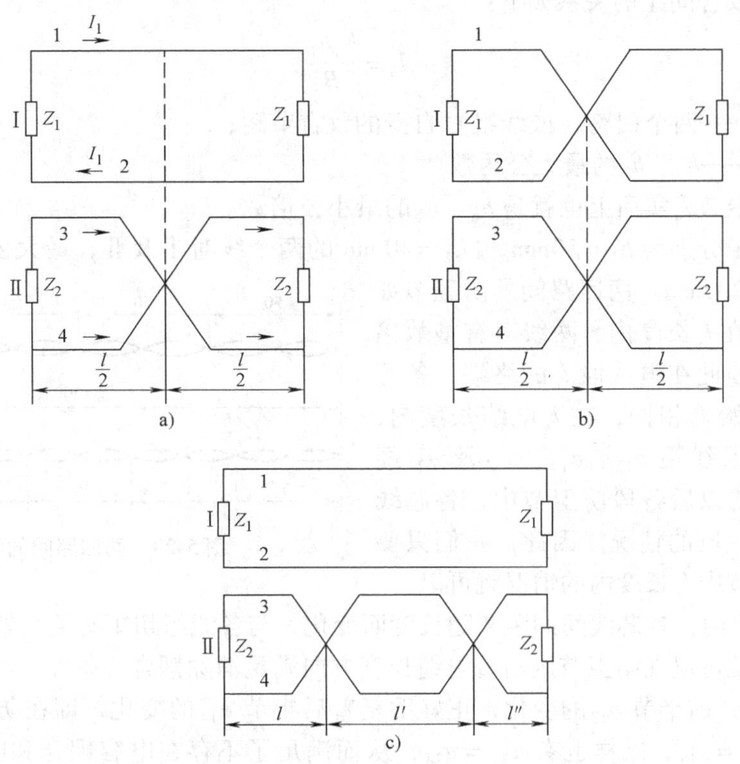

图 5-27　回路组成情况

a）并行放置的两个回路，其中一个回路在中点交叉　b）两个回路在同一点交叉

c）回路交叉间距彼此不配合形成不平衡线段

再来看图 5-27c，回路交叉间距彼此不配合而形成不平衡线段的情况（原来交叉好的线路，在任意点切断就会出现与此相当的情况）。

从图 5-27c 可见，在 l 和 l' 两段（$l=l'$）间发生的干扰作用可以相互对消，但是在 l'' 这段长度内，却仍然与没有交叉时一样，因此同样可以发生干扰作用，而且这个线段越长，则造成的干扰也越大。这段长度的线段，称为电缆线路的不平衡长度。

经以上分析，线路的交叉只有当各个回路有相互配合的特种交叉间距，而将回路的不平衡段减至最小时才有效。

在本质上，电缆的绞合与交叉相似，后者是在一些间距一定距离的点上变换线的位置（例如架空明线的情况），而前者则是沿电缆的整个长度方向均匀地转换线芯的相对位置。因此，要减小电缆内邻近线组间的干扰影响，也只有当邻近各线组的绞距既不相同，又同时满足某种特定的关系时，在使线路的不平衡长度减至最小的情况下才有可能。

在通信电缆中，各相邻回路或线组的绞合间距通常是不一样的，并且是依照被称为平衡节或防卫节的段落来进行选择和配合的。

所谓防卫节（或平衡节）l_s，是表示电缆的一段，在这一段长度内，基本上防止了电缆回路间的相互干扰。整根电缆就是由许许多多个这样的段落连续而成，从而防止了回路间的相互干扰。

防卫节与绞合间距的关系如下：

$$l_s = \frac{h_a h_b}{B} \tag{5-67}$$

式中 h_a、h_b——两个回路（或线组）自身的绞合节距；

B——h_a、h_b的最大公约数。

显然，防卫节l_s实质上也就是h_a、h_b的最小公倍数。

例如，绞距分别为$h_1=50$mm 和$h_2=40$mm 的两个线对Ⅰ及Ⅱ，最大公约数$B=10$mm，最小公倍数是200mm。两回路间的防卫节如图5-28所示，在l_s长度内，两线对有整数倍的旋转扭矩，因此在电缆段l_s的终端，各芯线位置和它在始端相同，在l_s电缆长度内，各芯线的位置及线距a_{13}、a_{14}、a_{23}及a_{24}经常改变，在l_s的以后各段防卫节中，各芯线又重复出现这一段的情况。因此，我们只要研究一个防卫节中l_s长度内的情况就可以。

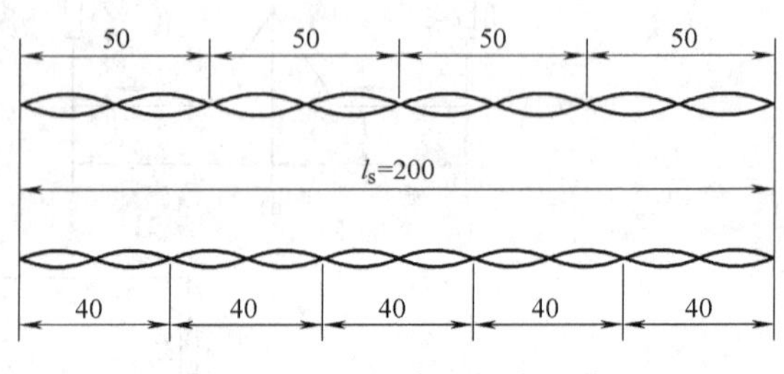

图5-28 两回路间的防卫节

在防卫节l_s内，各芯线间的距离随长度而变化，与各线组扭矩有关。如果适当地选择各线组的绞距，就可以在防卫节内沿着电缆长度方向满足消除耦合的条件。心线间的距离曲线如图5-29所示，前半节a_{13}的变化，正好重复着后半节a_{14}的变化，即在防卫节内沿着电缆长度方向有$a_{13}=a_{14}$，同样也有$a_{23}=a_{24}$，从而满足了不存在电容耦合和电感耦合的条件，回路间的干扰减至最小。

在低频电缆中，回路间的干扰，实际上几乎只是由电容耦合引起的，而电容耦合对邻近的一些线组才有影响，对较远一些线组的这种影响由于十分微小可忽略。因此，只要使相邻线组的绞距相互间得到配合，就可减轻相互的干扰。实际生产中，按同心层绞合时，是采用两个不同的但又相互配合的绞距h_1和h_2，使它们轮流交替来实现的，只是当同一层中的线组数出现奇数时，才必须采用第三个与上面两个绞距相互配合的绞距h_3，用于最后余下的一组。

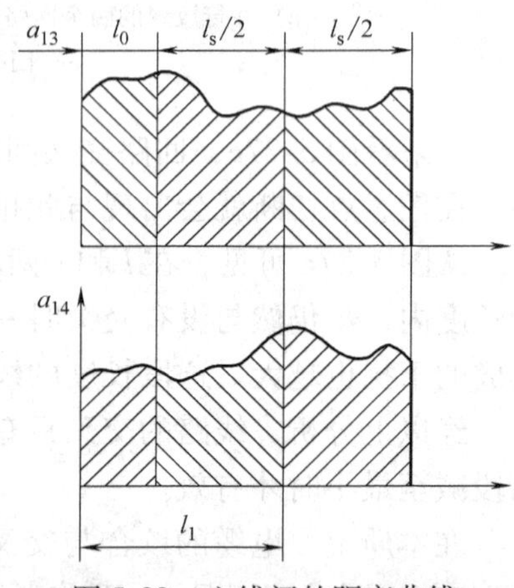

图5-29 心线间的距离曲线

线路之间的磁场影响可以传得很远，因此，由磁耦合产生的干扰可在电缆中的各个线组间发生。在供高频使用的长途通信电缆中，其中磁耦合的值很大，因此，必须要使每一线组的绞距与其他各线组的绞距配合好。

相邻线组间绞距配合的计算公式为

$$\frac{h_a}{h_b} = \frac{2v \pm 1}{2w} \tag{5-68}$$

对位于同一层内的星绞四线组：

$$\frac{h_a}{h_b} = \frac{4v \pm 1}{4w} \tag{5-69}$$

对于同一层中的复对绞组：

$$w_1 h_a = \frac{2v_1}{2} h_b = w_2 h'_a = \frac{4v_2 \pm 1}{4} h'_b \tag{5-70}$$

式中，w 及 v 为大于零的任意整数，复对绞组公式中的 h'_a 及 h'_b 表示相邻两线组内线对的绞距。

如果，必须使位于不同层内的线组彼此配合的绞距，则除了上面所列的关系外，还必须保证一附加条件：

$$hw = \frac{H_1 H_2}{H_1 \pm H_2} t \tag{5-71}$$

式中，H_1 和 H_2 为第一层和第二层的层绞间距，而 w 和 t 为大于零的任何整数。

根据以上所列的公式可以计算和配合任意两个线组的绞合间距 h_a 和 h_b，或两层的绞合间距 H_1 和 H_2。实际上，电缆是由线组（即元件）组合而成，并且所有线组都应防止相互干扰，一般给定了第一组以任意的绞合间距后，只要采用不同的 v 和 w 就可以算出很多个绞距。一般而言，这些绞距中的任意一个都能保证电缆回路应有的防卫性。但是，这也只有在电缆制造长度段内含有整数个防卫节的理想情况下才有可能。然而，这种理想情况是不可能达到的，因为在制造或敷设电缆时，都可能在任意点切断电缆，这样就不可避免地出现前面曾提到的所谓不平衡长度的干扰影响。为了要减小这种影响，只有使选择的绞距能得到最短的防卫节 l_s，这样，当电缆在任意端切断后，所余的不平衡长度就小，由此引起的耦合也小。要 l_s 很短，线组的绞距就必须要短，而线组绞距短的结果将使电缆的总体增大。在实际中通常是按照这样的步骤来选择绞距：

1）先在实验证明为最有利的绞合间距范围内（例如，对星绞四线组是 100 ~ 300mm），选择一个较中间的绞距作为计算的第一个节距 h_1。

2）利用上述节距按式（5-69）或式（5-70）或式（5-71）对应不同的 v 和 w 计算出其他各个节距 h_2、h_3 等。

3）在有利范围内，根据式（5-67）选择可得到的最短防卫节的绞合节距。

表 5-4 列出了当 h_1 取 200mm，v 和 w 分别为 1 ~ 4 时，4 × 4 星绞电缆线组绞合节距的计算结果。最后确定的绞距为：h_1 = 200mm、h_2 = 160mm、h_3 = 175mm、h_4 = 125mm，允许公差是 ± 5mm。

表 5-4　星形四线组绞合间距的计算结果　（单位：mm）

v \ w	1	2	3	4
1	160	320	480	640
2	89	175	266	355
3	61.5	121	184	245
4	47	94	140	188

5.9 同轴电缆回路间的相互干扰

5.9.1 同轴回路中干扰的基本原理

在讨论对称回路间的相互干扰时，曾经提到对称回路间的干扰就是因为回路间有电磁耦合的缘故。对称回路的电磁场可以作用到很远的空间，如果有某一回路落入这个电磁场的作用范围，就会在这个回路中引起干扰电流而产生串音。但是，同轴回路的电磁场是被完全封闭在回路的内、外导体之间的，在回路外面的空间没有像对称电缆那样会产生干扰的电磁场。这样看来，似乎同轴回路间就不会发生干扰现象了。然而，实际情况并不如此，两个并列放置的同轴回路还是有相互干扰存在，同时，同轴电缆也容易受到外界电源（无线电台、电力传输线路等）的干扰影响。

同轴回路的这种干扰是由于两个同轴回路Ⅰ及Ⅱ间的干扰经由这两个回路的外导体所组成的回路Ⅲ（中间回路）所造成的。由图 5-30 可见，参与同轴电缆干扰过程的有三个回路：

Ⅰ——主串回路；

Ⅱ——被串回路；

Ⅲ——由回路Ⅰ和回路Ⅱ外导体构成的中间回路。

具体的干扰过程是：当电流沿着主串同轴回路Ⅰ的外导体流通时，由于邻近效应和趋肤效应的结果，使外导体中内表面电流密度大而外表面上的电流密度小，这个在主串同轴回路外导体表面流动的电流，无疑就会形成一个电压降，这个电压降可看做一个相当的电动势而加于中间回路Ⅲ，在中间回路Ⅲ中引起一个电流，这个电流也同样流经被串同轴回路Ⅱ的外导体而成为干扰流。由于趋肤效应的影响，上述干扰电流在被串同轴回路Ⅱ的外导体厚度内的流动是向着内表面逐渐减少的，在外导体内表面流动的干扰电流要比外表面的小许多，但尽管很小却不等于零，并具有一定数值。被串回路外导体内表面上的这部分干扰电流同样也将产生一个电压降，这个电压降正好可看成是加于这个回路内外导体间的干扰电动势，从而在这个回路的始端产生干扰电压，串音现象就此发生。

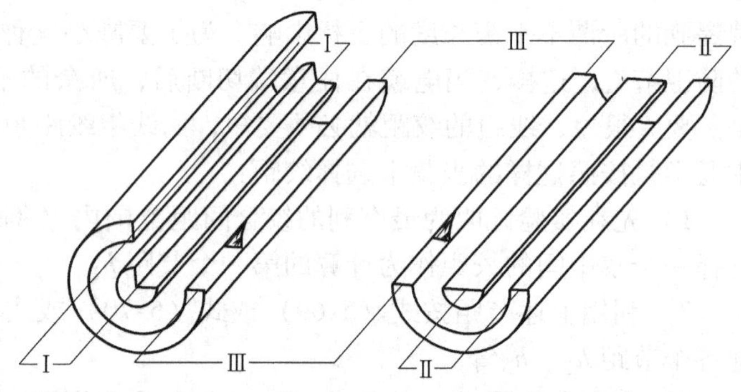

图 5-30 同轴电缆中干扰的过程

Ⅰ—干扰回路 Ⅱ—被干扰回路 Ⅲ—中间回路

5.9.2 影响干扰的因素

由上可知，同轴回路之间的干扰强弱，决定于主串同轴回路外导体外表面上流过电流的多少。如果这个电流大，则与之对应的干扰电动势就大，从而在中间回路中引起的电压与电流也大，相应地，在被串回路中产生的干扰电流也越大。

但是，同轴回路外导体外表面上的电流是受邻近效应作用影响的，随着传输频率的增加而减少，由此，不难知道，同轴回路间的这种相互干扰将是随着传输频率的增加而减少。实验证明，当传输频率在 50～60kHz 时，同轴电缆的防干扰性最小，但是当传输频率很高时，由于此时全部电流都集中在同轴电缆内部，外导体外表面上的电流几乎接近于零，电缆形成了良好的自身屏蔽。因此，对干扰的防卫性最好。频率不同时同轴电缆外导体中电流密度的分布如图 5-31 所示。

外导体的结构和厚度对同轴回路间的相互作用有很大影响，外导体结构越接近理想圆柱体和厚度越厚，同轴回路的干扰防卫性就越好。但是，过分地增加外导体厚度来提高同轴电缆的干扰防卫性是不合理的，也是不经济的。这不仅会使电缆的成本大大提高，而且还要白白地浪费大量的金属铜。因此，在具体设计同轴电缆时，关于外导体厚度的确定通常是从这样的两个方面来考虑的：一个方面应保证电缆在最低使用频带时，“透入深度”达到要求并具有适当的余量；另一方面则应满足电缆应有的机械强度，保证良好的结构稳定性。

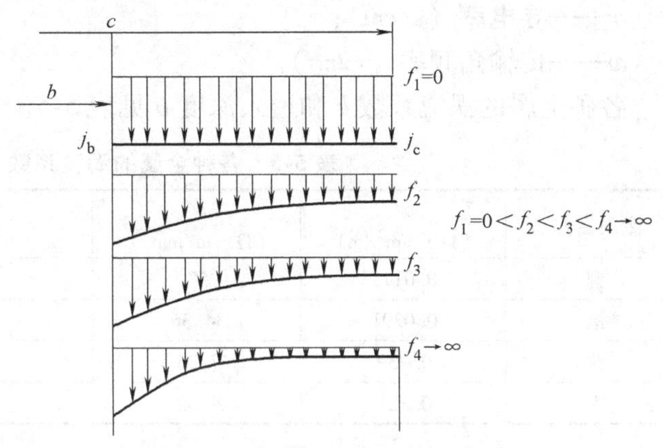

图 5-31　频率不同时同轴电缆外导体中电流密度的分布

5.9.3 “透入深度”与涡流系数之间的关系

在计算对称回路的有效电阻时，曾经提到涡流系数和透入深度的概念。但是，在同轴电缆中，研究涡流系数和透入深度的关系却具有特别重要的意义。这不仅是因为将便于在数学上计算同轴电缆内发生的电气过程和同轴电缆的电气参数，而且也有利于合理确定电缆外导体的厚度。

在同轴回路中通以交流电流时，由于涡流作用，内导体发生趋肤效应，使电流集中在厚度为 θ_a 的导体外表面层流动，而外导体则发生邻近效应和趋肤效应，使电流集中在厚度为 θ_b 的内表面层流动。涡流越强，趋肤效应和邻近效应就越显著，厚度 θ_a 和 θ_b 就越小。因此，可以用电流穿透到导体内的透入深度 θ 来表示涡流作用的强弱和由它所引起的趋肤效应或邻近效应。

透入深度 θ 的定义是假设电流仅集中在导体表面厚度为 θ 的空心圆柱体内流动，那么，此时导线的直流电阻应与实际上交流电流通过整个圆柱导体的交流电阻值相等，交流电流在导体内的透入深度如图 5-32 所示。即空心圆柱体的电阻 R_o 等于实心圆柱体的电阻 R'_o。

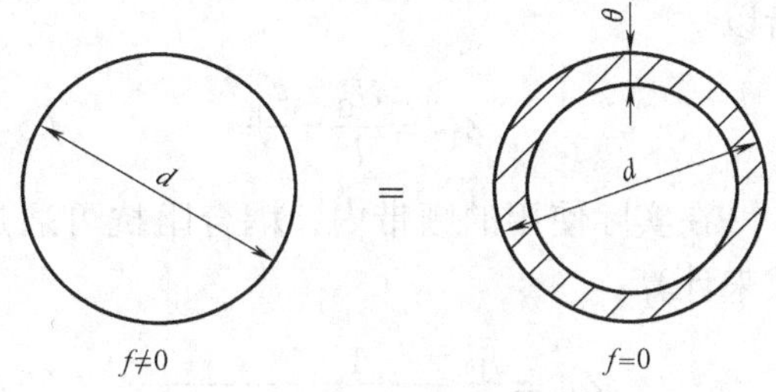

图 5-32　交流电流在导体内的透入深度

显然，涡流越强，趋肤效应就越强，则电

流穿透金属内的深度越小，因此，透入深度 θ 与涡流系数成反比，由电磁场理论可推导出透入深度 θ 和涡流系数 $k(=\sqrt{\omega\mu\sigma})$ 的关系如下：

$$\theta=\frac{\sqrt{2}}{k}=\sqrt{\frac{2}{\omega\mu\sigma}} \tag{5-72}$$

式中 $\mu=\mu_0\mu_r=\mu_r 4\pi\times10^{-9}$（H/cm），磁导率；

σ——导电率（s/cm）；

ω——传输角频率（$=2\pi f$）。

各种金属的涡流系数 k 和透入深度 θ 见表 5-5。

表 5-5 各种金属的涡流系数 k 和透入深度 θ

金属名称	ρ/（$\Omega\cdot mm^2/m$）	r/（$\Omega\cdot m/mm^2$）	μ_r	k	θ/cm
铜	0.0175	57	1	$0.21\sqrt{f}$	$6.7\sqrt{f}$
铝	0.0291	34.36	1	$0.164\sqrt{f}$	$8.6\sqrt{f}$
铁	0.139	7.23	100	$0.75\sqrt{f}$	$1.88\sqrt{f}$
铅	0.221	4.52	1	$0.059\sqrt{f}$	$24.0\sqrt{f}$

除了频率、外导体的结构和厚度外，同轴回路间的干扰还与电缆中各回路的布放情况以及各同轴回路外导体的材料等有密切关系。比如，钢比铜有较好的屏蔽效应，因此为了防止在低频时的干扰，可在同轴电缆外导体上螺旋状地缠绕两层钢带作屏蔽层。

5.10 同轴电缆的串音防卫度

与对称电缆一样，同轴电缆回路的相互干扰也是用电缆的近端串音衰减 B_o 及远端串音衰减 B_1 或串音防卫度 B_{12} 来表示和挑选的，它们都与耦合阻抗 Z_{12} 有关。

5.10.1 耦合阻抗 Z_{12}

所谓耦合阻抗 Z_{12}（也称转移阻抗），是干扰同轴回路外导体表面上所产生的电压 U_C 对回路中流动的电流 I 的比值，同轴回路的耦合阻抗如图 5-33 所示。

由于电压 U_C 可看成为一个相当的电势 E_g^c，所以

$$Z_{12}=\frac{U_C}{I}=\frac{E_g^c}{I} \tag{5-73}$$

在实际使用的频带内，耦合阻抗可通过下式来计算：

$$Z_{12}=\frac{\sqrt{j}k}{\sigma}\frac{1}{2\pi\sqrt{r_b r_C}}\frac{1}{sh\sqrt{g}kt} \tag{5-74}$$

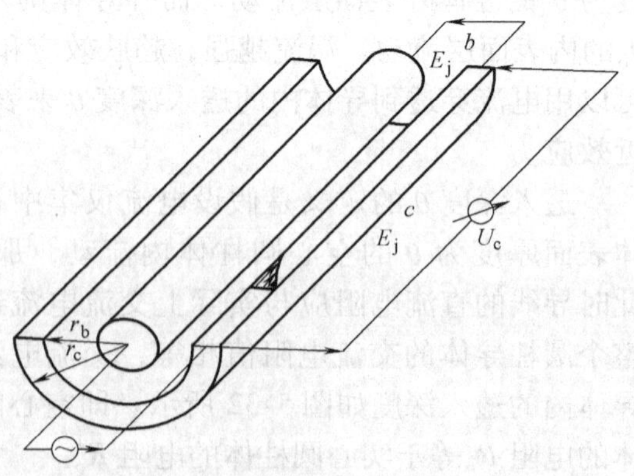

图 5-33 同轴回路的耦合阻抗

式中　k——涡流系数 $\sqrt{\omega\mu\sigma}$（$\sigma=\sigma_0 10^4\text{s/cm}$，为外导体的电导率，对铜则为 $5.7\times10^6\text{s/cm}$；$\mu=4\pi\times\mu_r\times10^{-9}\text{H/cm}$，为外导体的磁导率，对铜则为 $4\pi\times10^{-9}\text{H/cm}$）；

r_b、r_C——同轴电缆外导体的内、外半径（cm）；

t——外导体的厚度（cm）；

$\sqrt{j}$——复数 $=\dfrac{1}{\sqrt{2}}+j\dfrac{1}{\sqrt{2}}=e^{j45°}$。

由式（5-74）可知，耦合阻抗 Z_{12} 将随着频率的增加和外导体厚度的增大而减小，Z_{12} 越低，同轴回路的干扰防卫性也就越好。这一点无论是对干扰同轴回路还是被干扰同轴回路都是正确的。

5.10.2　无屏蔽同轴回路间的串音衰减及防卫度

1）对于比较短的电缆（如制造长度对称电缆），此时 $\alpha l\leqslant1$，电缆的近端串音衰减 B_o 和远端串音衰减 B_l 可认为是相同的。

$$B_o=B_l=\ln\left|\frac{2Z_CZ_3}{Z_{12}^2L}\right| \tag{5-75}$$

式中　Z_C——同轴回路的特性电阻（波阻抗）；

Z_3——中间回路的阻抗，包括两个所研究同轴对的外导体（Ω/km）；

Z_{12}——转移阻抗（Ω/km）；

L——电缆长度（km）。

2）对于长电缆线路，此时 $\alpha l>1$，

近端串音衰减为

$$B_o=\ln\left|\frac{2Z_CZ_3}{Z_{12}^2L}\right|2\gamma \tag{5-76}$$

式中　$\gamma=\alpha+j\beta$ 为同轴回路的传播常数。

同轴对之间的干扰防卫度为

$$B_{12}=\ln\left|\frac{2Z_CZ_3}{Z_{12}^2L}\right| \tag{5-77}$$

而远端串音衰减为

$$\begin{aligned}B_l&=B_{12}+\alpha l\\&=\ln\left|\frac{2Z_CZ_3}{Z_{12}^2L}\right|+\alpha l\end{aligned} \tag{5-78}$$

式中　α——同轴回路的衰减常数。

3）在我们现在讨论的情况下，作为中间回路的阻抗 Z_3，包括两个同轴回路外导体的固有阻抗 Z_b 及它们所组成的感抗：

$$Z_3=2Z_b+j\omega L_3 \tag{5-79}$$

在这里，L_3 为外电感，其值可参考图 5-34，按下式计算。

$$L_3=4\ln\frac{2a-D}{D}\times10^{-4} \tag{5-80}$$

式中 a——两个研究同轴对中心间的距离（mm）。

当我们研究的两个同轴对外导体互相接触时，外电感 $L_3=0$，因而中间回路的阻抗就等于两同轴回路外导体固有阻抗之和：

$$Z_3=2Z_b \tag{5-81}$$

两同轴回路外导体的固有阻抗 Z_b 包括实数阻抗以及由外导体内电感所引起的虚数阻抗，计算公式如下：

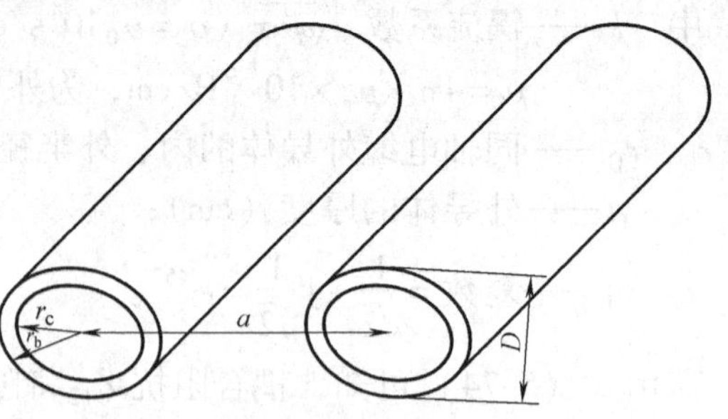

图 5-34 计算同轴线对间的串音衰减

$$Z_b=\frac{\sqrt{\mathrm{j}}k}{\sigma}\frac{1}{2\pi r_b}\mathrm{cth}(\sqrt{\mathrm{j}}kt) \tag{5-82}$$

在很高的频率范围内，当 $\left|\sqrt{\mathrm{j}}k\right|\geqslant 3$ 时，由于 $\left|\mathrm{cth}\ (\sqrt{\mathrm{j}}kt)\right|$ 的值趋向于 1，而上式中的符号与式（5-74）中表示的意义相同。

5.10.3 同轴对外导体上有屏蔽体时的串音衰减及防卫度

以上计算串音衰减的公式，还没有考虑到放在同轴对外导体上的屏蔽，一般屏蔽包括两层钢带或双金属带，反向绕包在外导体上。

屏蔽效果取决于材料的性质 ρ、μ 及屏蔽厚度 t，并随着这些数值的增加而增加。在实际应用中，屏蔽效果可用屏蔽系数 S 来估计。所谓屏蔽系数，是当存在屏蔽层时电缆外空间任何一点的电场强度与同一点在无屏蔽时的电场强度的比值。因此，屏蔽系数越小，表明屏蔽效果越好，同轴电缆的屏蔽系数 S 可以用下式表示：

$$\begin{aligned}S&=\frac{1}{\mathrm{ch}(\sqrt{\mathrm{j}}kt)}\\&=\frac{1}{\mathrm{ch}(\sqrt{\mathrm{j}\omega\mu\sigma}t)}\end{aligned} \tag{5-83}$$

式中 k——涡流系数；

μ——屏蔽材料的磁导率；

σ——屏蔽材料的导电率；

t——屏蔽厚度（cm）；

$\sqrt{\mathrm{j}}$——复数 $=\frac{1}{\sqrt{2}}+\mathrm{j}\frac{1}{\sqrt{2}}$。

相应地，屏蔽衰减 B_p 可由下式确定：

$$\begin{aligned}B_p&=\ln\left|\frac{1}{S}\right|\\&=\ln\left|\mathrm{ch}\sqrt{\mathrm{j}}kt\right|\\&=\ln\left|\mathrm{ch}\sqrt{\mathrm{j}\omega\mu\sigma}t\right|\end{aligned} \tag{5-84}$$

对于 60kHz 以上的频带，可用下列简化公式：

$$B_p=\left|\sqrt{g}kt\right|=\sqrt{\mathrm{j}}kt \tag{5-85}$$

显然，屏蔽衰减越大，表示屏蔽效果越高。图 5-35 所示为不同材料屏蔽的屏蔽效应与频率的关系；而图 5-36 所示为屏蔽衰减与屏蔽体厚度的关系。

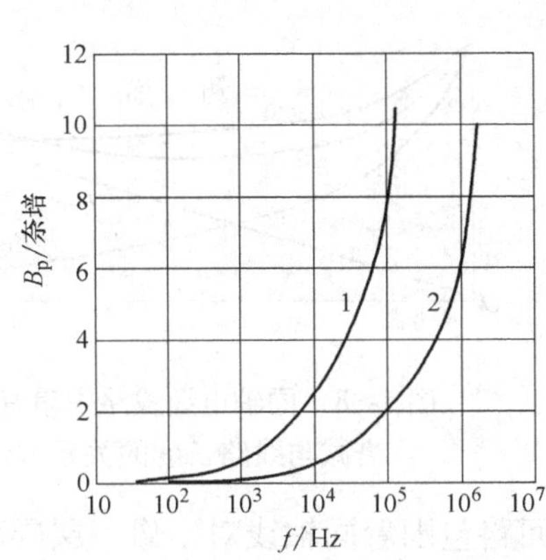

图 5-35　不同材料屏蔽的屏蔽效应与频率的关系
1—钢屏蔽　2—铜屏蔽

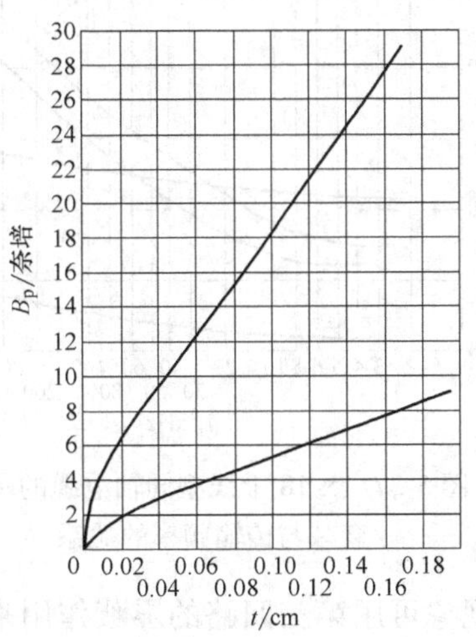

图 5-36　屏蔽衰减与屏蔽体厚度的关系

这样，同轴线对近、远端的串音衰减及防卫度的最后结果应是：

$$\begin{aligned}\text{近端串音衰减} &= B_o + B_p \\ \text{串音防卫度} &= B_{12} + B_p \\ \text{远端串音衰减} &= B_1 + B_p \\ &= B_{12} + B_1 + B_p\end{aligned} \tag{5-86}$$

5.10.4　串音衰减与传输频率和电缆长度的关系

同轴电缆串音衰减与传输频率的关系是随着频率的增加，串音衰减增大，从而电缆对干扰的防卫度也随之增高。5/18 干线型同轴电缆的串音衰减与传输频率的关系如图 5-37 所示。

据规定，在全部复用的频带内，同轴电缆对干扰的防卫度 B_{12} 应不低于 9.8 奈培。这样，如果考虑到电缆的固有衰减 $b=\alpha l$ 后，串音衰减的标准将等于 $B_{12}+\alpha l$。要满足上述要求，同轴电缆只有在 60kHz 以上的频率下工作。

同轴电缆线路中串音衰减与线路长度的关系如图 5-38 所示。

由图 5-38 可见，随着电缆长度 l 的增长，同轴回路对干扰的防卫度 B_{12} 将降低，近端串音衰减 B_o 在开始时稍许减少一点，但实际上在电缆长度增加时是不变的。远端串音衰减 B_1 在一定的线路长度 l' 时，有一个最小值，以后又随着长度的增加相应地增加，这是因为电缆固有衰减 αl 的增加而引起的。

最后还应当指出，上述计算，仅是涉及了两单独的同轴线对间的直接干扰，但在实际中，在电缆内除了同轴线对外还有第三回路，电缆的铅皮、金属装铠以及位于同一混合电缆中的其他线组均属于第三回路，在这种情况下的干扰情况由于相当复杂，至今还没有一个具体的公式可对串音衰减进行理论推算。但是，实践证明在一般情况下，所有的第三回路对降低相互干扰是有利的，它会增加同轴线对之间的串音衰减并改善其干扰防卫度。在物理上，

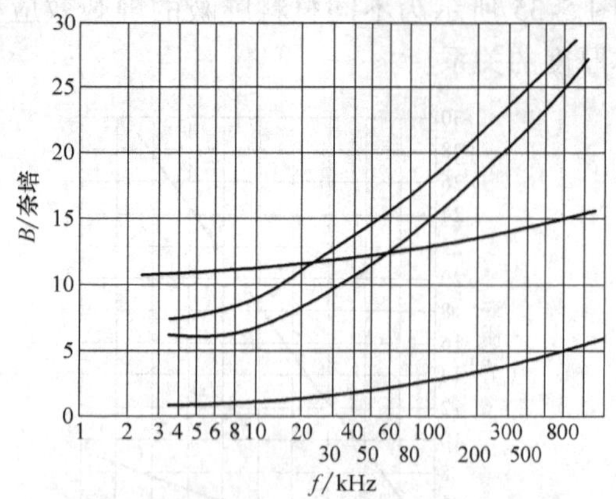

图 5-37 5/18 干线型同轴电缆的串音衰减与传输频率的关系

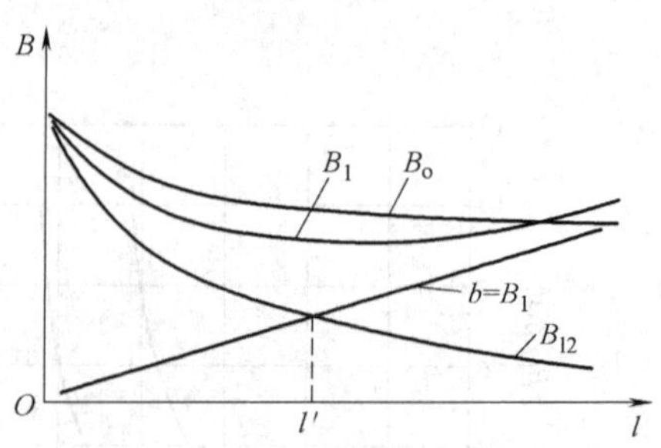

图 5-38 同轴电缆线路中串音衰减与线路长度的关系

这些现象可用第三回路的屏蔽作用来解释，这些第三回路包围着同轴线对，像一层屏蔽体那样，接受着一部分干扰能量，并使它们消耗在自己的回路里，从而减弱了传出去或传进来的干扰能量，使同轴线对的干扰防卫度得到提高。

第 6 章　通信电缆的屏蔽

影响通信线路的外部电磁场的干扰源很多，如按电气特性来分，有辐射性和传导性两种。其中以强电线路的影响最为严重，其影响是由输电设施与通信电缆及设备的直接耦合或间接耦合形成的。

在我国交流化电气铁道系统中，普遍采用工业频率（50Hz）交流电进行供电，电网对地电压一般为25kV左右，在机车正常行使的过程中，供电电流可达几百安培，当发生短路故障时，短路电流常常能达到几千安培。与变电站、接触网及轨道等主要部分组成的回路就相当于一个单线大地回路。

在我国不发达地区及次要输电线路上，广泛采用的输电方式为双线对地形式，这样可省去一条导线，有效节约了线路建设成本及维护费用，但这种线路形式具有较大的不平衡电压和不平衡电流，会对通信线路造成较大影响。

对于常见的三相输电线路，虽然其在正常工作时三相线路基本平衡，但在故障接地时也是不对称的。根据其接地方式的不同，仍会对通信线路造成很大的影响。如变压器中性点与地绝缘的线路，其干扰电压为线电压的$\sqrt{3}$倍，变压器中性点通过低阻抗接地的输电线路在故障接地时产生很大的短路电流，对通信线路产生的磁性干扰较大。而变压器中性点通过消弧线圈接地的输电线路相对影响较小。

除交流输电线路外，还应考虑直流输电线路的影响。由于其直流是由工频交流通过整流设备得到的，在接收端再用换流装备将直流变为交流，因此该线路会含有较多谐波成分，将对通信线路产生干扰。

此外，对通信线路产生影响的还有无线电波的干扰，超长波、长波、中、短波无线通信对通信线路也有干扰。目前，有线广播电视网的发展迅速，音频广播与音频话路的频带相重合，对通信线路也产生较大的影响。

6.1　屏蔽的基本原理

为了保证长距离上稳定的通信质量，很大程度上取决于回路对外来干扰和相互干扰的防卫能力，防止同轴回路及对称回路出现干扰电磁场的基本方法即为屏蔽。

屏蔽即是用金属屏蔽体（通常为铜、铝、钢、铅等金属材料），把主串回路和被串回路隔开，使干扰电磁场减弱。

电缆上的屏蔽体一般是圆柱形，它可以是单层、双层、三层或多层重叠绕包的金属带组成，也有的是由金属丝编织层组成，有时还采用挤压的金属套构成。

根据电缆结构、干扰和被干扰回路情况及敷设条件的情况，电缆的屏蔽形式有以下几种。

径向屏蔽：把缆芯分隔成两半。

组间屏蔽：包围一定线组。

环形屏蔽：把电缆按层分开。

总体屏蔽：把缆芯都置于同一屏蔽体内。

前三种形式一般用于高频对称电缆，第四种形式用于外界强电干扰处，如大综合小同轴电缆、铁道电气化信号电缆。

同轴对的外导体的作用是双重的：一是作为一个导线，另一是作为屏蔽层。所以同轴对的屏蔽主要取决于外导体结构及其电特性。

在选择屏蔽的形式和结构时，应根据屏蔽应能达到的附加串音衰减效果为依据，同轴电缆应在最低频率进行计算，对称电缆应在全部频率范围内进行计算。因为对称电缆的干扰防卫度随频率增高而减少，而屏蔽作用却是随频率的增加而增大，因此在某一频率范围内，总的串音衰减可能出现最小值。从图 6-1 可以看到，在频率为 f_1 时，B 值最小，回路间有最大的干扰。

一般通信线路在交流作用时，回路间的干扰主要是由于交变电磁场引起的。干扰源的电磁场穿过被干扰回路后，将在被干扰回路中产生干扰电流，屏蔽体的作用就是限制由于干扰源所形成的电磁场，以此保护通信线路在正常工作时不受相互干扰及外来干扰的影响。

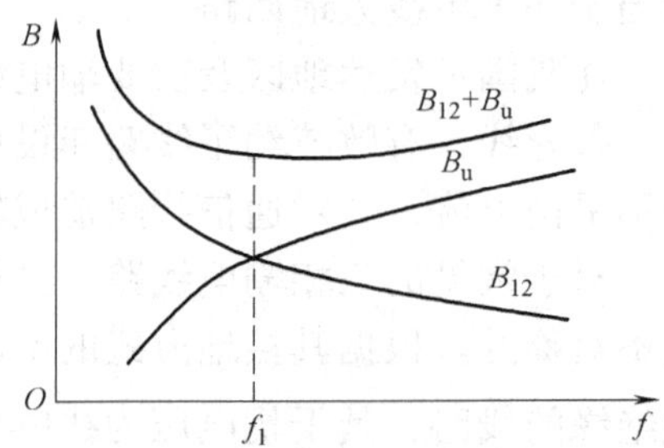

图 6-1　屏蔽回路的串音衰减
B_u—屏蔽衰减　B_{12}—干扰防卫度

通信电缆的屏蔽体大致分为三种，分别为静电屏蔽体、静磁屏蔽体和电磁屏蔽体。

静电屏蔽体是把电场终止于屏蔽的金属表面上，并通过接地的方法把电荷传送到大地中去。其效果好坏与接地质量有关。一般静电屏蔽体用铜、铝等逆磁材料制成，如图 6-2 所示。

静磁屏蔽体是用强磁材料把磁场限制于屏蔽体厚度内。由于屏蔽体磁导率很高，磁阻很小，从而干扰源产生的大部分磁通就被限制在屏蔽体内，而只有少部分传入被屏蔽的空间。静磁屏蔽体如图 6-3 所示。

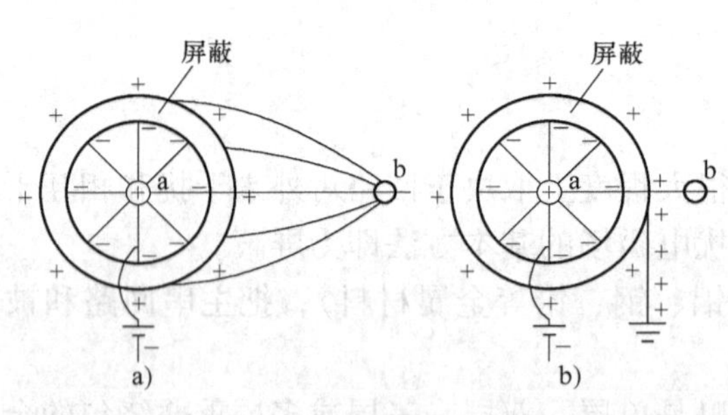

图 6-2　静电屏蔽体
a）屏蔽体与大地不接时，被干扰体 b 上受到静电感应影响
b）屏蔽体与大地接触时，被干扰导体 b 上不受静电感应影响

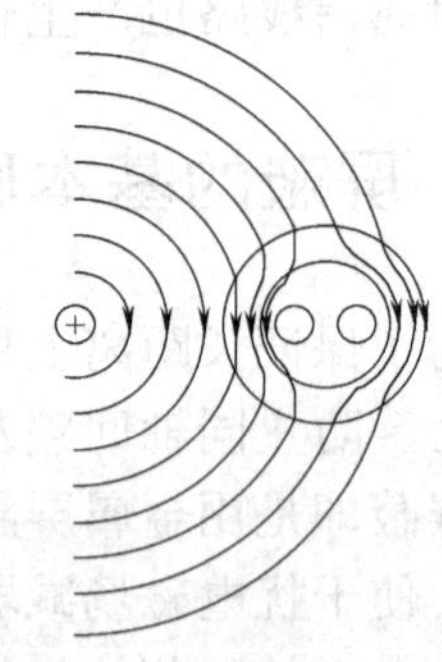
图 6-3　静磁屏蔽体

屏蔽体磁导率越大，厚度越大，屏蔽效果越好，但屏蔽体的半径越大，屏蔽的效果越差。静磁屏蔽体一般由铁磁物质组成。静电屏蔽体和静磁屏蔽体只在低频时有效。频率增高

后，屏蔽体内涡流作用增大，就会转入电磁屏蔽体的工作状态。

在高频时应用电磁屏蔽体，电磁波在屏蔽体表面上的反射和屏蔽体金属厚度内的高频能量的衰减是电磁屏蔽体作用的基础。

电磁能沿着屏蔽传输的过程，与电磁能沿着通信线路传输的过程相似。屏蔽过程中的屏蔽吸收衰减相当于传输过程中的固有损耗，屏蔽过程中的反射衰减相当于传输过程中波阻抗失配引起的反射衰减。

不同的是，电磁能沿着通信线路传输时，能量的方向是与导线的传输方向一致的。而电磁能在屏蔽体中，能量的方向是与导线的传输方向相垂直，通过介质、屏蔽体、介质的方向辐射出去。

电磁能通过屏蔽体的穿越过程如图6-4所示。

当线路上电磁能达到屏蔽体时，在介质与屏蔽的界面上会有一定的能量反射回来，该部分能量以 W_1 表示。由于金属与周围介质的界面上的波阻抗不同，因而会产生此种结果。同时，波阻抗差值越大，反射衰减越大，屏蔽效果也越好。能量在穿越屏蔽体的过程中损耗掉的能量以 W_2 来表示。屏蔽体内的能量损耗是由于金属内涡流产生的热能损耗造成的，因此，频率越高及屏蔽体越厚，或磁导率越大，涡流损耗增加，屏蔽衰减增大，屏蔽效果也越好，所以强磁屏蔽体的吸收屏蔽效果大于逆磁屏蔽体。但是，由于钢内能量损耗大，对传输效果有负面影响，所以一般不用钢作单层屏蔽体来使用。同样厚度的逆磁性材料的屏蔽效果仅由电导系数决定。按金属电导系数的顺序，铜最好，铝次之，铅较差。

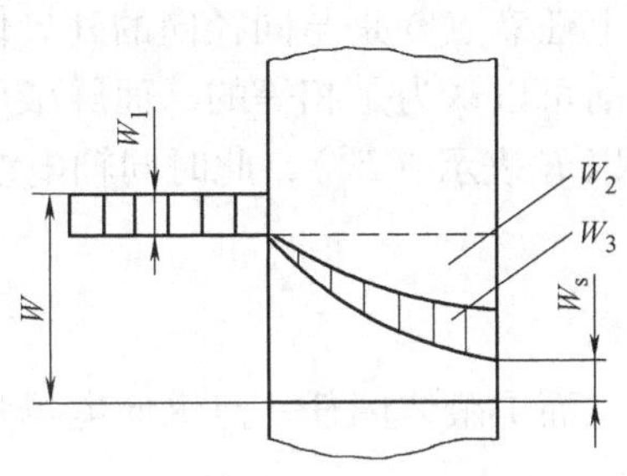

图6-4　电磁能通过屏蔽体的穿越过程

当能量穿过第二个界面即屏蔽体与介质时，又有部分能量反射回来，这部分能量以 W_3 表示。而剩下的一部分能量穿过屏蔽体进入被屏蔽的空间，已由 W 衰减为 W_s。电磁能穿过屏蔽体及其反射的物理过程是一个多次反复的过程。

由不同金属材料组成的多层屏蔽体，跟单层屏蔽体相比，多层屏蔽体的屏蔽衰减比一层同厚的屏蔽体的屏蔽衰减要大。所以交替放置强磁金属层及抗磁金属所组成的多层混合屏蔽体可能有最好的屏蔽效果。

屏蔽体的作用效果一般用屏蔽系数 S 来表示。

屏蔽系数在数值上等于有屏蔽层时，被屏蔽空间内某一点的电场强度 E_B 或磁场强度 H_B 与没有屏蔽层时该点的电场强度 E 或磁场强度 H 的比值：

$$S=\frac{E_B}{E}=\frac{H_B}{H} \tag{6-1}$$

屏蔽系数的绝对值可以从1一直变到0。数值越小，屏蔽效果越好。

在通信电缆制造过程中，通常屏蔽效果不用绝对值表示，而用干扰电磁场通过屏蔽体后的衰减值 B_s 来表示，它的单位为奈培（NP）。屏蔽衰减在数值上等于在空间某点的电场强度 E 或磁场强度 H 与该点被屏蔽后的电场强度 E_B 或磁场强度 H_B 之比的自然对数。

衰减屏蔽值的表达式为

$$B_s = \ln\left|\frac{1}{S}\right| = \ln\left|\frac{E}{E_B}\right| = \ln\left|\frac{H}{H_B}\right| \tag{6-2}$$

6.2 同轴对的屏蔽

同轴回路的屏蔽作用完全决定于外导体的结构及其电特性。同轴对的外导体起着双重作用。它是回路两导体中的一根导线同时又具有屏蔽作用。

6.2.1 单层外导体的屏蔽作用

考虑到外导体的厚度与同轴对的截面积相比不大，也就是在屏蔽前可以认为外导体内表面上任意点 b 是与同径向的外导体外表面上对应点 c 相吻合，b 点和 c 点上的电场强度在屏蔽前可以认为是相等的，而屏蔽后就不同了。在被其屏蔽的空间中某一点的电场强度纵向分量以 E 表示（E_j^c），此时同轴电缆屏蔽系数

$$S = \frac{E_j^c}{E_j^b} \tag{6-3}$$

而屏蔽体内任一点纵向电场强度为

$$E_j(r) = -\frac{\sqrt{j}kI}{2\pi\sigma\sqrt{r_o r}} \cdot \frac{\mathrm{ch}\sqrt{j}K(r_C - r)}{\mathrm{sh}\sqrt{j}Kt} \tag{6-4}$$

将式（6-4）中 r 分别以 r_b 和 r_C 代入，再代入式（6-3），因 $\frac{r_b}{r_C} \approx 1$，所以得同轴对屏蔽系数表达式为

$$S = \frac{1}{\mathrm{Ch}\sqrt{j}kt} \tag{6-5}$$

或屏蔽衰减表达式

$$B_s = \ln\left|\frac{1}{S}\right| = \ln\left|\mathrm{Ch}\sqrt{j}kt\right| \tag{6-6}$$

从上式中可以看出，屏蔽衰减随频率及屏蔽厚度的增加而增大，强磁性金属的屏蔽效果比非磁性金属要好，而非磁性金属中电导率高的屏蔽效果更好。

6.2.2 多层屏蔽的效果

同轴回路双层屏蔽和三层屏蔽系数的计算分式如下：

1. 同轴回路为主串回路时

双层屏蔽：

$$S_{12} = \frac{1}{\mathrm{ch}\sqrt{j}k_1t_1\,\mathrm{ch}\sqrt{j}k_2t_2} \cdot \frac{1}{\left(1 + \frac{1}{n_1}\mathrm{th}\sqrt{j}k_1t_1 \cdot \mathrm{th}\sqrt{j}k_2t_2\right)} \tag{6-7}$$

三层屏蔽：

$$S_{123} = \frac{1}{\mathrm{ch}\sqrt{j}k_1t_1\,\mathrm{ch}\sqrt{j}k_2t_2\,\mathrm{ch}\sqrt{j}k_3t_3} \cdot$$

$$\frac{1}{\left(1+\frac{1}{n_1}\text{th}\sqrt{\text{j}}k_1t_1\text{th}\sqrt{\text{j}}k_2t_2\right)\left(1+\frac{1}{n_2}\text{th}\sqrt{\text{j}}k_2t_2\text{th}\sqrt{\text{j}}k_3t_3\right)} \tag{6-8}$$

2. 同轴回路为被串回路时

双层屏蔽：

$$S_{21}=\frac{1}{\text{ch}\sqrt{\text{j}}k_1t_1\text{ch}\sqrt{\text{j}}k_2t_2}\cdot\frac{1}{(1+n_1\text{th}\sqrt{\text{j}}k_1t_1\text{th}\sqrt{\text{j}}k_2t_2)} \tag{6-9}$$

三层屏蔽

$$S_{321}=\frac{1}{\text{ch}\sqrt{\text{j}}k_1t_1\text{ch}\sqrt{\text{j}}k_2t_2\text{ch}\sqrt{\text{j}}k_3t_3}\cdot\frac{1}{(1+n_1\text{th}\sqrt{\text{j}}k_1t_1\text{th}\sqrt{\text{j}}k_2t_2)(1+n_2\text{th}\sqrt{\text{j}}k_2t_2\text{th}\sqrt{\text{j}}k_3t_3)} \tag{6-10}$$

式中　k_1、k_2、k_3——内层、中间层及外层的金属材料涡流系数；

$$k_1=\sqrt{\omega\mu_1\sigma_1},\ k_2=\sqrt{\omega\mu_2\sigma_2},\ k_3=\sqrt{\omega\mu_3\sigma_3};$$

t_1、t_2、t_3——内层、中间层及外层屏蔽厚度；

$$n_1=\frac{Z_{M2}}{Z_{M1}}=\sqrt{\frac{\mu_2\sigma_1}{\mu_1\sigma_2}}、n_2=\frac{Z_{M3}}{Z_{M2}}=\sqrt{\frac{\mu_3\sigma_2}{\mu_2\sigma_3}};$$

Z_{M1}——内层金属的波阻抗，$Z_{M1}=\sqrt{\text{j}\frac{\omega\mu_1}{\sigma_1}}$；

Z_{M2}——中间层金属的波阻抗，$Z_{M2}=\sqrt{\text{j}\frac{\omega\mu_2}{\sigma_2}}$；

Z_{M3}——外层金属的波阻抗，$Z_{M3}=\sqrt{\text{j}\frac{\omega\mu_3}{\sigma_3}}$；

μ_1、μ_2、μ_3——内层、中间层及外层金属磁导率；

σ_1、σ_2、σ_3——内层、中间层及外层金属导电率。

分析以上公式，可以看出：

1）屏蔽系数包括表征在屏蔽厚度内的损耗分量与屏蔽接触面能量的反射所引起的分量。在屏蔽厚度内的损耗（吸收损耗）用 Chkt 来表示，而且这些双曲线余弦的数目与屏蔽层的数目相当。反射衰减由 Chkt 以及屏蔽层波阻抗之比来表示，这些反射的数目与层的接触面的数目相当。在三层屏蔽中有两个接触面，所以公式中有两项表征反射的项。

2）同样的屏蔽结构，作为主串回路的同轴对的屏蔽性能，比作为被串回路的同轴对的屏蔽性能要差些。

3）频率越高，屏蔽层越厚，屏蔽效果越好；层数越多，屏蔽效果越好。由于多层屏蔽体在层与层接触处的反射衰减，所以比厚度相同的单层屏蔽体具有较大的涡流系数。

6.3　对称电缆的屏蔽

6.3.1　主串线对在中心的单层屏蔽体的屏蔽效果

当对称线对位于圆柱屏蔽体中心，不考虑屏蔽体中纵向电流产生的反向磁场引起的屏蔽

衰减影响时，屏蔽系数为

$$S = S_{\mathrm{m}} S_0 \tag{6-11}$$

式中 $S_{\mathrm{m}} = \dfrac{1}{\mathrm{ch}\sqrt{\mathrm{j}}kt}$ ——吸收屏蔽系数；

$S_0 = \dfrac{1}{1 + \dfrac{1}{2}\left(N + \dfrac{1}{N}\right)\mathrm{th}\sqrt{\mathrm{j}}kt}$ ——反射屏蔽系数；

k——屏蔽层金属的涡流系数（$k = \sqrt{\omega\mu\sigma}$）；

t——屏蔽层金属的厚度；

N——空气波阻抗与屏蔽金属波阻抗之比。

如用屏蔽衰减来表示（当回路间距离小于回路至大地间距离）：

$$B_{\mathrm{s}} = \ln\left|\frac{1}{S}\right| = \left|\frac{1}{S_{\mathrm{m}} S_0}\right| = B_{\mathrm{m}} + B_0 \tag{6-12}$$

式中 $B_{\mathrm{m}} = \ln\left|\dfrac{1}{S_{\mathrm{m}}}\right| = \ln\left|\mathrm{ch}\sqrt{\mathrm{j}}kt\right|$；

$B_0 = \ln\left|\dfrac{1}{S_0}\right| = \ln\left|1 + \dfrac{1}{2}\left(N + \dfrac{1}{N}\right)\mathrm{th}\sqrt{\mathrm{j}}kt\right|$。

因此

$$B_{\mathrm{s}} = \ln\left|\mathrm{ch}\sqrt{\mathrm{j}}kt\right| + \ln\left|1 + \frac{1}{2}\left(N + \frac{1}{N}\right)\mathrm{th}\sqrt{\mathrm{j}}kt\right| \tag{6-13}$$

从式（6-13）中可以看出，对称电缆的屏蔽衰减中第一项与同轴对的屏蔽衰减一样。而第二项则是对称电缆上存在的，而在单层外导体同轴对上是没有的。这是因为屏蔽体是对称回路外的金属圆柱体，由对称回路产生的电磁波碰到屏蔽体时产生反射，而单层外导体同轴对的屏蔽体也就是回路的组成部分，因此没有反射屏蔽衰减。

应该注意到，屏蔽体应用于不同的工作频带，屏蔽效果是不相同的。在低频范围，吸收衰减（$\mathrm{ch}\sqrt{\mathrm{j}}kt$）趋近于1，这时可不考虑吸收屏蔽影响。所以铜屏蔽就比钢屏蔽好，但在较高频率范围，主要取决于吸收衰耗，这时屏蔽体的效果就比较好。

当干扰回路与被干扰回路间距大于回路至大地间距时，或者使用不对称系统（即利用大地作为反回导体）时，应同时考虑屏蔽层中流过的纵向电流产生的屏蔽作用，这时屏蔽衰减可按下式进行计算：

$$B_{\mathrm{s}} = \ln\left|\mathrm{ch}\sqrt{\mathrm{j}}kt\right| + \ln\left|1 + \frac{1}{2}\left(N + \frac{1}{N}\right)\mathrm{th}\sqrt{\mathrm{j}}kt + \mathrm{j}\,\frac{\omega L_{\mathrm{H}}}{R}\right| \tag{6-14}$$

式中 L_{H}——（缆皮—大地）回路的外电感（H/km）；

R——缆皮的电阻（Ω/km）。

6.3.2 低频时防护作用系数（或屏蔽系数）

当频率在3000Hz以下时，金属护套对外界干扰的衰减为

$$B_{\mathrm{s}} = \ln\left|\frac{R + \mathrm{j}\omega L}{R}\right| = \ln\left|\frac{1}{S_{\mathrm{f}}}\right| \tag{6-15}$$

式中 $S_{\mathrm{f}} = \dfrac{R}{R + \mathrm{j}\omega L}$；

L——金属护层内、外电感之和（H）；

R——缆皮接地时的交流有效电阻（Ω）。

S_f为护层低频时的屏蔽系数，也称护层防护作用系数。在电缆用于防强电干扰时，对护层的防护作用系数就有一定的要求。

6.3.3　主串线对偏心对屏蔽效果的影响

在生产和使用过程中，实际上主串回路大都不在屏蔽体中心，而与中心轴有一定的偏离，当屏蔽体内回路位于偏心位置时，电磁屏蔽的效果要降低，而主串回路在屏蔽体中产生的涡流损耗就要增加，这时偏心对的屏蔽衰减为

$$B_p = B_s + \ln\left|\frac{1}{S_p}\right|$$

式中　B_s——主串回路位于中心的屏蔽衰减；

S_p——偏心系数；

$$S_p = \frac{\sqrt{1 + 10\left(\frac{X_1}{X_2}\right)^2 + \left(\frac{X_1}{X}\right)^4}}{1 - \left(\frac{X_1}{X_2}\right)^2};$$

X_1——主串回路的偏心度（自屏蔽体中心至主扰回路中心的距离）；

X_2——被串回路中心至屏蔽体中心的距离。

由上式可以看出，当出现偏心时，S_p 总大于 1，$\ln\left|\frac{1}{S_p}\right|$为负数，屏蔽效果降低，主串回路对中心偏离越大，屏蔽衰减越低。

6.4　电缆金属套的屏蔽作用

通信电缆的金属套不仅具有一定的机械性能、密闭性能和防蚀性能，而且具有一定的防强电干扰的屏蔽性能。电缆金属套的屏蔽作用可用屏蔽系数表示，大体上讲，它是有金属套时电缆线芯上的感应电动势 E 与无金属套时同样电缆线芯上的感应电动势 E'之比。

6.4.1　固有屏蔽系数

当通信电缆和不对称强电线路接近时，在通信电缆的线芯上和金属护套上都感应有相同的纵电动势。而金属护套两端是接地的，在理想情况下其接地电阻等于零，这样在金属护套上就会产生电流 I。金属护套的屏蔽作用如图 6-5 所示。

显然

$$I = \frac{E}{Z_{22} + j\omega L_o} \tag{6-16}$$

式中　Z_{22}——金属护套的外阻抗；

L_o——金属护套以大地为回路的外电感。

$$L_o = \frac{\mu_o}{2\pi}\ln\frac{1.85}{\sqrt{j\omega\mu_o\sigma_e D_m h}}$$

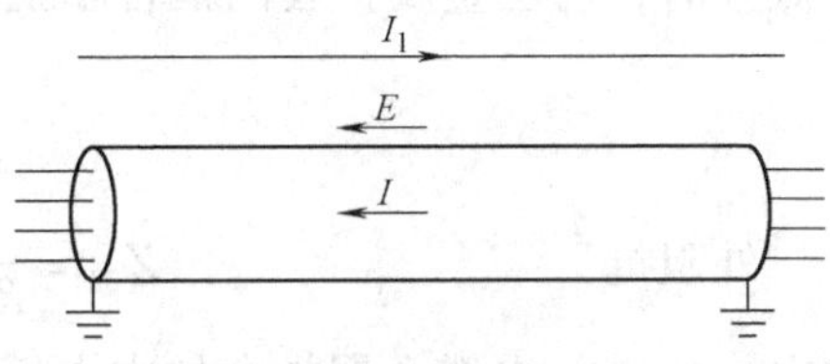

I_1　E　I

图 6-5　金属护套的屏蔽作用

$$=\left(2\ln\frac{1.12}{\sqrt{\omega 4\pi\times 10^{-7}D_m h\sigma_e}}+1-j\frac{\pi}{2}\right)\times 10^{-4} \tag{6-17}$$

式中 D_m——金属护套外径（m）；

σ_e——大地电导率（Ω/m）；

h——电缆埋设深度（m）。

电流 I 在芯线上感应的电动势为 $-Ij\omega\ (M_{内}+M_{外})$，这个电动势与强电线路在通信线路中芯线上感应的电动势方向相反。这里，$M_{外}$ 是由金属护套外部磁通环连所产生的互感，由于芯线是在金属护套之中，因此金属护套的外部磁通全部环连芯线，即 $L_{外}=M_{外}$。$M_{内}$ 是由金属护套内部的磁通环连产生的互感，即

$$Ij\omega M_{内}=d\phi_{内}/dt \tag{6-18}$$

一般的电缆金属护套是两层金属，由铝-钢或铅-钢所组成。根据感应定律已知，这里的 E 是指包围 ϕ 的周长上的电动势。双金属护套内磁通分布如图 6-6 所示。

图 6-6 中虚线是无限接近金属边沿的。虚线包含了金属护套的全部磁通，在此虚线上的电动势为

$$E=E_{22}-E_{12}=-d\phi_{内}/dt=j\omega IM_{内}$$

即
$$M_{内}\,j\omega=\frac{E_{22}}{I}-\frac{E_{12}}{I} \tag{6-19}$$

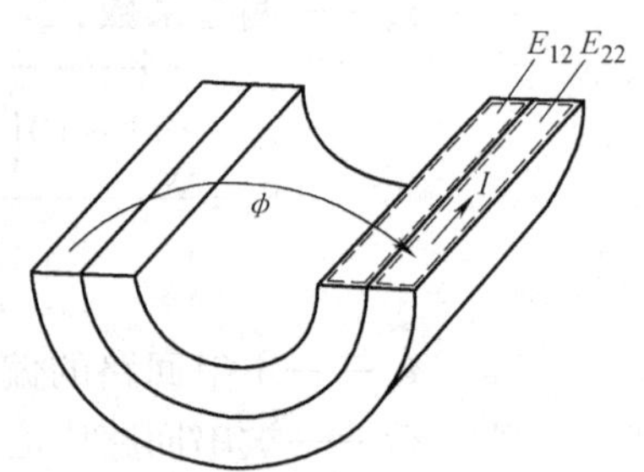

图 6-6 双金属护套内磁通分布

我们已经知道，外阻抗 $Z_{22}=\dfrac{E_{22}}{I}$，耦合阻抗 $Z_{12}=\dfrac{E_{12}}{I}$，所以：

$M_{内}\,j\omega=Z_{22}-Z_{12}$。

这样，芯线上的剩余电动势为

$$E'=E-j\omega(M_i+M_o)I=E-j\omega(M_o+M_i)\frac{E}{Z_{22}+j\omega L_o}$$

$$=E\left(1-\frac{Z_{22}-Z_{12}+j\omega M_o}{Z_{22}+j\omega M_o}\right)=E\frac{Z_{12}}{Z_{22}+j\omega L_o} \tag{6-20}$$

其中，M_i——$M_{内}$，M_o——$M_{外}$。

这里引入固有屏蔽系数的概念：无金属护套时，电缆芯线上感应的电动势与有金属护套屏蔽后电缆芯线上剩余电动势之比，称为电缆金属护套的固有屏蔽系数，即

$$S_0=\frac{E'}{E}=\frac{Z_{12}}{Z_{22}+j\omega L_o} \tag{6-21}$$

这是一个普遍的公式，它可以用来计算任意多层电缆在低频和高频时的固有屏蔽系数。在低频时，两层金属护套的耦合阻抗

$$Z_{12}=\frac{R_1R_2}{R_1+R_2}=R_m$$

外阻抗
$$Z_{22}=\frac{R_1R_2}{R_1+R_2}+j\omega L_m=R_m+j\omega L_m$$

式中 L_m——电缆金属护套的内电感。

这样，就可以得到

$$S_0 = \frac{R_m}{R_m + j\omega(L_m + L_o)} \tag{6-22}$$

对于钢带铠装电缆

$$L_m = \mu_r \frac{4mbn}{D} \times 10^{-4}$$

式中　μ_r——钢带的相对磁导率；

n——钢带层数；

b——钢带厚度；

D——钢带铠装电缆的直径；

$m = \frac{a}{a + \Delta a}$。

所谓固有屏蔽系数，就是指金属护套两端的接地电阻为零时的屏蔽系数。

在高频时，两层金属护套的耦合阻抗和外阻抗为

$$Z_{12} = \frac{Z_{M1}}{2\pi\sqrt{r_1 r_3}} \cdot \frac{1}{\operatorname{sh}\sqrt{j}k_1 t_1 \operatorname{ch}\sqrt{j}k_2 t_2 + \frac{Z_{M1}}{Z_{M2}} \operatorname{ch}\sqrt{j}k_1 t_1 \operatorname{sh}\sqrt{j}k_2 t_2}$$

$$= \frac{Z_{M1}}{\pi\sqrt{r_1 r_3}} \cdot \frac{e^{-\sqrt{j}(k_1 t_1 + k_2 t_2)}}{1 + \frac{Z_{M1}}{Z_{M2}}}$$

$$Z_{22} = \frac{Z_{M2}}{2\pi r_3} \cdot \frac{1 + \frac{Z_{M2}}{Z_{M1}} \operatorname{th}\sqrt{j}k_1 t_1 \operatorname{th}\sqrt{j}k_2 t_2}{\frac{Z_{M2}}{Z_{M1}} \operatorname{th}\sqrt{j}k_1 t_1 + \operatorname{th}\sqrt{j}k_2 t_2} \approx \frac{Z_{M2}}{2\pi r_3}$$

这样就可以得到两层金属护套在高频时的屏蔽系数为

$$S_0 = \frac{\frac{Z_{M1}}{\pi\sqrt{r_1 r_3}} \frac{2e^{-(k_1 t_1 + k_2 t_2)\sqrt{j}}}{1 + \frac{Z_{M1}}{Z_{M2}}}}{\frac{Z_{M2}}{2\pi r_3} + j\omega L_o} \tag{6-23}$$

在实际情况中，电缆金属护套一般为铅管外绕包钢带，或铝管外绕包钢带。由于螺旋效应使耦合阻抗 Z_{12} 变大，屏蔽效果也降低。此时的屏蔽系数为

$$S_0 = \frac{\frac{Z_{M1}}{\pi\sqrt{r_1 r_3}} e^{-\sqrt{j}k_1 t_1 \cos^2\varphi}}{\frac{Z_{M2}}{2\pi r_3}\left(1 + \frac{r_3}{r_2}\cos^2\varphi\right) + j\omega L_o} \tag{6-24}$$

如果电缆仅仅是铝护套（或铅护套），则低频时的屏蔽系数为

$$S_0 = \frac{R_m}{R_m + j\omega L_o} \tag{6-25}$$

高频时的屏蔽系数为

$$S_0 = \frac{\frac{Z_{M1}}{\pi r_2} e^{-\sqrt{j}k_1 t_1}}{\frac{Z_{M1}}{2\pi r_2} + j\omega L_o} \tag{6-26}$$

6.4.2 实际屏蔽系数

在实际使用过程中，电缆长度要大于接近长度，而且电缆敷设后可能均匀接地，也可能分布接地，接地电阻不会等于零，因此，就不能用固有屏蔽系数进行计算，而需计算实际运用时电缆金属护套的屏蔽系数。

$$S = S_0 + (1 - S_0) \frac{1 - e^{\gamma_p L}}{\gamma_p L} \tag{6-27}$$

式中 L——钢接近段平均长度（km）；

γ_p——钢电缆护套的传播常数。

$$\gamma_p = \sqrt{(R_p + j\omega L_p)(G_p + j\omega C_p}$$

式中 R_p、L_p、G_p、C_p——电缆金属套的有效电阻、电感、电导及电容。

因 $$G_p \geqslant \omega C_p 及 G_p = \frac{1}{R_{dp}}$$

故 $$\gamma_p = \sqrt{\frac{R_p + j\omega L_p}{R_{dp}}} \tag{6-28}$$

式中 R_{dp}——电缆护套与大地间的接触电阻（Ω·km）。

R_{dp}与电缆的类型及接地状态有关。由式（6-27）及式（6-28）可以看出，R_{dp}越小，则电缆的实际屏蔽系数越接近于固有屏蔽系数S_0。

从屏蔽系数计算公式分析可以得出以下几点：

1）同类护层结构的电缆，屏蔽系数随着电缆外护套尺寸增大而减小。

2）电缆的屏蔽效果取决于金属套（铅、铝、钢）的材料性质和结构尺寸，而与内部线芯位置及排列基本无关。

3）各种护层的电缆，屏蔽系数可以相差很大。裸铅套电缆的屏蔽效果是最差的，频率为50Hz时的屏蔽系数在0.8以上，而铝套电缆则在0.3~0.5。再采用钢带铠装后，可以下降到0.1以下。频率为800Hz时的屏蔽系数变化规律与50Hz相仿，但其数值要比50Hz时小得多。裸铅套电缆屏蔽系数在0.1~0.3，铝套电缆在0.02~0.05，再采用钢带铠装后下降到0.01左右。因此，为了获得良好的屏蔽效果，电缆结构往往采用铝套和高导磁钢带铠装。

4）对于沿交流电气化铁路敷设的干线电缆或与其他强电线路接近的电缆，对电缆护套的屏蔽系数均有一定的要求。如对于沿交流电气化铁道敷设的干线电缆的屏蔽系数，在频率为50Hz，电缆护套感应的纵电动势为30~50V/km的范围时，屏蔽系数应不大于0.1；当频率为800Hz时，应不大于0.01。

第 7 章　通信电缆的制造

通信电缆的制造通常由以下几个主要工序组成，即导电线芯制造，绝缘单线组成线组元件（包括同轴对的制造），元件绞合成缆芯（即成缆），线芯的干燥和加防潮护套，金属护套及铠装，电缆外护套等。本章将从以上几个方面逐一进行介绍。

7.1　导体制造

通信电缆导体制造与其他种类电缆导体的制造过程基本相似，而且相对较简单。因此本章只作简要说明。

7.1.1　单线拉制

单线拉制一般在拉线机上完成，拉线机是线材生产的主要设备，近年来，通过引进国外先进技术和消化吸收，使国产拉线机的技术水平有了较大提高。拉线机通常由放线装置、拉线主机与收线装置三部分组成。放线装置将待拉的铜杆或铝杆放出，经拉线主机拉制成的需要形状和尺寸后，由收线装置卷绕在线盘上，或作为成品，或作为下道工序使用的单线。

目前，我国生产的拉线机，大体分为单模拉线机、多模拉线滑动式拉线机和多模非滑动式拉线机，其产品已成系列生产。

1. 拉线机的分类

拉线机的分类方法很多，根据线材工作特点可分为滑动式和非滑动式；根据拉线鼓轮的构造形状，可分为塔轮型、等径轮、双层轮和单层轮型；按拉制线径的大小，可分为大、中、小、细、微型拉线机。另外，具有拉和轧综合功能的拉轧混式拉线机，作为拉线机的一种派生产品使用，也非常广泛。

2. 拉线机的结构组成

拉线机一般由主传动齿轮箱、拉线鼓轮、旋转模、润滑冷却系统等组成。

（1）主传动齿轮箱

拉线机的主传动齿轮箱及主传动系统由电动机通过带轮传动，可带动齿轮箱内各轴旋转，从而使拉线鼓轮旋转，达到拉线的目的。

齿轮箱主要用来传递动力与速度，箱体一般为整体式铸铁结构，体内分前、后两部分。前部分装有拉线鼓轮、拉线模座和冷却水系统等，后一部分装有一系列的齿轮、轴和变速系统，前、后两部分用箱壁隔开，以防止前部分的鼓轮冷却液和后部分的齿轮润滑油相互浸入。

（2）拉线鼓轮

拉线鼓轮按其外形，分为塔形、圆柱形和圆锥形。按其结构，分为整体的和组合的。按其使用的材料，分为高碳工具钢、合金工具钢、全陶陶瓷、金属陶瓷及耐磨铸铁等。一般大型拉线机采用圆柱形或圆锥形工具钢轮圈的组合式鼓轮。中、小拉线机采用塔形工具钢轮圈或金属—陶瓷轮圈的组合式鼓轮。细、微型拉线机采用塔形金属或陶瓷整体式鼓轮。

（3）旋转模

为了使线模在拉线中磨损均匀，保持孔型的圆度，采用旋转模可提高模子的使用寿命。由于模子工作时旋转，在拉线时就不会拉出沟槽，并使原来的滑动摩擦变成近似滚动摩擦，减小了摩擦系数，可始终保持拉出的线材是圆柱形，从而克服了普通模子的缺点。

（4）润滑冷却系统

为了保证主机齿轮箱内齿轮的正常运行，需采用润滑油润滑，润滑方式按齿轮速度高低，有喷射润滑和油箱润滑。由于拉线主要齿轮转动速度较高，一般采用喷射润滑，可将齿轮传动热量带走，润滑装置由油箱、管道及油泵组成。

3. 退火装置

现代拉线机一般均采用接触式连续退火装置，该装置一般安装在拉线机的最后拉线轮与收线盘之间或挤出机前端。

接触式连续退火的原理是：拉制以后的线材，经过带电的接触轮，使电流直接通过线材，由于线材本身具有电阻，当电流通达时线材即发热并加热线材，从而达到退火的目的。与一般退火设备相比，接触式连续退火装置具有以下特点：

1）电能消耗低。由于是利用电流的热效应直接加热线材而达到退火的目的，因此热效率高，比一般退火炉可节电约30%～50%。

2）加热均匀，退火质量稳定并有提高，不存在粘线现象。

3）同拉线工序或挤出工序连续，可省去一道工序，因而提高了生产效率。

7.1.2 线芯绞制

我们知道，为了增加电缆的可弯曲性和尽可能地避免导线接头的断裂影响，通信电缆特别是射频电缆或海底同轴电缆的内导体都采用由许多根细导线绞合起来的多芯绞线型式的结构，这种绞线结构的导体都是在管绞机或其他绞线机上完成的。

1. 管绞机的基本结构

通信电缆生产中使用最多的是管绞机，它一般可按放线盘的尺寸和装盘数的多少来定名其型号。通常有下列几种：100型、200型和400型12盘管绞机。在国外，生产深海同轴电缆时，则还有40盘以上的大型高速管绞机。下面以400型12盘管绞机为例简单介绍一下管绞机的基本结构。

400型12盘管绞机是一种典型的管式绞线机，之所以称它为400型12盘管绞机，是因为这种管绞机所能容纳的最大放盘数为12个，放线盘侧板直径为400mm。

400型12盘管绞机由下列几个主要组成部分：电动机、管式绞笼、托轮、绞线模架、牵引轮、收线架及齿轮传动机构。400型12盘管绞机结构示意图如图7-1所示。

电动机：整台机器的动力来源，其功率的大小直接由管绞机的大小和型号来决定。

绞笼：一个管状的笼子，为了生产方便，整个绞笼由许多节相同的笼子连接而成。绞笼的中心设有十二个放线架，用以安放线盘。绞笼的前端是分线板，分线板把每根由线盘放出的单线各自分开地送入在它前面不远处的绞线模。因此绞笼的作用有两个：一是设置放线盘；二是使由放线盘出来的每根单线通过分线板产生一个顺着设备轴心旋转的运动。

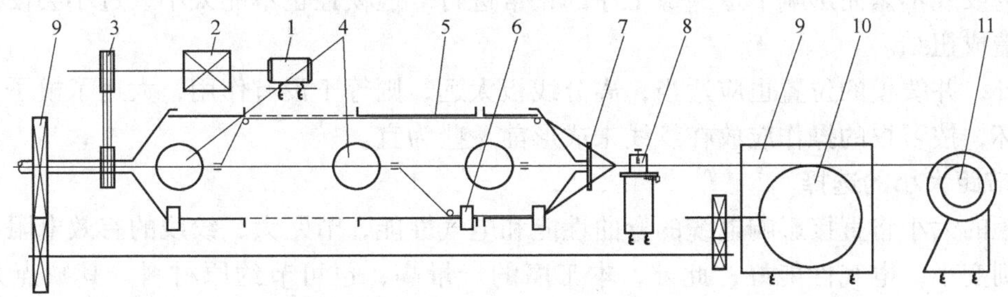

图7-1　400型12盘管绞机结构示意图

1—电动机　2—变速箱　3—带轮　4—放线盘　5—绞笼　6—托轮　7—分线板
8—绞线模架　9—齿轮传动机构　10—牵引轮　11—收线架

托轮：长而沉重的绞笼的主要支承装置，又是精确校正绞笼中心的主要部件。

绞线模架：用来放置绞线模，并可调节与分线板之间的距离。

牵引轮：牵引轮的作用是使单线产生一个沿绞线机轴线向前运动的状态。

齿轮传动机构：将动力传递给牵引轮和收线架，并使它的运动与绞笼的传动紧密配合。

2. 绞合的基本原理

单线的绞合是这样实现的：放线盘水平设置在绞笼的中央，其轴线与绞笼本身的轴线相垂直。由于放线盘架的特殊结构，绞笼转动时，放线盘却始终保持水平位置，并可在导线的牵引作用下，沿着它自身的轴线转动放线。

每只放线盘的出线分别经过前面支架上的模孔后各自沿着设置在绞笼内壁上的导轮和穿线模穿过绞笼端头的分线板，并在前面远处的绞线模中相互会合在一起。这样，当绞线机运转时，每根单线一方面受到一个绕着绞笼轴线转动的力，另一方面又受到前面牵引轮的向前拉力。这样两个力产生的复合运动，在绞线模作用下就实现了导线以一定节距的绞合。绞合后的导线通过牵引轮和计米器后，由放线盘收线。

3. 导线绞合应注意事项

（1）放线盘张力的控制

每一线盘都配有张力控制装置，以控制放线的张力。张力控制适当与否，对绞线质量有重要影响，太紧容易引起导线拉得太紧而易拉细，不合线径的实际要求，有时也可能把导线拉断。

（2）导线的接头

导线断线后要接头，放线盘换盘时也要接头，因此，接头在绞线中是经常要碰到的，接头的好坏对绞线质量的影响也很大。接头不牢，容易再次断线，接头过大，也会破坏绞线结构的均匀圆整性，另一方面也可能因为绞合时通不过绞线模而造成绞线扭结，甚至把整根绞线拉断。因此对接头必须有一定的公差要求，一般规定为不得超过原来单线的正公差。

（3）绞线用的模具有穿线模和绞线模两种

穿线模一般要求并不高，只要达到孔径与长度要求即可。绞线模，习惯上又称并线模，是绞线的主导模具，多为哈夫结构。并线模模径的选择是十分重要的，大小应确定，以稍紧一点为好。太松或太紧都不能保证绞合线的圆整，也有可能出现三角形绞线或跳线现象，同时又因为绞线不紧而影响下道绝缘工序的正常进行。但模径也不能太小，过小会使绞线不易通达而造成扭结。

此外，并线模的位置也应适当，离分线板太远，则等于没有作用，太近了模子受力过大容易损坏，按习惯的操作应放在绞线未成形前一些为宜。

4. 节距大小的选择

节距的大小将直接影响电缆的弯曲性能和电气性能，节距大，绞线的有效电阻小，电缆的衰减则变小，电气性能好，此外，本工序的产量高，也可节约原材料。其缺点是柔软性差，弯曲时也容易使绞线松开，这对下道工序的加工有不利影响。节距小，绞线的柔软性较好，但有效电阻大，从而电缆的衰减也大，电气性能差，同时，本工序的产量低，原材料用量大。因此，节距大小的选择应将以上两个方面综合起来考虑，通常是采取绞线的外径 d 乘以节距比 k，即

$$h = dk \tag{7-1}$$

实践证明，k 一般取 18 ~ 20 较为合适。

实际生产时，节距的大小都已事先由工艺文件定好，因此，具体的问题往往是如何来实现已给定的节距。

前面讲过，当设备运转时，由于每根单线一方面受到牵引轮的拉力而产生向前的速度，另一方面，除了中心的一根单线外，其余单线又都因绞笼的转动而具有一个绕着设备轴线转动的转速。因此，在绞笼每转一周时，实际上导线也同时都向前移动了一段距离，这样就完成了外转的各根导线围和中心的一根导线的绞合。而绞笼转过一周时，导线向前移动的那段距离，就是一个节距。由此，我们可得到节距 h，牵引轮线速度 v 和绞笼转速 n 这三者之间的关系：

$$h = v/n \tag{7-2}$$

显然，当线速度一定时，绞笼转速快，节距就短，绞笼转速慢，节距就长。反之，当绞笼转速固定不变时，线速度快，节距就长，线速度慢，节距就短。

实际生产中要改变绞笼的转速来实现所需要的节距是很困难的，而改变牵引轮的线速度是很容易的，只要调换传动牵引轮的齿轮的节距就可以了。400 型 12 盘管绞机的节距表见表 7-1。

表 7-1 400 型 12 盘管绞机的节距表

A	C	27 30 32 34 36 38 40 42 44 46 48 51
B	D	51 48 46 44 42 40 38 36 34 32 30 27
21/78	节距/mm	14.5 19.2 23.6 28.9 35.6 44
		17.2 21.2 26.1 32.1 39.5 52
50/49		55 72.6 89.5 109 134.5 167
		65 80.5 99 121 150 197

5. 常见质量问题分析

在实际生产中，如果对某些方面稍有忽视，往往会出现质量上的问题，现将生产中常见的一些质量问题及其产生的原因列于表 7-2，以供参考。

表 7-2　绞线常见质量问题及产生原因

序号	质量问题类型	产生原因
1	单线线径小	放线张力太大； 来料本身不合线径要求
2	单线擦伤	穿线模出现槽口； 导线跳出导轮擦伤； 复绕时擦伤； 搬运中碰伤
3	单线接头太大或不牢	接头时银片放得太多或太少； 火力太大； 双方头子没有对齐； 虚接
4	单线跳线	放线张力太松； 并线模孔太大； 中心导线弯曲； 模子压得不紧有缝
5	绞线扭结	模子压得太紧； 中心导线接头太大,线弯曲严重； 牵引轮部件失灵不转
6	绞线拉小	扭结造成拉小； 收线拉力太大
7	绞线中缺一根或几根单线	单线用光； 接头不牢或张力太大而断线没发现
8	绞线局部或连续弯曲	中心导线不通； 外层导线张力不均匀； 并线模孔径太大
9	绞线后擦伤	牵引轮滑环间隙太大； 收线盘等部件不光滑

7.2　绝缘挤制

通信电缆的绝缘，目前除了个别种类几乎都采用了塑料绝缘。而塑料绝缘是由挤出工艺来实现的，鉴于此，了解通信电缆的绝缘工艺，具有十分重要的意义。

7.2.1　挤塑机的基本结构

挤塑机是挤塑工艺中的主要设备。它的任务是经过一定温度加热将塑料熔化后挤包在导线与缆芯上，通过模具成型，完成挤塑过程。

挤塑机除了传动机构外，它的主要组成部分包括机身、螺杆、机头和模具。

1. 螺杆

螺杆是挤塑机中最重要的部件之一，挤塑机型号的大小，一般都是以它的螺杆的直径来表示，例如，ϕ85 塑胶机，就是说这台挤塑机的螺杆直径是 85mm。这样人们就可以知道它大体上将适合于制造哪类制品。螺杆不仅起到输送料的作用，同时对于料的挤压塑化和熔融过程又起着决定性的作用。因此，正确地设计螺杆是保证挤出质量的关键。

表征螺杆特性的主要指标是：螺杆直径、工作长度（或长径比）、螺距、螺槽深度和宽度、螺旋角及螺纹头数等。挤塑机的螺杆如图 7-2 所示。

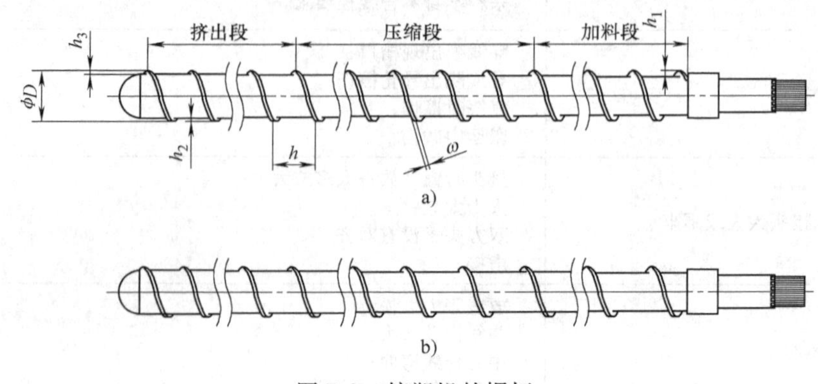

图 7-2 挤塑机的螺杆

a）等螺距变槽深螺杆 b）等槽深变螺距螺杆

一般来说，任何螺杆均可分为加料段、压缩段和挤出段三个部分。

（1）加料段

加料段是螺杆离加料口最近的那一段，有较深的螺槽，因此，对料的运载量特别大。这一段的主要作用是不断地向前送料。送料作用的大小取决于三个因素：一是料粒对螺杆的摩擦阻力与料粒对机筒的摩擦力的差值。要达到良好的送料作用，就要料粒与螺杆间的摩擦系数尽量低些，而料粒与机筒内壁间的摩擦系数则尽可能高些；二是螺槽深度，深度越大，送料就会越多越快；三是螺旋角的大小。角度的选取与料粒的形状、种类等有关，对于细粉状料，最适宜的螺旋角为 30°，而对于粒状料则在 15°左右最合适。

等螺距变槽深螺杆的加料段占总长度的 30% 左右。

（2）压缩段

压缩段是螺杆的中间部分，其螺槽深度比起前一段来要小，借以压缩塑料。

压缩段的主要作用是压缩塑料，使料因进一步受热而处于固体状颗粒与黏稠融体相混合的状态，同时，也使料中原来所含有的气体反压回加料段排出。

压缩段的主要特性参数是压缩比，它是压缩段开始部分与终止部分的螺槽容积之比。对于不同的塑料，应取不同的数值。

聚乙烯：2～4，最佳为 3。

聚氯乙烯：带状料：1.2～1.6；粒状料最佳为 2；粉状料 3.5～4.5。

压缩段的长度，严格讲应该根据所用挤塑料熔比特性的不同而有不同。例如，对于尼龙，由于它到达熔化温度以后，将急剧地熔化，因此，压缩段长度宜取得短些，一般仅用一匝螺距就可以。相反，对于像硬质聚氯乙烯，由于过热后会发生热分解，因此压缩段应该缓慢进行，压缩段宜取得长些为好。对于聚氯乙烯和聚苯乙烯等，则是处于上述两者之间，压缩段长度一般为总长的 45%。

（3）挤出段

挤出段是螺杆中槽深最小的部分，塑料到达该段后，被熔化而呈均一熔融体挤向机头。

塑料的挤出状态直接与这部分螺杆的形状、长度等有关。等距变槽深螺杆的挤出长度一般为总长度的 25%。

螺杆最主要的结构参数是螺杆直径和长径比。螺杆直径是决定挤塑机挤出量的关键，因此，正如前面已经提到的塑胶机都是以其螺杆直径的大小来定名的，而螺杆的长径比，即螺杆长度与其直径之比，也是螺杆的一个很重要的结构参数。长径比一般为 15:1，近年来已发展到 20:1、25:1 甚至 30:1 等。螺杆长度的增加，可使挤出量大约提高 20%~40%。同时，制品的外观较好，外径均匀。这是因为，螺杆加长后，塑料通过机筒的受热时间相应增加，受热均匀，压力充分，从而有较好的混炼效果。但是，无限地加长螺杆也是不利的，一方面会受到螺杆本身加工困难的限制，另一方面，过长的螺杆也不能很好地保证挤塑机运行的连续性。常用塑料的长径比见表 7-3。挤压聚乙烯用螺杆的主要结构数据见表 7-4。

表 7-3　常用塑料的长径比

挤压材料	长径比 L/D	
	$D>150$mm	$D<150$mm
聚乙烯	12~15	18~25
聚氯乙烯	12	18

表 7-4　挤压聚乙烯用螺杆的主要结构数据

螺杆直径	螺距	加料段槽深	挤出段槽深	螺纹顶部宽度
D/mm	n/mm	H_1/mm	H_3/mm	W/mm
40	40	6	1.5~2.0	4
50	50	8	2.0	5
65	65	10	2.5	6
90	90	12	2.5~3.0	8
115	115	13	3.0	10
125	125	14	3.5	12
160	160	15	3.5~4.0	15

2. 机身

机身是挤塑机的重要部分，其中大都放置圆柱形机筒。当其磨损以后，应很容易更换。机身一般可分为漏斗部分和加热部分。在漏斗部分，为了防止因温度过高，料粒容易粘着在漏斗附近阻塞进料，一般都设置有水冷却装置。

机身的加热方式是多种多样的，有油加热式、电加热式等。其中，最广泛采用的是电加热式。电加热式又有电阻加热和感应加热两种。目前，最普遍采用的是电阻加热，即在机身上包以电热丝加热。为了得到更好的加热效果以利于挤压，机身加热部分通常都分成几段独立的加热区，前机身、中机身和后机身一般都分别与螺杆的挤出段、压缩段和加料段相对应。各段的温度可分别通过热电偶加以控制。

机筒是螺杆的主要工作场所，应当采用耐磨耐蚀的材料制成。机筒与螺杆之间的间隙应尽可能的小，一般在 0.05~0.25mm，以提高挤压和挤出效果。

3. 机头

机头是挤出模具与机身之间的过渡部分，它有直线式、直角式和斜角式三种类型。

直角式机头中，塑料流动需要转过90°角，故流动阻力较大，但这可以通过对机头内腔的正确设计而得到改善，同时直角式机头也容易做成铰链式的活动机头，机头内容易放置筛网，使用上较为方便，所以在电缆制造中被大量应用。斜角式机头由于装入芯线方便，塑料在其中的流动又较类似于直线式，故也在电缆工业中经常使用。

机头内一般都放置有分料板与筛网，它们有以下几种作用：一是滤去塑料内的机械杂质；二是使涡流状流动的熔融塑料平稳下来，转变成直线运动；三是增加塑料的流动阻力，以获得合适的挤压力；四是阻止没有完全塑化的料粒进入机头。

7.2.2 模具

挤塑机的模具是塑料挤压的成形部分，因此，在挤制电缆的绝缘或护套过程中起着很关键的作用。它由模芯和模套两部分组成。按照不同的挤出要求，模具又有挤压式和挤管式两种。

1. 挤压式模具

其模芯的尖端与模套孔之间保持着一定距离，如图7-3a所示。

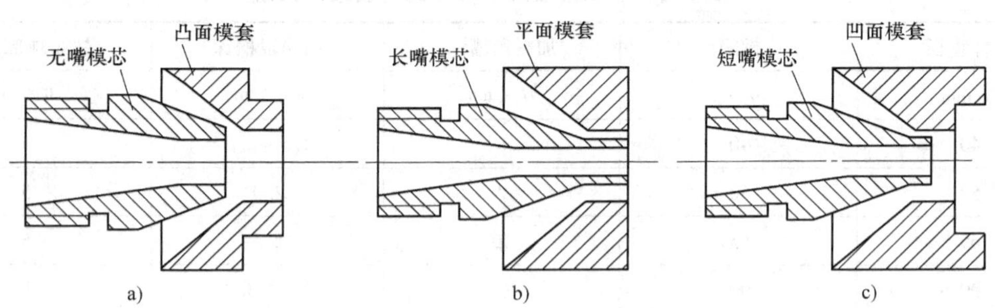

图7-3 挤塑机模具

由于塑料在机头内将直接和芯线相遇，挤出压力直接压在芯线上，这就使塑料易于紧紧地包住芯线。其缺点是当挤塑机温度或螺杆转速有变化而引起机头内压力变动时，容易发生挤塑的偏芯。

2. 挤管式模具

挤管式模具的模芯大都有一段圆柱形的凸出尖端，尖端可与模套孔端面平齐，甚至可以伸出模套孔外，如图7-3b所示，因此，在机头内塑料与线芯不会相遇，这种挤压相当于挤出一根管子套在芯线上，故挤压过程较少受机头内压力变化的影响，从而不易发生偏芯。其缺点是塑料挤包较松。为避免这种情况，可采用半挤管式挤压采用抽真空的方法。

3. 半挤管式模具

所谓半挤管式模具是模芯的圆柱形凸出尖端不伸出模套口，而是稍向里面一点，使塑料挤出时有一个对芯线的压力而紧包在芯线上，编织外导体的护套大都采用此方法。

正确选用模具的结构尺寸，对于保证制品的质量有显著影响，以下就对模芯、模套的选择分别作简单的介绍。

1. 模芯

模芯的主要结构尺寸是内孔直径 D、孔尖长度 l 和锥角 α。模芯尺寸如图 7-4a 所示。

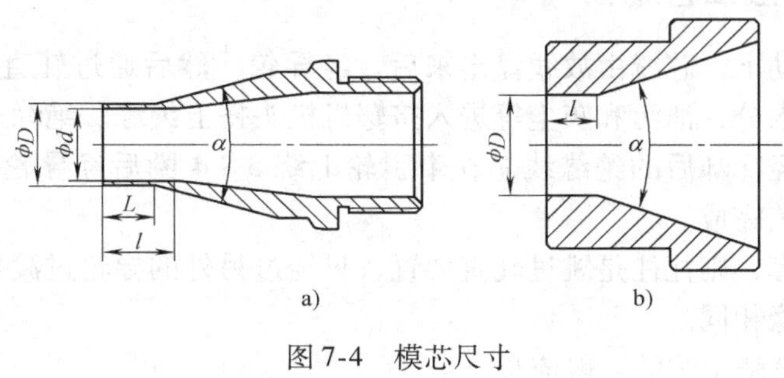

图 7-4　模芯尺寸

a）模芯　b）模套

模芯内孔是为通过芯线而设的，孔径应该比芯线直径稍大，但孔径太大，芯线会在里面松动，易发生偏心，而且也容易发生塑料的倒流现象，产生黄塑胶（即烧坏了的塑胶）。黄塑胶很容易被芯线带出而影响挤制质量，造成大小外径，且黄塑胶还将大大降低芯线的绝缘性能。反之，如果孔径太小，芯线有时可能不易通过，造成不均匀的绝缘外径，严重时，还会出现过大外径的大肚皮和挤塑的脱节等现象。实践证明一般模芯孔径比芯线大 0.2 ~ 0.5mm 是合适的。

护套一般模芯孔径比成缆线芯或铠装线放大 1.0 ~ 3.0mm，主要根据实际情况而定。孔尖长度 l 也应适当选取，如果太长，芯线通过时受的摩擦力会太大，容易发生芯线拉断或拉细等现象。相反，如果太短，则这一部分就容易磨损而使孔径扩大，造成芯线在当中跳动。一般这部分长度可取 4 ~ 8mm，如果是采用碳化钨硬质合金，该长度可短些。

模芯锥角 α 的选取应与模套锥角很好地配合。

挤管式模芯，除了上述三个参数外还应考虑圆柱形凸出部分长度及其外径，这两个尺寸都得根据模套承线的长度和孔径的大小，以及结合产品的实际要求来确定。

2. 模套

模套的主要尺寸是孔径 D，承线长度 l 及模套锥角 α，如图 7-4b 所示。

考虑到塑料挤压后的收缩，模套孔径总是应该比制品外径大些（泡沫聚乙烯挤压除外）。经验指出，当挤塑厚度在 1.5mm 以下时，模套孔径可按制品外径的要求放大 0.2 ~ 0.3mm。而当厚度超过 0.5mm 时，模套孔径则可放大 10% ~15%。

模套的承径线对挤塑压力有直接影响，如果承线较长，由于塑料不易流出，在机头内可积累较大的压力，挤塑后质量较好。但是承径线取得太长也不利，会造成过大的压力而使反向的压力流动加大，挤出量减少。在这种情况下，要保证制品外径的要求，必须相应加大螺杆的转速，这显然是不太合理的。同时，承径线过长时，因为反向压力流动的增加，塑胶也极易倒流入模芯，使挤塑不能正常运行，甚至还会影响制品的质量。因此，承径线的长度应适当地选取。对于聚乙烯加工，一般可取为孔径的 3 ~8 倍。而如果被挤压的塑胶黏度大，为避免挤出量的明显降低，以及功率的突然升高，承径线长度应取得短些。此外，在挤压薄层绝缘时，由于挤出速度很高，此时承径线长度也应取得短些。

模套锥角的选择，应考虑到塑料流通孔道逐步的收缩，避免某些地方孔道的尺寸小于制品的挤塑厚度，以保证塑料的压力均匀地增大而有利于挤压。一般情况下，模套的锥角应与模芯的锥角一致或稍大一些而相互能很好地配合。

7.2.3 挤塑的一般工艺流程

在牵引轮的拖动下，芯线由放线盘出来后，经导轮，然后通过轧直装置被进一步拉直，再由烘干装置去除水分，油污和灰尘等进入挤塑机机头挤上绝缘。绝缘后的芯线随即进入冷却水槽冷却，之后经冷却后的绝缘线芯在牵引轮上绕 3 ~4 圈后经导轮到收线盘进行收线。这样，整个挤塑工艺完成。

如果是挤压护套，则往往是跳过轧直装置，只经过另外的导轮过渡直接进入挤塑机，以后的过程则与挤绝缘相同。

图 7-5 所示为挤塑工艺的一般流程。

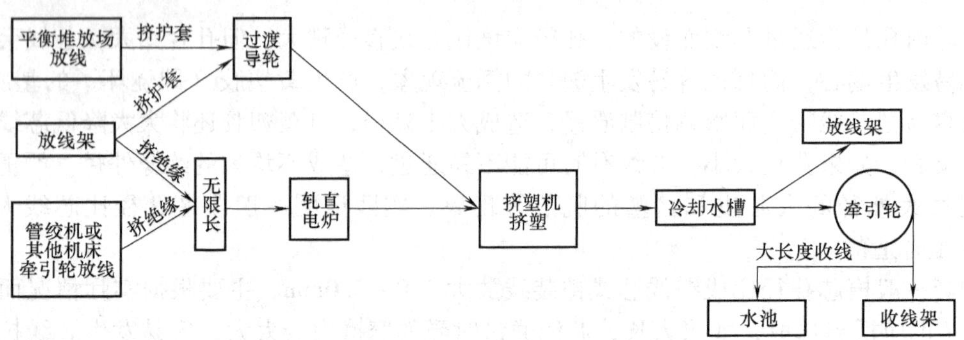

图 7-5 挤塑工艺的一般流程

7.2.4 影响挤塑质量的几个主要因素

1. 挤塑温度

挤塑机中的温度是决定挤塑质量的重要因素。因此，温度的控制是挤塑过程中最重要的问题之一，前面已经提到，挤塑机的机身一般分为数段独立的加热区域，其温度必须根据该区域的作用加以不同的控制。如在加料段，温度一般不宜过高，否则料的黏度将大大下降，使螺杆由摩擦而产生的向前推力减小，不利于料的输送。为此，常在该段设有通以冷水冷却的装置以控制温度的上升，但是在挤出段就不同了，为了使料很好地塑化混合，温度必须相当高。

实际温度究竟应定在多少为宜，需视材料的软化点或熔点来定，材料不同或材料相同而牌号不同，挤塑温度都可能不同。表 7-5 列出了常用材料挤塑时可采用的温度以供参考。

表 7-5 常用材料挤塑时可采用的温度

挤塑材料	设备类型	机身/℃			机身/℃		
		后	中	前	后	中	前
聚乙烯高压	Φ45Φ65	150		160	170		180
	Φ80Φ85	130 ~ 140		150 ~ 160	155 ~ 165		160 ~ 170
泡沫聚乙烯	Φ45Φ65	140		150	155		160
	Φ80Φ85						

（续）

挤塑材料	设备类型	机身/℃			机身/℃		
		后	中	前	后	中	前
普通聚乙烯	Φ45Φ65						
	Φ80Φ85	135 ~ 145	150 ~ 155	175 ~ 185	185 ~ 190		190 ~ 195
聚氯乙烯	Φ45Φ65						
	Φ80Φ85	130 ~ 140	150 ~ 160	170 ~ 180	140 ~ 145		140 ~ 150

2. 挤塑压力

挤塑机挤压过程中的压力是由下面三个因素引起的：

螺杆槽深逐减的程度；

分料板与筛网的阻碍作用；

机头与模具的阻碍作用。

要保证挤塑质量，必须很好地控制挤塑压力，压力不足，制品结构就不很紧密，甚至还会出现气泡，也容易发生裂纹。但是，过高的压力又是不希望的，它会造成挤出量大大减少，从而使生产率降低。

挤塑机的螺杆都是事先定了的，因此螺槽深度沿螺杆的变化也就是一定的。在实际生产中，挤塑压力的控制可以通过改变筛网的层数和孔数来实现。但是最常用的还是利用改变模套的锥角大小或承径线的长度来实现。

3. 挤出速度

挤出速度实际上是由螺杆转速和牵引轮线速度两个方面决定，从提高生产率的角度，总希望螺杆转速快些，这样单位时间的挤出量应该很大。但是螺杆转速太快，料粒将过快通过机身而来不及充分塑化就进入机头被挤出模具，这就容易使制品表面发毛和带有生料。

牵引轮的线速度应按制品的外径要求适当控制。在初步确定牵引轮线速度时不能太快，应当留有适当的调节余地。同时，线速度太快，由于塑料挤出后浓度太大也容易造成制品外表的不光滑。

4. 挤塑后的冷却

挤塑后的冷却对制品质量的影响很大，这对挤塑外径或挤塑厚度较大的制品尤其明显。冷却控制不好，往往会出现绝缘变形不圆和中心含有气泡等现象。如果是作为电缆的绝缘，那将会严重影响电缆绝缘的电气特性，因此要力求避免。

挤压较大厚度的聚乙烯绝缘时，由于聚乙烯本身的特点，热的聚乙烯直接受冷却水冷却时，其外表层会因急冷而固化，而内层塑料还是热的，等内层塑料也冷却下来收缩固化时，外层塑料已经不能随之收缩了，从而在挤塑层内部，特别是靠近导线的部分形成蜂窝状的小气泡孔。为此，大厚度的聚乙烯绝缘必须在热水中缓冷。从结构的紧密性来看，这种缓慢冷却的过程越长越好。

另一方面，刚出机头的聚乙烯尚还处于熔融状态，因此很容易因自重下垂而造成变形。要避免这种情况，掌握冷却速度是十分重要的，这就要求根据具体情况，合理地控制好进入冷却水槽的时间和温度。

对于小线的挤制，由于以上情况不严重，故可以直接在空气中或冷水中冷却。如果是冷水冷却，则当绝缘线通过冷却水槽时应将全线浸入在水中，切不可时浸时不浸，更不应该使绝缘线芯上半边脱水下半边浸水，否则将会造成变形不圆的绝缘。

5. 放线的张力控制

放线的张力大小，除了会影响导线本身线径粗细或变曲，还会直接影响挤塑外径的均匀性。实际情况往往是这样：张力太松，由于放线的不均匀而造成时大时小的不均匀挤塑外径；太紧，又易把导线拉细，使电缆芯线的电阻改变，严重时，可能将线芯拉断。

除上述因素以外，其他像潮气、油污、脏物等附在料粒里或芯线上也会影响产品的质量。

7.2.5　常见质量问题

挤塑中常见的一些质量问题及其产生的原因如下。

1. 偏心

产生的原因有：模芯与模套间的距离未调节好，机头中心压力过大；导线张力不均匀；导线弯曲；机头或模芯内有老胶；偏心的校正螺钉没有真正顶住模套等。

2. 偏心变动难以校正

产生的原因有：模芯与模套间距离太大，以致模芯不能保持线芯始终在原来位置，容易受机头内压力变动的影响；模芯磨损，孔径过大，芯线位置不能固定；机头温度不均匀，波动太大。

3. 外径不均匀

产生的原因有：放线张力不均匀；牵引轮速度不稳定，或水槽中有其他物体阻碍；机头和机身温度有变化，且波动较大；模芯孔径太小。

4. 脱胶

产生的原因有：内导线接头过大，经过模芯时受阻而略微停滞，之后又突然快速前进；模芯孔径过小；导线上有油污；机头温度过低；料斗中断料或进料口阻塞。

5. 变形

这是因为挤塑温度控制不当，机头温度过高，造成熔融状塑料因自重而下坠，当水槽温度太高或绝缘有部分露出水面等也都可能发生此类现象。

6. 表面有料状的粗糙现象

这多数是由于挤塑预热温度和时间不够造成的。但机身温度太低或筛网孔太少，加料粒子太大等也有可能发生这种情况。

7. 表面有不定方向的划痕

这可能是有杂质或老胶粒粘在模套承线口而造成。

8. 表面良好，但有一系列大肚皮现象

可能是放线或收线不均匀；模芯孔径太小；线芯包得太松或存有大量空气；线芯本身外径不圆；线芯上有挥发性物质如油类、水分等。

9. 制品中有气泡

这是由于水槽温度控制不当；料里有水分存在；内导线上有油污和水分造成的。

7.3 对称电缆元件的星绞

对称电缆元件一般有二线组、四线组、六线组、八线组等。其中，最为通用的是对绞二线组和星绞四线组。前者多在市内电话电缆或局用电缆中应用，而后者则是现代高低频长途对称电缆普遍采用的结构。因此，作为对称电缆元件的扭绞，我们以星绞四线组为例作介绍。

实现星形四线组绞合的设备一般有卧式和立式之分。

卧式的星绞机又有笼式和管式的两种，笼式星绞机的具体结构和原理实质上与绞笼式成缆机大体相同。管式星绞机是一种高速星绞机，它的主要特点是生产率高，速度快，星绞结构比较稳定。因其结构和原理类似于管式绞线机，所以此处不做详述。

立式星绞机是现阶段普遍采用的一类星形绞线机，对于对称电缆星绞元件来讲，立式星绞的扭绞工艺具有代表性。卧式星绞的扭绞工艺基本上也与此类似。因此我们以STV-4立式星绞机为例介绍星绞工艺。

7.3.1 立式星绞机

STV-4立式星绞机是一种典型的立式星绞机，除了电动机及控制设备，收、放线等辅助设备外，其主要结构包括以下几个部分。

1. 绞盘

绞盘的外形像一个大齿轮，它的作用与管绞机的绞笼相似，用来设置放线盘和由于旋转而完成绞合。

2. 放线装置

由四个放线架和四根放线轴及张力调节装置构成。放线盘依靠放线轴被灵活地放置在芯线框架上，而四个放线架则互成对称位置地安装在绞盘上，每个放线轴支架上都还装有张力调节装置，根据需要可调节放线盘的同线张力。

3. 退扭装置

这是一组三齿轮开启型的行星式齿轮传动机构，其作用是当绞盘每驶过一周时，使装有放线盘的框架反向旋转一周而取得退扭。这样，每个放线盘沿圆周运动时，始终能使自己的位置和起始时的位置保持平行。实际上，退扭的作用相当于把绞到扭转的芯线反绞合方向加以反扭，绞盘每转一周，这个退扭的数值也正好等于一周。退扭作用一是消除了由于绞盘旋转而造成的每根芯线自身的扭转变形；二是消除了每根导线在进入绞合模具前的变曲变形，从而可保证星形绞合的对称性良好。

4. 牵引轮

牵引轮的作用与管绞机中的牵引轮一样，以一个恒定的线速度牵引绞合后的线芯向前运动，保证星绞的连续进行。

正式开车前，为了获得足够的摩擦力，并避免收线时星绞的直接影响，须把绞好的线芯在牵引轮上缠绕4~6圈后再由收线盘收线。此外，为了避免以后的线芯重叠在一起，运转时，还须把牵引轮上的各圈线芯边推向空的一面，为后来的线芯留下空位。这种移动是依靠附在牵引轮上的分线环来实现的。

5. 收线装置

包括收线盘轴、架和排线装置。

收线盘轴安置在支架上的两轴中旋转，且由齿轮传动，排线装置是为了使线芯在收线盘上排列均匀整齐而设置的，它由传动机构和排线器组合而成。排线架的位移应准确地和收线盘的工作宽度相等。排线架只能作直线往复运动。它是依靠一根旋转的螺杆及一个在螺杆上作直线移动，并与排线架固定在一起的特殊帽来实现的。

6. 绕包头

绕包头位于牵引轮的下端，用以放置纱团或塑料细丝团，实现对四线组的扎纱或扎丝。其结构实际上是一个连有衬套的托盘，衬套被套在与绞盘中心相一致的一根空管上，通过齿轮传动机构获得转动。

7. 模具

星绞用的模具是哈夫式结构的钢模。它从纱包头下面装进托盘衬套套着的空管内，并且由螺钉固定。星绞模具孔径的选择十分重要，对绞合质量有很大影响。

7.3.2 星绞工艺

除了单四线组的电缆外，一根电缆通常是由许多个四线组构成。为了减小电缆中邻近话路间的干扰，各个四线组必须按照各层中邻近四线组的绞距各不相同的原则排列。例如，偶数的四线组层中，其中一半的四线组为同一绞距 h_1，而另一半则为另一绞距 h_2。在同一层中，这两种不同绞距的四线组相互交替排列。对于奇数的四线组层，其中一个四线组是采用与上两种不同的第三个绞距 h_3 进行绞合的。显然，如果是多层电缆，那么就应该有许多个不同的绞距。

四线组的节距可根据绞合原理来确定，一般均在 100 ~ 300mm 范围内，并有工艺文件具体规定，因此，工艺上具体如何实现这些规定，生产出符合要求的产品，这就是节距的调配，应根据设备节距表来进行调整。

1. 模具

前面讲过，星绞的模具是哈夫式结构的钢模，如图 7-6 所示。

星绞时模具的配置，实际上是选择合适的孔径 D。模具孔径的大小是影响星绞质量的很重要的因素，它会直接影响四线组 K 值的合格与否。如果孔径太大，星绞后线组不易保持四线的对称位置，而使星绞组 K 值过大。如果孔径太小，由于线组不易通过，而使四根单线不均匀地相互受压缩，这不仅会严重破坏四线组的对称性，导致 K 值增加，而且还会损坏单线的绝缘层，甚至也可能拉断线芯。

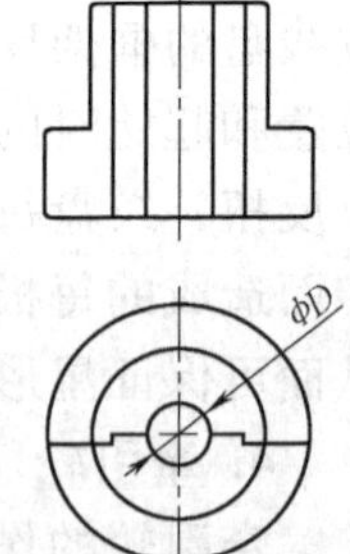

图 7-6 星绞模具

模具的尺寸，一般也都由工艺文件或工艺卡片规定。应当指出，工艺文件所给定的模孔尺寸大都是根据星绞后外径的理论值决定的。实际生产中，该理论值不一定与实际情况完全相符，在这种情况下，就要求操作者能根据生产中的具体情况正确地选择合适的孔径。

2. 扎线及其节距

星绞后的四线组外，须间隙地缠绕有色的棉纱或塑料细丝，这项工作在星绞中称为扎纱或扎丝。它的作用有两个：一是扎紧四线组，保证四线组具有较稳定的结构，从这一点上讲，绕扎塑料（通常是聚乙烯）细丝要比绕扎棉纱来得好，这不仅是因为聚乙烯丝比起棉纱更富有弹性，从而使四线组捆扎更加稳定，同时，聚乙烯丝又不像棉纱那样容易受潮而使电缆的绝缘电阻大大降低。扎纱或扎丝的另一个重要作用是纱或丝的颜色是区分同一电缆里不同四线组的一种标志。因此，不同颜色纱或丝的绕扎是和每个不同绞合节距的四线组相对应的。表7-6列出了MKK7×4×1.2高频电缆不同扎纱颜色所对应的四线组节距搭配。

表7-6　不同扎纱颜色所对应的四线组节距搭配

纱色	白	红	绿	白/蓝	白/棕	白/红	白/绿
四线组节距/mm	165.9	188	250.8	206	327	227	283.8
节距搭配	$\frac{48}{32}\times\frac{26}{50}$	$\frac{50}{29}\times\frac{26}{50}$	$\frac{47}{29}\times\frac{29}{40}$	$\frac{40}{29}\times\frac{29}{50}$	$\frac{50}{29}\times\frac{29}{32}$	$\frac{43}{29}\times\frac{29}{40}$	$\frac{50}{29}\times\frac{29}{37}$

扎纱或扎丝的节距也事先由工艺文件确定，一般都在30mm以内，过长的扎线节距对线组结构的稳定性是不利的。

3. 单线上车的排列及张力控制

星绞四线组的单线分红、白、绿、蓝四色，纸绝缘的四线组中的白色就是纸的本色，四根单线上车时的排列有明确的规定，一般都如图7-7所示，不可弄错。其中，互成对角位置的两线红—白，蓝—绿将分另组成一对工作回路。

星形绞合时，上述四根单线放线张力的一致有很重要的意义，假如四根单线以相同的放线张力绞合，则四线组的结构容易是对称的，假如张力不等，则绞合的四线组其芯线的排列对中心不是对称的，线组的K值就可能很大而超出工艺规定的要求。

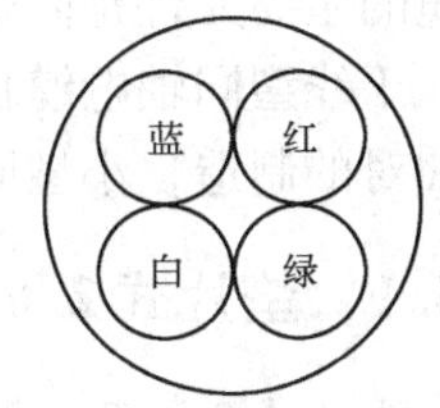

图7-7　单线上车排列

严格地讲，保证整个星绞过程中张力的一致，就是随着放线盘不断放线，其盘主加重量均不断减小，因此，开始时调好的张力不能认为等于放线终了的张力，这就要求在星绞过程中，操作者能经常调整张力，尽可能地保证四根单线自始至终张力一致。

张力的调整，目前都还是凭经验来实现的。一般认为当放线盘装上设备接好线后，用手轻拉芯线，若放线盘能随着转动，则张力就可以了。导线直径越细，张力应该越小。另外，在放线盘剩线变少时，张力也应控制得小些。

4. 星绞的中间检查

星绞后的每盘制造长度四线组都需作中间检查。中间检查包括外观检查和电气检查两个方面。外观检查主要是根据工艺文件的规定检查节距、色谱、外径等是否符合要求。一般来讲，只要操作者仔细地按照工艺要求做好准备工作和进行操作，那么这项检查是不会有什么问题的。电气检查是实际生产中最容易发现星绞质量问题的一关，它主要由两项构成：导线的直流电阻和电阻差测试及电容耦合系数K_1值的测试。

导线电阻不合格或电阻差（一般规定不超过回路电阻的1%）不合格，大致有以下几个方面的原因：

1）放线盘张力太紧或四盘线的张力不一致，紧的很紧，松的很松；

2）单线复绕时张力太紧，导线被拉细，或复绕中排线太乱，星绞时线头被其他各圈线压住，硬拉出来导线被拉细；

3）单线的导线本身就不均匀，直径不符合工艺要求。

电容耦合系数 K_1 是目前控制对称电缆串音衰减的一个重要指标，这一点对低频的对称电缆就更有实际意义。因此，在星绞工艺中 K_1 值都有明确的规定，一般而言，对作高频用的四线组，其 K_1 值的绝对值不应超过 20；而作低频用的四线组，其 K_1 值的最大绝对值也不能大于 40。

电容耦合系数实际上是由四线组各芯线间部分电容的不平衡引起的，要消除这种直流耦合，就必须保证四根芯线的位置与中心对称。因此，芯线的相互对称是消除或降低星绞四线组 K_1 值的关键。从这点出发，往往可找到线组 K_1 值不合格的直接原因。

实际生产中造成 K_1 值不合格的原因大致如下：

1）模孔太大，没有对星绞的四根单线起到应有的约束作用，造成芯线位置不对称；

2）扎纱或扎丝太松，芯线位置不固定，破坏原来的对称，这时大节距的扎纱就更为重要；

3）单线本身绝缘外径不均匀，或偏心；

4）绞线盘放线张力太松或不均匀，造成线组绞合的不对称。

7.4 同轴对的制造

陆上的长距离有线通信，发展到现在这个时期都采用干线型同轴电缆，组成干线型同轴电缆的主要元件是同轴对。因此，掌握和熟悉同轴对的制造方法和过程，具有实际意义。

干线型同轴电缆目前应用最广的是小型 1. 2/4. 4 和中型 2. 6/9. 4 两种。本节仅介绍中型同轴对的制造，小型同轴对的制造基本上与此相似，所以在这里就不再另作介绍。

7.4.1 垫片式 2. 6/9. 4 同轴对的制造工艺

垫片式 2. 6/9. 4 同轴对的结构如图 7-8 所示。

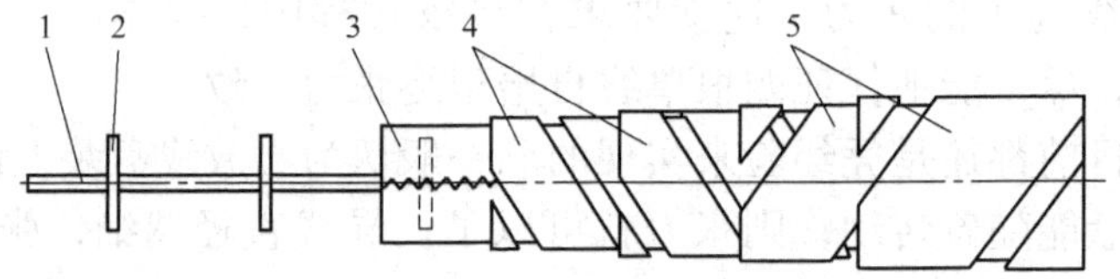

图 7-8 垫片式 2. 6/9. 4 同轴对的结构

1—内导体 2—聚乙烯垫片 3—外导体 4—钢带屏蔽体 5—纸带绝缘

内导体是标称直径为 2. 6mm 的半硬铜线，外导体是由厚度为 0. 25mm 的闪电型结构的铜带纵包而成。内、外导体间的绝缘是由厚度为 2. 10mm，外径为 9. 2mm 的聚乙烯小圆片作支撑来实现的。外导体上有两条 0. 15mm 宽的镀锡低碳钢带以同方向（右向）包绕组成的屏蔽体，屏蔽钢带的外面是同方向（左向）包绕的两条宽度为 18mm 的 K-17 电缆纸带，作为对地绝缘。

整个同轴对的制造可分为准备、嵌片屏蔽、测试和高压提炼三个工序。同轴对制造的工艺过程如图 7-9 所示。

7.4.2 同轴对的准备

铜线、铜带表面的净化和铜带的滚齿，聚乙烯垫片的挑选、清洗和干燥，以及钢带的切

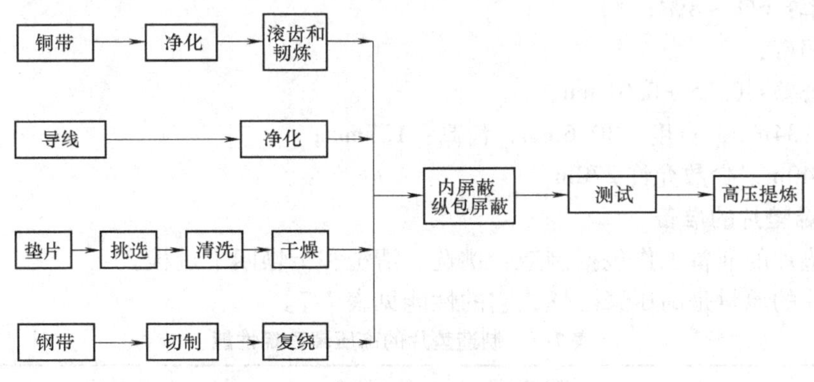

图7-9 同轴对制造的工艺过程

制和复绕都属于准备工序。

1. 铜线和铜带的净化及铜带的滚齿

作为同轴对内导体用的铜线和外导体用的铜带，表面通常带有金属灰尘、氧化物、毛刺和拉线时的乳浊液等残留物。这些物质的存在，将会大大降低同轴对的电气强度，这对于垫片型开放式的绝缘结构更是如此。因此，在制造同轴对以前，将这些残留物清除干净是十分重要的，这一过程习惯上称为净化。

利用电解法净化是目前最有效的方法，它是将要净化的铜线或铜带作为电极的阳极，浸没在浓度为70%的亚磷酸电解质液里，并缓缓通过，保持电解液温度在15～25℃范围内，当直流电通过亚磷酸液时，就发生电解现象，处在液中的导线（阳极）表面随即产生一种气体和阳极液。采用这种方法，在通过的电流密度为0.25A/cm^{2}时，12s内就足以使被清洗物余下0.1mm厚的表皮而得到清洁的表面。经电解液净化后的铜线或铜带由净水冲去表面的酸液，最后用热空气把它们吹干。

经清洗处理的铜导线，一般就可以直接使用，但铜带则不然，因为它们都还是宽度为40mm左右的光边铜带，所以需进行滚齿工艺，将它们制成如图7-10所示的2.6/9.4同轴对外导体。

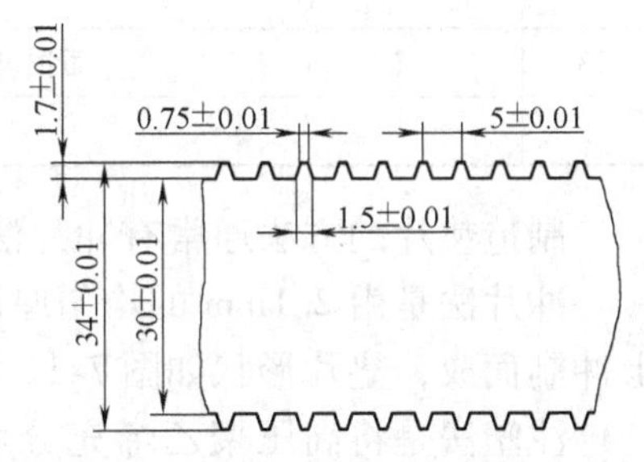

图7-10 2.6/9.4同轴对外导体展开图

由图7-10可见，铜带两边的锯齿是相对错开的，即一边是凸缘（锯齿），相对一边是凹处（齿中的间隙）。为使外导体纵包时结构紧固地接合，这种锯齿的错位是很重要的。

滚齿是在专门的滚齿机上进行的，滚齿时应保证齿形边缘光滑，轮廓清楚，没有铜屑，没有切割下的铜带碎块，同时对于表面氧化、起皮的铜带应当剔除不用。经滚齿的铜带最终还须经电热式韧炼炉韧炼后方可使用。

导线和铜带经以上准备，最后应达到如下要求：

铜线：半硬铜线；

直径及公差：2.6±0.005mm。

铜带：

抗拉强度：28～37kg/mm^2；

拉断伸率：6% ~8%；

闪电型铜带；

厚度及公差：0.25 ±0.01mm；

总宽度：34mm；宽度：30.6mm；齿高：1.7mm；

长度：540m，少数允许270m。

2. 聚乙烯垫片的准备

聚乙烯垫片的准备工作包括制造、挑选、清洗和干燥四个过程。

制造垫片的原料是高压聚乙烯，它的性能见表7-7。

表7-7 制造垫片的高压聚乙烯性能

序号	性能项目	单位	指标
1	外观 颗粒应呈白色到半透明		
2	洁净程度 不得有污物及其他外来杂质		
3	比重 20 ±5℃	g/cm^3	0.915 ~0.95
4	吸水性	%	0 ~0.01
5	软化点	℃	104 ~115
6	熔融指数	g/10min	0.3 ~2.5
7	极限抗张强度 20 ±5℃	kg/cm^2	>100
8	拉断相对伸率 20 ±5℃	%	300 ~700
9	体积电阻率 20 ±5℃	Ω-cm	>10^{15}
10	击穿电压 20 ±5℃ 50Hz	kV/mm	>42
11	耐寒性	℃	< -60
12	相对介电常数 ε_r 50Hz		2.0 ~2.3
	1MHz		2.0 ~2.3
13	介质损耗系数 tanζ50Hz		<5 ×10^{-4}
	1MHz		<5 ×10^{-4}

制造垫片的方法通常有冲片法和注塑法两种。

冲片法是由2.1mm的均匀厚度的高压聚乙烯塑料制成片状，在具有多孔冲模的剂压机上冲制而成，垫片形状如图7-11所示。

注塑法是将高压聚乙烯充分熔化后，在一定压力作用下强行注入特定模具中，当塑料冷却后，即可得到如图7-11所示的小圆片。

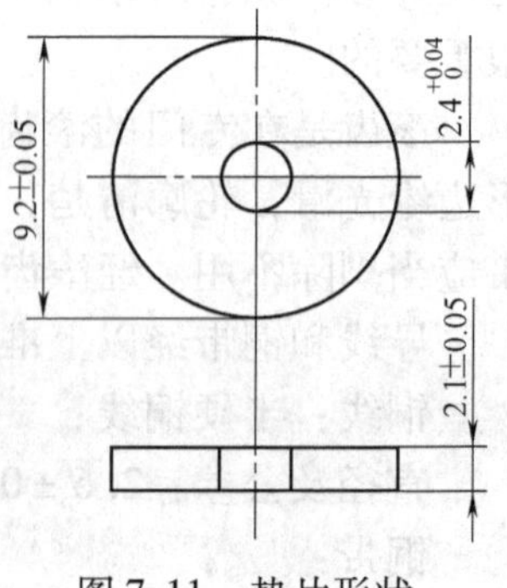

图7-11 垫片形状

同轴对的电气强度不仅取决于内、外导体的表面状况，而且也取决于绝缘垫片的表面洁净情况，经过挑选的垫片，上面可能还有少量的油污杂质等，因此不能认为是清洁的，在使用前还要经过一个清洗和干燥的过程。

清洗是先用温热的肥皂水清洗垫片，然后再放在清洁的水中在室温下冲洗干净；干燥是将冲洗后的垫片放入洁净的布袋阴干，或是放在不超过70℃的烘间里烘干。

经上述一系列工艺过程后，最终得到符合要求的垫片，用于同轴对的制造。

3. 屏蔽钢带的切割和复绕

钢带要求：厚度：0.15±0.01mm；宽度 14.3±0.1mm。

切制的目的是剔除厚度和外表不合要求的钢带，由专门的钢带切割机完成。切割中，切割的钢带应尽可能争取长些，并在每个需要接续的断头处做出一定记号。

切割得到的钢带通常是长短不一的，其中还可能有不少的断头，同时，从切割机下来的钢带也不能直接装在屏蔽机的钢带包头，所以在此之前还应对它们进行复绕。

7.5 射频同轴对的制造

我国射频电缆制造行业经过十几年的发展已经趋于成熟，产品性能达到了世界先进水平；产量具备了较大的规模，不但满足了国内的需求，而且大量出口。物理发泡绝缘结构在满足射频电缆低衰减的要求方面表现出了优越的性能，物理发泡技术作为射频电缆绝缘生产的一种工艺方法也得到了行业和用户的普遍认可。但由于高发泡度的发泡技术较为复杂，对设备和工艺技术都提出了较高的要求，国外设备厂商在输入设备的同时也带来了成套的工艺技术，包括所有的模具和完整的工艺参数。而射频电缆规格变种较少，不需要经常设计新的模具和开发新的工艺，大部分时间都在按既定的工艺进行生产。不同型号的同轴电缆的制造工艺稍有差别，有用国产设备的，有用先进的进口设备的，一般制造移动通信基站用和漏泄同轴电缆的设备目前都是用进口生产线，线上测试控制设备齐全，产品质量好。下面对移动通信基站用射频电缆的制造进行介绍，其工艺流程如下。

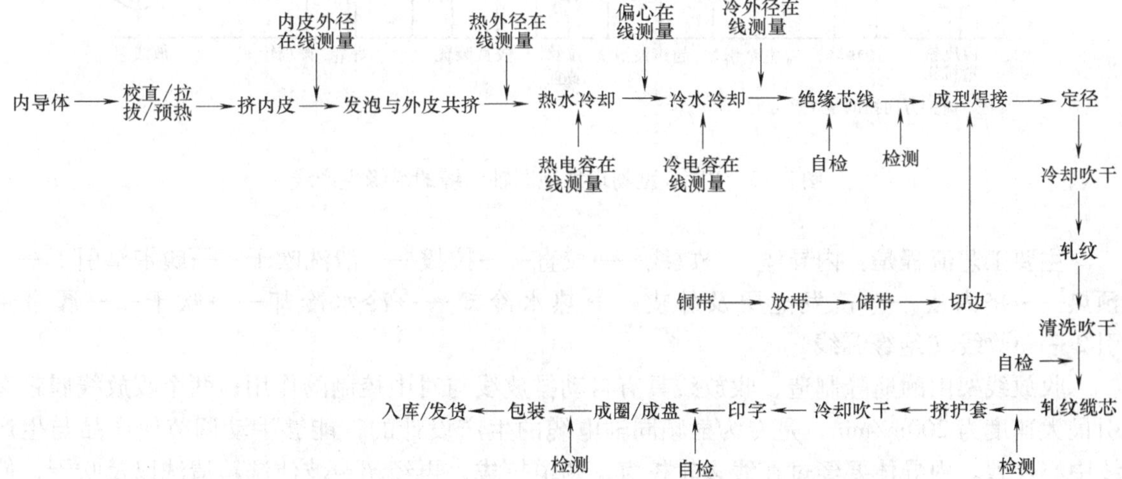

下面将针对射频同轴生产过程中的物理发泡绝缘、焊接轧纹及护套等几个关键工序进行介绍。

7.5.1 物理发泡绝缘工序

1. 物理发泡绝缘生产线

图 7-12 所示是物理发泡皮-泡沫-皮绝缘生产线示意图。

以奥地利罗森泰（ROSENDAHL）公司 RK-C 型物理发泡同轴电缆的绝缘生产线为例，

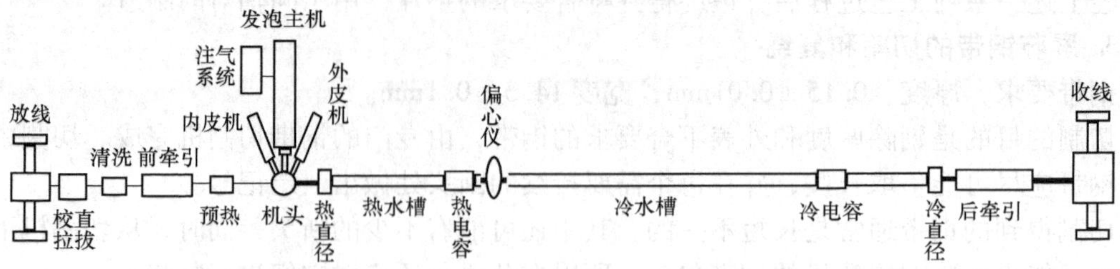

图 7-12 物理发泡皮-泡沫-皮绝缘生产线

该生产线主要用于射频同轴电缆物理发泡绝缘的挤出生产，电缆绝缘是“皮-泡沫-皮”结构，挤出量大，生产速度快，生产性能比较稳定。RK－C 型物理发泡同轴电缆的绝缘生产线如图 7-13 所示。

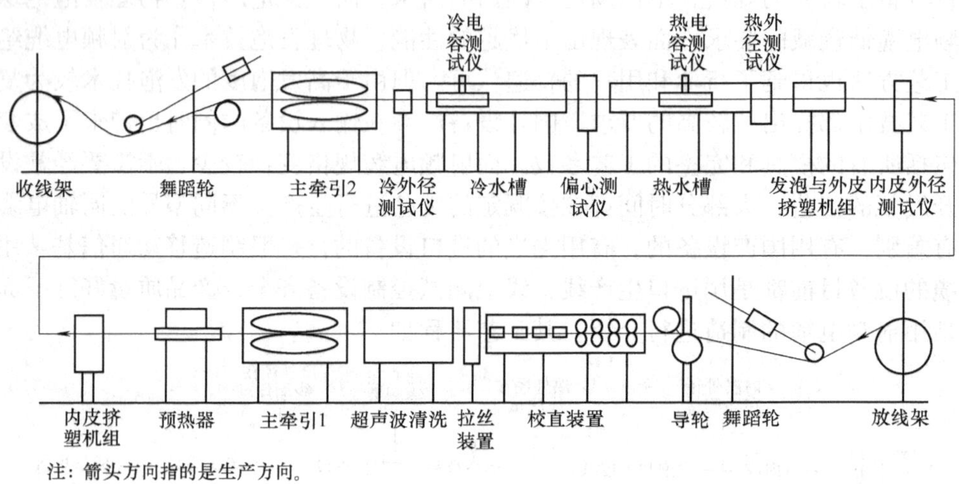

图 7-13 RK-C 型物理发泡同轴电缆的绝缘生产线

主要工艺流程是：内导体——→放线——→校直——→拉拔——→清洗吹干——→履带牵引 1 ——→预热——→挤内皮——→挤发泡层及外皮——→热水冷却——→冷水冷却——→吹干——→履带牵引 2 ——→收线（绝缘芯线）

收放线架由耐斯隆制造，收放线具有自动排放线与对中控制的作用；两个收放线履带牵引最大速度为 200m/min，是专为射频同轴电缆的生产设计的，能够手动调节使产品与生产线中心一致。内导体要经过在线多轮校直、两道拉拔，再经超声波清洗箱清洗以及吹干，使内导体表面光滑、干净，然后经过高频预热进入挤塑区，预热主要是为了使内皮与导体之间的粘附性好。内皮料中含有胶水，由一个 30 挤塑机挤出，内皮主要起着粘接发泡层与内导体的作用。发泡层与外皮层是双层共同挤出，发泡层主要由一个 80 挤塑机与 100 挤塑机串联机组挤出。由高、低密度聚乙烯料与成核剂按一定比例混合的绝缘料，进入 80 挤塑机内高温熔化同时注入氮气，在成核剂的作用下混料在串联机组内均匀产生泡孔，经过齿轮泵均匀地挤出包覆的导体上，同时外皮经过一个 45 挤塑机挤覆在发泡层上，这样发泡层与外皮层就共同挤在模具包覆的具有内皮的导体上形成物理发泡绝缘。绝缘挤出后要经过热、冷水过渡冷却，这样可以获得更好的绝缘性能。在生产过程中要经过内皮外径测量仪、热外径测量仪、热电容测量仪、偏心测量仪、冷电容测量仪、冷外径测量仪来对电缆外径、电容进行在线监控，设备上有一套先进的工艺与质量控制系统，能够自动调节产品外径满足工艺要求，并且在线测量仪器的测量头内部可完成频谱分析（FFT）及结构性回波损耗（SRL）的预测，然后对所有测得的 FFT/SRL 进行综合分析。

2. 发泡原理概述

发泡工艺在塑料加工行业是一种常见的技术，其实质是在塑料融体当中引进气体并适当混合，然后在一定工艺条件下通过释放压力来实现成泡。根据成泡的机理不同，发泡工艺可分为两种类型：一种是化学发泡方式：一种是物理发泡方式。这两种方式在发泡过程上是非常相似的，都是首先生成泡核，然后以泡核为中心长大成泡孔。其主要区别在于泡核的生成方式和泡孔的生长方式不同，另外这两种工艺方法达到的发泡度有很大差别。下面对这两种工艺方法进行具体的介绍。

（1）化学发泡

化学发泡是把基料和发泡剂一起通过螺杆加进机筒，通过螺杆在机筒内对塑料的推挤过程产生发泡所必需的压力、温度和熔融状态等发泡条件，最后融体在被推出模套的一瞬间迅速释放压力完成发泡。化学发泡剂一般为偶氮系列的化合物，这类化合物有一个分解温度，一般为 170～200℃。发泡剂在融体中达到分解温度时将发生分解反应，固态的发泡剂在分解时将伴随一个热量的扰动过程，同时释放出一定量的气体（主要是氮气）。而这一过程的热扰动中心就形成了泡核，发泡剂分解产生的气体将围绕泡核聚集，这种聚集就是气体在融熔体内溶解的过程。当然这种溶解的程度是与熔体的温度和压力以及融体的塑化状态有关的。这一过程与冰雹和雾的形成相似，只不过冰雹和雾的核是空气中的微小固态颗粒。这种气体和融体的混合物随着螺杆的推动最后冲出模套释放出压力，高压的气体在融体中通过迅速膨胀来释放出积存的压力，最终实现发泡。

化学发泡有几个特点：

1）发泡剂的分解是吸热的化学过程，必须有相应的热量供应；

2）发泡度由发泡剂分解释放的气体量决定，要达到高的发泡度必须大量添加发泡剂。泡孔的结构由发泡剂分解时产生的泡核多少决定，而气体的释放量和泡核的多少又都与熔体的温度和压力有关；

3）过高的温度和融体剪切会破坏泡核从而导致大泡孔和串泡现象的出现，所以化学发泡的泡孔结构较差；

4）大量添加发泡剂，对发泡基料造成较大的污染，增加泡体绝缘的衰减；

5）最大发泡度一般在 48% 左右。

（2）物理发泡

物理发泡是把基料和成核剂一起混进机筒，然后通过外注气的方式往融体当中注入高压氮气或二氧化碳气体使融体产生泡孔。这里的成核剂是一些中性的物质，一定温度和压力条件下也发生化学反应，但该反应不释放气体，只有吸热或者放热等热扰动过程。这种热扰动同样生成了泡核。而用来产生泡孔的气体即发泡剂则是由外部注进的气体，并且注进来的高压气体由于自身压力高更容易溶解在熔融的塑料体中。这样，泡体的发泡度就主要由外部注气量和注气压力来决定，所以这种工艺方法可以大幅度提升发泡度。最高一般可达到 82%

甚至更高。在物理发泡过程中，成核剂只是用来生成泡核，故要求加进的量也较少，泡体的基料纯度较高，有利于提高泡体的性能。

3. 射频电缆物理发泡绝缘设备的配置

（1）挤塑机的配置

目前，射频电缆制造行业内有两种设备配置方式可实现物理发泡工艺：一种是单机方式；一种是串级方式。单机方式采用单螺杆在一个机筒内完成发泡的全过程；串级方式则采用双螺杆串联的方式，利用两个挤塑机来实现发泡。单机方式采用大长径比的螺杆，一般长径比为36，螺杆结构为BM型，且融体输送段配有平行输送槽。串级方式则采用两条长径比一般为30的大小螺杆配合使用，且小螺杆压缩比大，大螺杆压缩比小，匹配熔体输送能力。常见的有60/80型、80/100型、100/120型等。但为什么采用这样的配置方式，需要我们从工艺原理的角度给出合理的解释。

我们知道设备是围绕实现工艺进行配置的，从上面发泡原理的介绍可以看到物理发泡过程中塑化、注气、混合气融体这3个环节是必不可少的。塑化和混合气融体这两个阶段要求螺杆在机筒内频繁地剪切融体，制造尽可能大的压力和温度波动，使融体充分塑化，形成均匀的混合体，以利于成核剂和注进来的气体充分地分散溶解在塑化的熔体中。注气过程要求机筒内熔体的塑化状态好，有利于注气和充分溶解气体。成品射频电缆对绝缘泡体的要求有泡孔结构均匀，外径尺寸一致，发泡度高等几项。从这个角度来说，是不希望存在较大温度和压力波动的融体冲出模具进入成形过程的。因为，这种波动不利于产品形成稳定的形状。换句话说，我们希望从模具推出的融体的压力和温度都是非常均匀的，这样才能使所生产的射频电缆的绝缘结构均匀一致。因此工艺上必须要对不稳定的气融体在出料前进行均化，以降低从而消除气融体内存在的各种波动，使从模具推出的融体处于稳定状态，进一步形成均匀一致的泡体，满足射频电缆绝缘的要求。故此物理发泡绝缘设备还要增加均化气融体的工艺环节。

从上面的分析可以得出结论，完整的射频电缆物理发泡工艺过程包括塑化、注气、混合气融体和均化气融体4个阶段。由此可以认识到，单机方式采用BM型螺杆来提高混合气融体的能力，靠增加螺杆长度和在螺杆输送段设置平行输送槽来达到均化气融体的目的。但是，单一挤塑机的工艺空间毕竟有限，各项工艺目的很难彻底实现。所以这就使单机发泡设备的工艺性能受到了限制，也使其没能在射频电缆行业形成主流设备。串级方式采用两台挤塑机同时工作，则有效地扩大了工艺空间，提高了设备的工艺能力。它用小螺杆完成塑化和注气并对气融体进行初步混合，然后把预混过的气融体送进大螺杆进行进一步混合和均化。小螺杆压缩比大，整条螺杆以注气点为界划分为两个功能区：第一区的作用为喂料、压缩塑化发泡料和输送融体；第二区的作用是混气并初步均化气融体。大螺杆压缩比小，直径较大。这样一方面可以在较低的摩擦条件下输送融体，有效降低摩擦热，并使融体保持均匀状态；另一方面可以通过螺杆自身较大的表面给机筒内的气融体充分降温。虽然大螺杆送料能力小一些，但对气融体的剪切量小，有利于均化气融体，进而消除其各种波动。同时由于螺杆直径大也能匹配送料。相对于单机方式，串级方式还使融体在机筒内停留的时间延长，有利于设备各功能区充分发挥作用，改善融体的质量，使挤出成形非常稳定，可有效地满足产品的要求。因此这种设备在行业内广泛使用，得到行业的普遍认同。

（2）齿轮泵的配置

齿轮泵也称计量泵或熔融泵，在精密挤出加工行业是一种常用的装置。没有齿轮泵，塑料的挤出是靠机筒内材料的背压推动的。由于塑料融体是一种非线性的涨缩体，流动具有较大的滞后性，同时螺杆推送融体是伴随返流产生的，返流量与螺杆转速也是非线性关系，所以这种背压往往是经常波动的。尤其是当螺杆运行在高速区段时，这种非线性和波动更为明显。当然依靠这种背压推出的融体流量也不稳定，以致不能保证产品的成形质量。当然这种不稳定度是很小的，对常规挤出生产可能不是问题，但对射频电的绝缘生产则是非常重要的，因为发泡过程会放大这种不稳定性。齿轮泵是密封泵送设备，它在泵送融体时没有融体的返流，泵送力与齿轮泵的驱动电动机输出功率成线性比例关系，泵送量可有效控制。而电动机的输出功率也是可以稳定控制的，这样可使出料量非常稳定，有利于生产出均匀的泡体。另一方面，增加齿轮泵以后可以有效地改善其所连接挤塑机机筒内融体的压力分布，使融体压力沿螺杆长度分布更为均匀，有利于均化机筒内的融体。但是，挤出系统增加齿轮泵后，会降低挤出效率，影响产量。随着发泡设备性能的不断提升，综合齿轮泵的优缺点，目前射频电缆行业在生产常规规格产品时一般不再使用齿轮泵。但在生产 1-5/8″等复杂产品时还是要用的。

（3）机头的配置

在挤出系统中，机头也是一个关键设备。它会直接影响挤出质量，影响因素主要有 3 个：一是温度；二是流道；三是压力。一般流道是由机头设计所决定的，压力由模具设计来确定，唯有机头温度处于受控状态，需要靠加热来保持。以前物理发泡的挤出机头采用电加热方式，存在温控超调，致使机头各区温度波动较大，不利于挤出成型。现在射频电缆行业所用的机头一般都采用油加热，由于油的比热大，温度变动伴随着较大的热量传递，易于保持温度，可有效降低温控超调。采用油热方式，机头温度几乎没有波动。这样就可以有效地消除机头温度波动对挤出成型的影响，大幅度改善挤出质量。但是这种加热方式必须配置模温机等辅助设备，增加了投入。

（4）物理发泡挤出控制技术

电缆产品生产的工艺过程一般是为了满足两个目的：转化材料形状和达成产品性能。射频电缆产品的电气性能主要有衰减和驻波两项指标，要求配置的发泡设备在控制方式上要有利于改善这两项指标。在现代控制系统中控制参数一般都选择线性可观测量。但是射频电缆的衰减和驻波在发泡工序中受到多种因素的影响，其中衰减受绝缘体介电常数的影响，介电常数由发泡度决定，发泡度又由融体的压力、温度、注气状况以及材料的配比等条件综合确定。而且介电常数和发泡度不是可观测量，其值只能通过计算得出，所以不便于作为控制量。但是产品的电容值是一个观测性较强的量，且与绝缘的介电常数和发泡度有线性相关，所以现在的设备都把泡体的在线电容作为一个主控制参数。驻波比考核的是发泡体结构和外径尺寸的一致性，而外径的一致性与出料稳定性和牵引稳定直接性相关，同时外径的可观测性也较强，可以作为工艺控制参数。由此我们看到，发泡质量的控制是较为复杂的，主要是因为影响因素太多。理想的情况是设计一个多输入多输出的综合控制器对多种影响因素进行复合控制，但实际上这种控制器在综合时是非常困难的，另一方面像融体压力和融体流量都是具有滞后性的流体，不易实现线性控制。所以目前发泡设备采用的工艺控制方法一般是把挤出热径和注气压力作为工艺主控参数，围绕这两个参数分别配置各自的小闭环进行自控。生产过程中，在一定条件下要提高发泡度一般是靠增加注气压力来实现的，控制结果则由在线显示的热冷电容值进行评判。外径控制系统把热径作为反馈量，当实测热径值超过或小于设定值时，差值馈送到牵引环使牵引速度提高或降低，以此来控制外径。所以在操作发泡线时，这两个参数是非常重要的。其他诸如各区的熔融压力、熔融温度等都作为辅助控制参数进行控制。

（5）发泡模具设计

发泡模具的设计一般是在给定发泡度和绝缘外径的前提下进行的。首先根据导体尺寸确定出模芯的出口直径。模套内表面与模芯内孔或者说与导体外表面形成第一个环隙，设其截面积为 S_1。同时绝缘外表面和导体外表面也要形成另一个环，假设这个环的截面积为 S_2，这时 S_1 和 S_2 满足下式：

$$\left(1-\frac{S_1}{S_2}\right)100\%=P$$

P 为发泡体的发泡度。

在这个式子中，P 是给定的值，S_2 在给定绝缘外径和导体尺寸的前提下也是已知的，这样从这个等式中可以解出 S_1 的值，从而进一步求出模套的内径。这里需要说明一点，做上面的设计时没有考虑内外皮。但这样处理是可行的，因为内外皮都是实芯的，不增加发泡部分的面积。另外，这只是一个初步设计，有时根据绝缘的厚度和内导体的特点需对设计数据进行适当的调整。这种设计方法在行业内应该是通行的，但作为射频电缆的制造者我们还应该进一步探讨这种方法背后隐藏的道理和依据。实际上，这种设计是依两个假设作为前提条件的。第一个假设是发泡成形过程中融体没有受到任何拉伸。也就是说，发泡只增加径向尺寸，不改变轴向尺寸。第二个假设是发泡的过程是从融体离开模套的一瞬间才开始的，不出现过发泡现象。换句话说，融体在离开模套前是实芯的，气体是充分溶解在塑料融体中的，不占用融体的体积。只有在这两个前提条件下，上述设计才是合理的。

下面举一个实例来验证上述内容。

以常用的1/2″规格产品给定设计数据：

导体直径 $d_1=4.8\text{mm}$，绝缘外径 $d_3=12\text{mm}$，模套直径设为 d_2，发泡度为80%。

$$S_1=\frac{\pi}{4}(d_2^2-d_1^2)$$

$$S_2=\frac{\pi}{4}(d_3^2-d_1^2)$$

$$\left(1-\frac{S_1}{S_2}\right)100\%=P$$

$$\left(1-\frac{d_2^2-d_1^2}{d_3^2-d_1^2}\right)100\%=80\%P$$

解出 $d_2=6.87\text{mm}$

实际使用中该规格的模芯直径为4.92mm，模套内径为6.90mm。考虑内外皮的厚度，计算结果是与实际相符合的，说明上述设计方法是正确的。

4. 工艺要求

1）校直装置各个校直轮松紧适度，不能将内导体夹伤；皂化液浓度为10%～14%，皂化液喷嘴要对准拉丝模，确保得到充足的皂化液润滑和冷却，并且每周更换一次。

2）导体表面应光滑、洁净、圆整、无机械损伤及氧化变色，经过拉丝后符合要求，表面无划伤，在拉丝后要用毛毡除掉表面铜粉，要经常更换毛毡，对拉丝模、内皮模具、发泡模具进行清理。

3）内皮层应光滑、不破裂、不偏心，绝缘层同心度不小于96%，无大泡孔，表面应光洁、圆整。

4）绝缘层与内导体粘附要良好，绝缘层与内导体剥离后，内导体上不应有任何残留物，特别是1/2″产品及以下规格。

5）绝缘芯线应全部浸没在冷却水中，不允许一半浸在水中，一半露在空气中。

6）外径、电容等符合工艺要求后，才能上盘，并且应充分吹干，表面保持干燥。

7）每周对挤出机的一区水冷装置上的过滤网进行一次清洗，避免下料口堵塞。

7.5.2 焊接轧纹工序

焊接轧纹工序也是个关键工序，其焊接和轧纹质量控制的好坏关系到电缆产品的电气性能及弯曲性能。在氩弧焊焊接时应尽量减少漏焊和虚焊，以避免在高频下它对电气性能的影响。

轧纹机采用偏心或同心轧纹方式：可以轧制环形、螺旋形外导体；氩弧焊轧纹生产线采用多套焊接成型模具、独特的开槽皮带牵引以及稳定的高速轧纹机确保电缆有良好的弯曲性能、良好的驻波比、良好的圆整度、精确的波峰及波谷尺寸。氩弧焊轧纹生产线如图7-14所示。

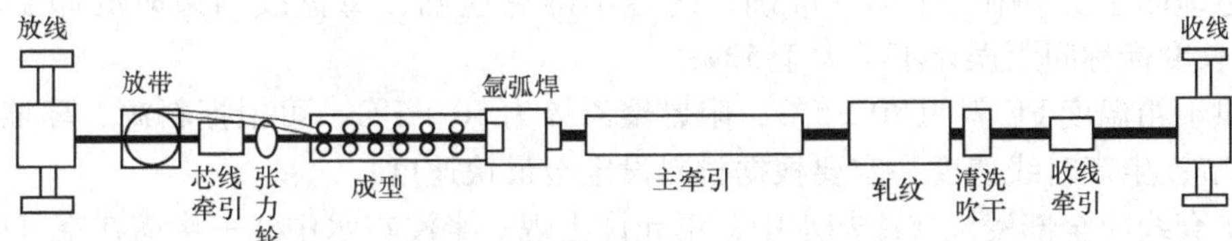

图7-14 氩弧焊轧纹生产线

工艺要求：

1）外导体起车和生产过程中做好自检，确保波峰外径、波谷外径、节距、外导体外观符合要求；

2）外导体表面应光滑、圆整，无划伤、夹伤、轧纹变形、凹陷等缺陷：焊缝应连续、平滑、严密；

3）焊接后铜管用水冷却，防止过热铜管烫伤绝缘芯线、损坏牵引皮带；

4）皂化液浓度为4%～8%，每班上班更换滤纸，清洗轧纹头和轧纹齿轮，每周更换一次皂化液，清洗皂化液箱和轧纹箱；皂化液要直接喷在轧纹齿轮上，确保轧纹齿轮得到充足的润滑和冷却；采用气体吹干外导体确保表面干燥，无皂化液残留；

5）换规格的第一盘线和调整工装模具的第一盘线必须进行首件电气性能检测，待测试合格后才可正常生产；

6）生产时应将起车线剪去后方可上盘正常生产，避免影响检测结果；

7）做完外导体后挂上填写有相应内容的作业卡并及时送检，测试阻抗、电压驻波比，工序上要及时了解其质量情况；

8）铜带接带焊接：采用激光焊接方式/氩弧焊接方式。

7.5.3 护套工序

射频同轴电缆护套主要是为了保护电缆，防止潮气或水分进入外导体锈蚀影响电缆性能，同时防止降低电缆的使用寿命。护套均匀的挤出量能保证优良的同心度以及护套厚度的均匀性，而且护套料要有耐磨性能。射频同轴电缆护套生产线如图 7-15 所示。

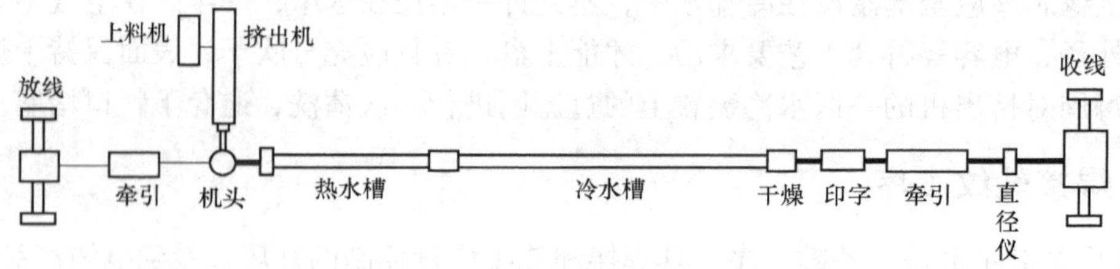

图 7-15 射频同轴电缆护套生产线

工艺要求：

1）护套挤出须均匀、光滑、圆整，无可见的孔、裂缝、气泡、凹陷、疤纹；

2）严格控制护套的最薄厚度和外径，护套偏心度不大于 35%；

3）护套与外导体应紧贴，护套表面螺纹清晰；超柔 1/2″电缆挤护时抽真空阀门只打开一半，要保证护套皮很容易剥离；

4）电缆印字要清晰、干净、准确，内容不准有遗漏，每盘线结束时的印字不允许倾斜；每米长度标称间距误差不得大于 5‰；

5）烘干箱温度 PE 料为 70 ±5℃，阻燃聚乙烯为 50 ±5℃，可根据料源、环境温度变化而适当调节；生产时线速度一定要根据材料设定至最快速度；

6）护套线应全部浸没在冷却水中，不允许出现一半浸在水中，一半露在空气中；

7）每盘成品完成后都必须完整填写有相关内容的作业卡；

8）所使用的盘具必须牢固、结实，并且盘具内筒要圆整、平滑、无尖角；

9）在安装模具时注意：模具安装好排料后，模芯口伸出或缩后模套口不超过。

7.6 成缆工艺

将线组（元件）绞合成电缆缆芯的工艺过程称为电缆的总绞或成缆。

通信电缆的成缆有层式绞合和束式绞合两种方法。层式绞合时，电缆的元件以同心排列，但相邻层的绞向相反，且所有各层的绞合可同时进行。

束式绞合时，线对或四线组先绞成 10、50 甚至 100 个元件组的线束，然后再把线束合成缆芯。因此，构成缆芯的过程是由两个连续的工序组成。当把元件绞成线束时，所有元件的绞向，以及线束绞合成缆芯时所有各层的绞向是相同的。

7.6.1 成缆机的分类

根据用途不同，成缆机一般可分为缆芯层绞机和缆芯束绞机两种。

由于绞合的方法不同，这两类机器的构造原理的特点也不同。缆芯层绞机的特点是把放线装置和绞合装置结合在一起，根据绞合部分的构造不同，又分绞盘式和绞笼式，如图 7-16a和图 7-16b 所示。缆芯束绞机的特点是放线装置不动，绞合装置与牵引装置结合在一起。先将元件绞合成线束的机器，其绞合部分有牵引轮的旋转框架，如图 7-16c 所示，而将线束绞合成缆芯的机器，其绞合部分是庞大的绞笼，如图 7-16d 所示。

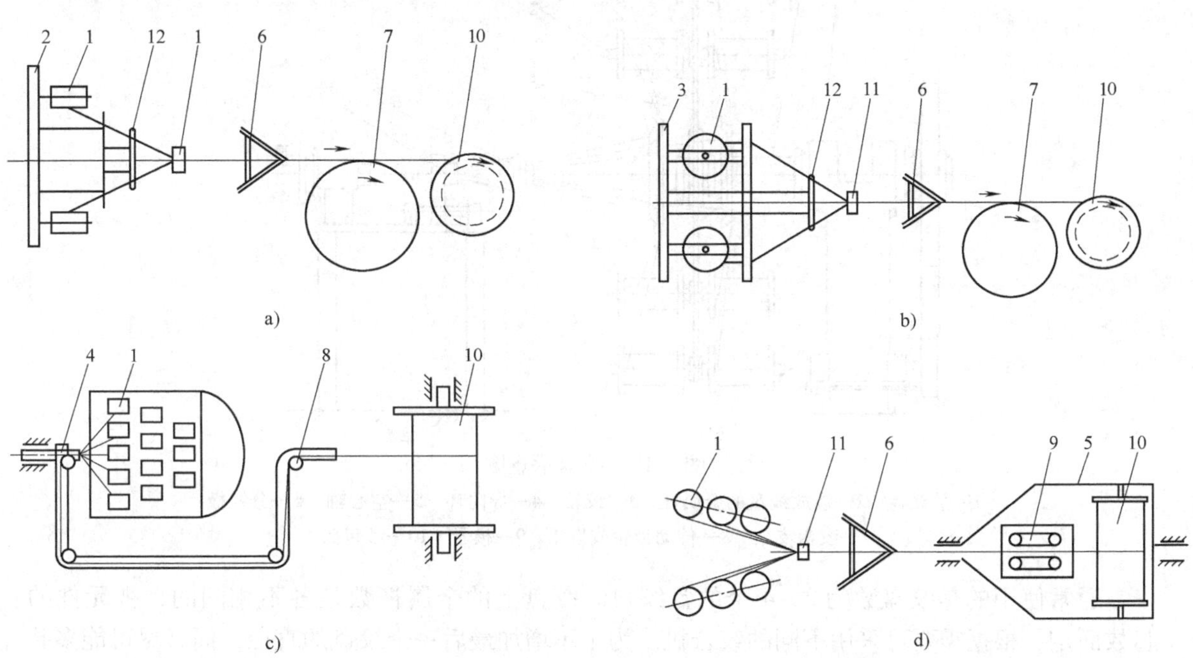

图 7-16 成缆机

1—放线架 2—绞盘 3—绞笼 4—绞框 5—有牵引装置和收线装置的绞笼 6—纸包头 7—牵引轮 8—牵引导轮 9—履带牵引机 10—收线盘 11—固定模子 12—分线板

因此，通信电缆缆芯的成缆机一般有四种：

绞盘式（一个或数个绞盘）；

绞笼式（一个或数个绞笼）；

绞框式；

牵引装置绕绞合缆芯轴旋转式。

前两种适用于层式绞合，其放线轴同时有两种运动：绕本身的轴旋转和绕缆芯轴旋转；后两种适用于束式绞合，放线盘只绕本身的轴旋转，因此是无回扭的。

7.6.2 层式绞合成缆机的构造

任何成缆机都是由绞合机构、模子和模架、纱包头或包带头以及牵引轮和收排线装置等部分组成，而不同成缆机的主要区别在于它的绞合机构的不同。

1. 绞盘式成缆机的绞合机构

绞盘式成缆机统称盘式成缆机，它的绞合机构是由一个或数个接连安装的、但旋转方向不同的绞盘组成。盘上装有被绞元件的放线轴。

绞盘是一个焊合而成的带空心轴的金属圆盘，其直径一般为1.0～1.8m，装放线盘的金属杆垂直地固定在圆盘上，绞盘示意图如图7-17所示，绞盘不能装设退扭机构，空心轴用来穿过缆芯的中心部分或是由前面绞好的缆芯。

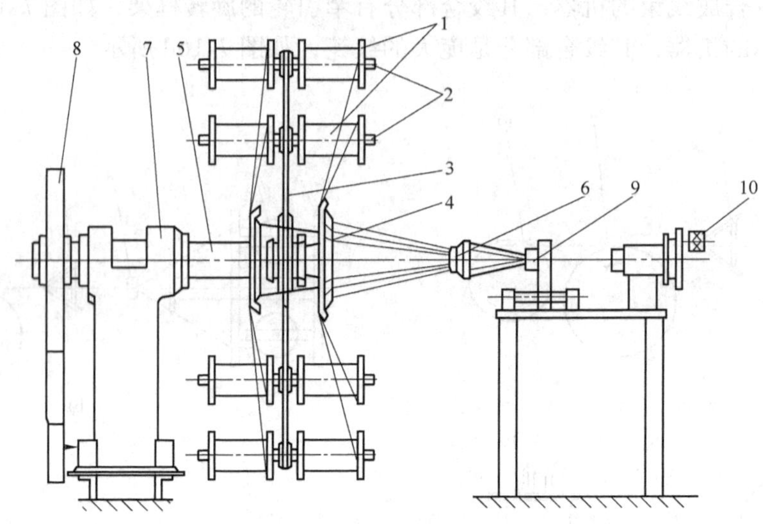

图7-17　绞盘示意图

1—放线盘　2—装放线盘的金属杆　3—绞轮　4—导向环　5—空心轴　6—分线板　7—绞盘支架　8—传动带轮或齿轮　9—模子　10—纱包头

通常使用的是绞盘数为2～4个的盘绞机。绞盘上的金属杆数是各不相同的，视元件的芯数而定，根据需要可采用不同的绞合机。为了不增加最后一个绞盘的直径，而又尽可能多装放线轴，放线轴是均匀地沿绞盘两面布置的，因为正规绞合时各层的元件数不同，由电缆中心起按 $n+6$ 的规律向外层增加，所以绞盘的尺寸，当顺着绞合缆芯前进的方向看去时，是从第一个开始到最后一个渐渐增大的。因此，不同数量放线轴的绞盘，其转速也相应有所不同。

绞盘空心轴的后端装有传动齿轮，轴的前端是一个沿圆周均匀分布有许多圆孔的分线板，盘上所有元件都通过这个分线板进入后面的模子。

2. 笼式成缆机

笼式成缆机的绞合部分是由一个或数个接连安装的绞笼组成。

绞笼是由2～4个金属环装在一个长的空心轴上，中间由螺栓固定。在每一环的中间腔内装有3、4、6、8等放线轴的框架，在相邻笼段中，这些框架通常是前后或相互交错排列的，框架可以是转动有退扭的，从而也就有带退扭的和不带退扭的两种成缆机。

不带退扭的绞合一般是固定框式的多笼成缆机，由于这种机器的放线轴与绞合缆芯相平行及绞合没有退扭，所以确切地说是介于笼式与盘式之间的一种中间形式的成缆机。这种机器仅供绞合多数（1000对和2000对）的市内电话电缆缆芯使用。因为，当绞合1000或2000对这样的市话电缆时，其外层需安置不少于100对的线对，这在一般的盘式机上是不可能做到的。

带退扭的笼式成缆机是目前最为通用的，而且是长途对称通信电缆、同轴电缆及综合通信电缆的必用设备。因此，我们主要介绍这种设备。作为典型设备，以1000型大四盘成缆机为例，至于其他多盘或多轮成缆机，在结构和原理等方面，基本上是类似的。图7-18所示为 1000 型大四盘成缆机示意图。

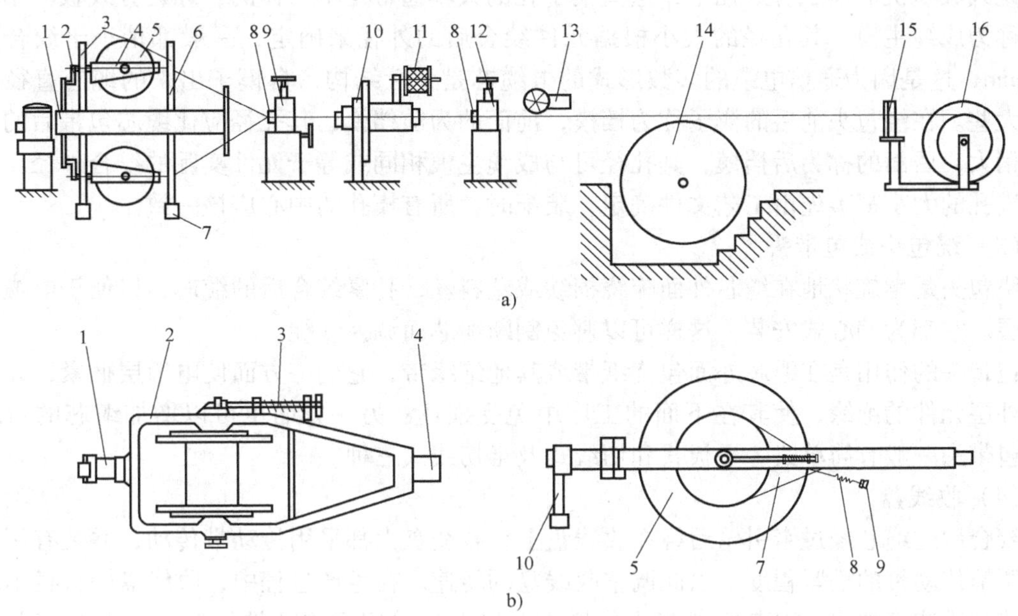

图 7-18　1000 型大四盘成缆机示意图

1—空心轴　2—偏心式退扭机构　3—金属环　4—栏架　5—放线盘　6—分线板　7—托轮　8—模子　9—主模架　10—纱包头　11—纱团　12—绕包头模架　13—计米器　14—牵引轮　15—排线架　16—收线盘

（1）绞笼

四盘成缆机的绞笼只有一个，在它前后两个金属环之间的笼绞中，对称安装四个能放置最大直径为 1000mm 线盘的浮动式摇栏架。栏架的前轴是空心的，元件由放线盘出来穿过该孔，后轴较长，装有齿柄或齿轮，以此组成退扭机构。前者为偏心轮式结构，后者则是行星式结构。退扭机构的存在，使绞笼在旋转过程中，放线盘和栏架始终都处于水平位置，这就能避免元件在被绞合过程中的自身扭转现象。

绞笼转动时，其每个圆环沿着两个支持小轮，即托轮滚动，空心的长轴则是在有孔的轴承里转动。空心轴是用来设置电缆的填芯或穿过事先绞合好的缆芯。

为使元件绞合成缆时，可调节各个线组的张力和设备停车时防止放线轴上的心线散开，每个框架上都附有可调的摩擦制动器，即张力箍。

绞笼的头上装有分线板，从四个栏架前轴出来的元件由分线孔中穿出。有时为了避免元件的擦伤，分线孔中应装有穿线模，分线孔的位置是对称的。

（2）模架和模子

模架用以放置模子，并可以通过手柄来调正其前后位置，从而改变模子与分线板间的距离。该距离越近，绞合时阻力就大，有效的绞合力就越大，绞合也就越紧。但太近了也是不利的，容易损伤被绞元件。

模子采用圆柱形哈夫式结构，模孔的进口处呈扬声器状，以便渐渐压缩被绞合的缆芯。为增长模子的使用期限和避免通过模子的元件的绝缘受到损坏，模孔表面都镀有铬层。模子被固定在模架的模座中，生产过程中的松紧程度可通过模架顶端的手柄作适当的调节。

笼式成缆机的模子有好几个，这些模子孔的大小通常是不一样的。靠近分线板的第一个模子称为成缆主模，其孔径的大小根据元件绞合后的外径来确定，一般都稍小于绞合外径1~2mm，这是因为通信电缆的多数形式的电缆芯是弹性结构，自模子出来的缆芯直径多少要增大些。在绕包头前后的模子称为档模，前面的为前档模，其孔径应比缆芯包带后的实际外径稍大，后面的称为后档模，其孔径可与成缆主模相同或等于元件实际的绞合外径。生产时，模孔的大小都事先由工艺文件确定，装配时，所有模孔的中心应该一致。

（3）绕包头或包带头

绕包头是螺旋状地在缆芯外面疏绕棉纱或塑料丝，扎紧绞合后的缆芯，以便于电缆使用时分层。它都为偏心式安装，这样可以避免割断缆芯而调换纱绽。

包带头的作用是在缆芯外面包绕纸带或其他绝缘带，它们一方面使电缆层捆紧，并保护缆芯外层元件的绝缘，使其在下面的工序中免受损坏；另一方面也可以增加缆芯的对地绝缘。包带头一般有简单式、平板式和切线式及半切线式三种。

（4）收线盘

绞合后的缆芯经过牵引轮后绕在收线盘上，收线盘大都采用传动带传动，并装有压紧装置来调节传动带的松紧程度，以此调整收线盘的转速。在生产过程中，收线盘的直径不断增大，使收线速度加快，引起收线张力的增大，但由于采用了传动带传动，其中有打滑的因素，当张力增大时，传动带的打滑使收线盘减速，这样就能保证收线张力不至于过大，从而也避免了缆芯和元件受到损坏的危险。

7.6.3 层式绞合工艺

电缆的成缆工艺实质上包括这样几个方面：元件的排列，绞合的节距和方向，模具的选配，扎纱（扎丝）或色带。

元件的排列直拉涉及使用电缆的结构，因此是一个十分重要的问题。它应该即要考虑到使电缆的结构尺寸为最小，又要保证各元件间的串音最小，满足既定的串音要求。

对于同种结构元件的层式绞合，其元件的排列要注意三个方面：每层的元件数，层中和层间各元件绞距的搭配，标志元件。

绞合长途通信电缆缆芯时，同样的元件组沿层的分布应严格按照 $n+6$ 的规律，对于市内电话电缆，由于要使组成电缆芯的元件组（线对）总数是10或100的倍数，所以可允许和正规绞合规律有 ±1 的偏差。

同时，为了减小电路间的相互干扰，一层中相邻元件组的绞距应相互匹配，对于市内电话电缆和低频长途通信电缆，当元件数为偶数时，层中相邻元件组的绞距是以两个数值 h_1 和 h_2 相互作交替排列。而元件数为奇数时，层中最末一个元件应采用第三个绞距 h_3。

此外，为了改善安装条件，在市内电话电缆的每一层中应有一对颜色与该层其余线对不同的标志线对，标志线对可以是由蓝色和白色，或蓝色和红色单线绞合而成。而长途通信电缆（一般为四线组元件），其缆芯每一层中应有两个并排的扎纱颜色不同的四线组。其中一个为标志线组，另一个是表明元件记数方向的主向线组（顺时针或反时针方向）。

含有屏蔽元件或同轴元件的综合电缆的绞合，这些特殊元件一般都位于电缆的中心。为了保证电缆有一定的可弯曲性和机械稳定性，层式绞合的电缆，其缆芯的相邻层应以相反的方向绞合。此外，在制造高频电缆时，还应该注意到每层的绞向和构成该层的各个四线组的绞向相反。

绞合节距都以绞合后缆芯直径的倍数（绞合倍数）来表示，绞合倍数取决于电缆的型号和该层在电缆中的位置。例如，低频长途通信电缆缆芯外层的绞合倍数一般都不超过20~25，而高频电缆则不应超过15~18，同轴综合电缆的绞合倍数在20~25范围内。制造市内话缆时，缆芯外层的绞合倍数约为30~35，而内层则为40~45。外层绞距比内层绞距小，是因为电缆形状的稳定性主要决定于电缆外层的构造。每一电缆实际的绞合节距由工艺文件确定。

为使电缆在安装时便于分拆电缆层，电缆芯每层要螺旋状地绕扎一股棉纱（或塑料细丝），扎纱（或扎丝）的节距根据缆芯的直径而定，一般都在40~120mm范围内。

绞合低频双层的综合电缆和高频对称电缆及同轴电缆缆芯时，一般每层须绕包3~4层K-12电缆纸带。

市内话缆绞好的缆芯外面应有间隙或重叠绕包两层电话纸带或电缆纸带。这种绕包是为扎紧缆芯和作为机械保护的，此外，还有助于提高缆芯的对地绝缘。

在长途通信和同轴通信电缆绞合的缆芯上以15%~20%的重叠率绕包3~4层电缆纸带的带绝缘。对于塑料绝缘的电缆，在缆芯外绕包这种纸层，除了主要用途外，还起着在压包铝、铅套保护层的过程中防护绝缘过热的热隔离作用。

关于模具和选取，前面已提到，这里不再重复。

7.7　干燥

通信电缆的缆芯一般都须经过干燥处理，才可进行下道工序的加工。干燥的目的，是除去绝缘中的水分，从而提高绝缘的电气性能，特别是绝缘电阻。

绝缘纸和棉纱由吸潮性很好的纤维材料做成，约含有6%~8%的水分。因此，在以这种材料作绝缘的通信电缆的制造中，干燥是一个必要的步骤，当绝缘是由非吸潮性塑料做成时，那么，只要去除附着在绝缘表面上的水汽就可大大改善电气性能。

干燥过程的实质，就是使电缆加热，挥发绝缘中所含有的和表面上所积累的水分。干燥的循环周期可分为加热期和干燥期两个阶段。

电缆的干燥理论指出，在加热期内，电缆得到的热量主要消耗在提高温度上，而干燥期内，电缆得到的热量，主要消耗在挥发绝缘内的水分。

为了缩短干燥时间，干燥的过程不是在正常大气压下进行，而是在真空状态下进行。因此，干燥设备都是做成密封式的。图7-19所示为通信电缆干燥用的一种带拖车的水分干燥罐，要干燥的电缆被放置在小车上，把车推进罐内，罐盖与罐身由螺栓密封，然后利用蒸汽通过装在罐中及罐身的螺旋管加热。

在干燥期内，须将大部分空气从干燥罐内抽出，直至罐内空气的残余压强不超过10~20mm水银柱为止。

干燥时间的长短决定于下列因素：罐中的温度和残余气压的大小，电缆绝缘的形式，线盘上电缆的长度和缠绕的紧密程度及线盘上的电缆整个截面温度分布的均匀性等。

加热温度应由组成电缆绝缘的材料的耐热性能确定，当干燥聚苯乙烯或聚乙烯绝缘元件组成缆芯时，由于这些材料不耐热，为防止出现过热危险，电缆加热温度不应超过65～75℃，因而干燥时间就很长，可能要24～36h，而对于纤维材料绝缘的电缆，一般可达到120～130℃的温度，干燥时间平均为1～6h。

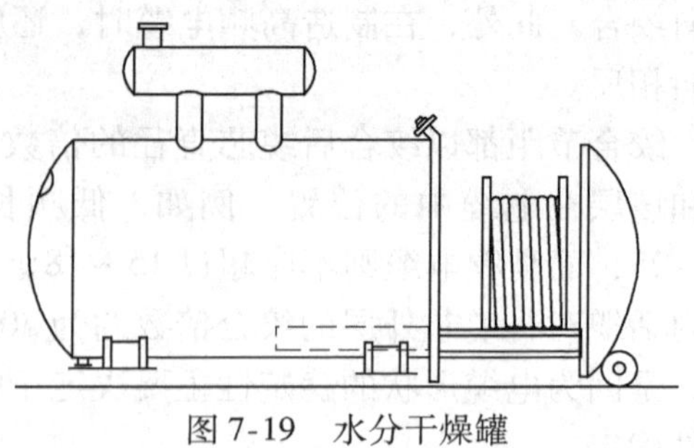
图7-19 水分干燥罐

温度由热电偶控制，一台干燥罐内一般有多个热电偶分布在不同部位，通过外面的仪表可以观察或控制罐内的温度和分布情况。

干燥好的电缆留在干燥罐内，一直等到开始进行下道工序是不合理的。为了提高干燥罐的生产能力，可将干燥好的电缆芯暂时存放到烘房内备用，烘房中应保持很小的湿度和50～60℃的温度。

7.8 压铅

在干燥后的电缆缆芯外面加包铅皮护套的过程称为压铅。到目前为止，铅皮护套仍然是市内话缆、长途通信电缆及其他电缆的主要形式。压铅是在特殊的液力压铅机上进行的，其原理是由加热到110～130℃变为可塑状态的铅，在大气压力作用下，经过一个环状的隙缝挤压出来包在缆芯上实现的。

压铅机一般可分为卧式压铅机（有左右两个水平放置的活塞）和立式压铅机（只有一个垂直放置的活塞）两种。这两种压铅机都是周期式作用的压铅机，也有如同挤塑机形式的所谓单流式连续作用的压铅机，但由于这种压铅机还有许多缺点需要解决，因此还没有得到很好的推广。卧式压铅机是最老式的，在这种压铅机上制出的电缆铅包层由于有两条纵向接缝，所以目前也极少使用。立式的水压式压铅机是使用最多的压铅机。

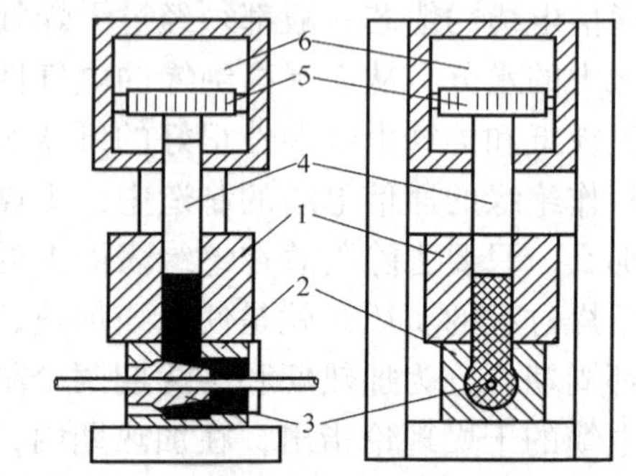
图7-20 立式水压式压铅机的工作示意图

1—工作筒 2—压铅头子 3—模芯 4—活塞杆 5—活塞 6—液压筒

7.8.1 立式压铅机的工作特点及结构

图7-20所示是立式水压式压铅机的工作示意图，其具体的工作过程是：熔融的铅灌入工作筒以后，经压铅头压到通过模芯座和模芯的电缆上去，当水压入液压筒时，在强大水压的作用下，活塞向下运动，活塞杆就将铅压了出来。

因此，立式压铅机的工作特点是铅液只受到单向（向上）的压力，所以得到的铅套只在其下部有一条纵向接缝，比卧式压铅机有较大的优点。此外，因为盛铅筒竖直放置，铅中其他氧化物比重都比铅轻而漂聚在上面，从而在压铅前极易将它们去除。同样，在加铅时被带进去的空气也就容易除去，这是立式压铅机的第二个特点。

在立式压铅机中，由于铅液仅受单向压力，因此沿模芯和模套间的环形孔附近的压力明显不均匀，为了解决这种压力的不均匀性，除了利用椭圆的基环外，还可在压铅头子中压力最大处（上部）人为地使铅的流经途径多几个弯曲，而在压力最小处（下部）则做成比较容易使铅流通的路径，以此来补偿压力的不均匀性。

立式压铅机的主要部件有：机座、液压筒顶盖、活塞、活塞杆、液压筒下顶盖、工作筒、压铅头子、液压筒和返回式冲程活塞。除此之外，进行正常的压铅工作还需有下列辅助设备：高压液泵、熔铅炉、放线设备及铅包电缆的收线设备等。

压铅头子装在压铅机机座上工作筒下面，它是由耐热而坚固的特种合金钢材制成的一个完整的钢块。其上有三个互相连通的孔，两个水平地位于同一轴上，用来通过电缆和调整压铅模具，第三个具有垂直轴，在头子上部作为铅从工作筒进来的漏斗。环绕漏斗处有一个凸出部分——领圈，工作时它伸入工作筒中，以保证压铅头子与工作筒的紧密连接，使铅不能在其间自由压出。大多数压铅头子领圈周围还有一个深7~8mm、宽25~30mm的环形槽，用于接纳散入工作筒与压铅头子领圈间隙中的铅，以防止因铅的散出而使压铅头子和工作筒劈开。

为了使压出的铅稳定而均匀，压铅头子的内腔和沟道形状十分复杂，其中还装有许多固定的和可更换的用特种合金钢制成的零件，它还能用来压制外径为5~120mm的电缆铅皮护套。

压铅头子中的固定零件是成型套筒，其上连有阻止铅流的凸出部分，这部分由前端放进压铅头子中去；具有内、外螺纹的固定套筒，其外部还有闭锁装置用来与压铅头子本体相接，它从压铅头子的后面放入；后夹具即一个成形螺母——套筒6，旋入套筒5中，利用它可移动模芯座和模芯，以调节铅皮厚度。

压铅头子中可更换的零件有：基环，它与阻止铅流的凸出部分一样，用来使压出的铅流分布均匀，以形成壁厚均匀的铅皮，模套和模芯是调节被压出铅管厚度的主要工具。此外，还有旋入固定套筒的前夹具，在夹具中装有衬垫环，模套座和四个楔形调节螺栓。前夹具用来固定基环、模套座和模套。螺栓可通过螺母进行模套座连同模套的定心，从而调节铅管壁厚的均匀性，模套座用来放置模套。

在压铅头子的本体中还有许多个孔腔，用以装置加热元件和设放热电偶。

7.8.2 压铅工艺

压铅的基本工艺为熔铅、灌铅、模具调整、压铅和冷却五个过程。

1. 熔铅

将检验合格的铅锭加入熔铅锅中熔化的工作称为熔铅，它应当注意以下几点：

1）加入的铅锭必须清洁干燥，这是因为不清洁的铅锭所带的杂质，将影响铅的质量，而水分的带入，在加热时容易引起爆炸。

2）铅锭应逐次加入，加入的数量视熔铅锅容量而定，生产过程中应保持铅锅中的铅液有适当的满度。

3）铅锅温度应控制适当，过高的温度将增加铅的氧化，这样一方面会增加铅的损耗，另一方面又会因氧化铅的形成而影响铅的质量。温度太低，铅液注入盛铅筒时，新旧铅不能很好地结合，当它们压出时，容易造成开裂和脱节现象，实践提供的适当温度如下：

对于纯铅：350~380℃；

对于合金铅：410~450℃。

通信电缆也像电力电缆一样，其铅皮护套通常含锑（0.4%~0.8%）、铜（0.08%）及以下的铅锑铜合金。因此，每次加铅时必须按规定的比例同时加入合金母片，熔化后应进行充分搅拌，以保证成分的均匀。

2. 灌铅

灌铅是将熔铅锅里熔融的铅液，经放铅槽注入盛铅筒的过程。灌铅中要注意：

1）首先应停止搅拌，同时剔除放铅槽中的余铅，当铅液静止和余铅剔除后就可开启放铅阀门灌铅。

2）灌铅时，利用拦刀清除表面的氧化膜，同时，为避免氧化及气泡，灌铅速度宜快些，且铅液应从盛铅筒中央流下。

3. 模具调整

模具包括模芯和模套（俗称模盖），是压铅中使铅液形成具有一定几何尺寸的铅管的主要工具。模芯、模套应由耐热、耐磨并且坚硬的优质钢材制造，压铅模具如图7-21所示。

图7-21中所标尺寸为决定性尺寸，其中α、β、l、Δ通常为某一固定值，而d和D是需根据实际情况来确定的尺寸。

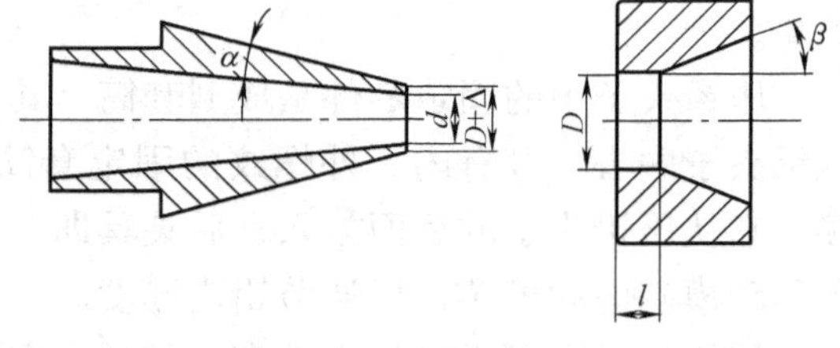

图7-21　压铅模具

要得到铅层厚度和铅包外径符合标准，质量良好的铅管，正确地选择和调整模具是压铅工艺中的关键。

模具是根据电缆的实际外径，按下列经验公式进行选配的：

$$d = D_1 + d$$
$$D = 1.08(D_1 + 2d)$$

式中　d——模芯的内径；

D——模套的内径；

D_1——电缆的铅包前外径。

通信电缆的铅包层的厚度根据铅包前电缆芯的外径，可由厚度表查得。

应当指出，上述计算对于电力电缆是合适的，但是通信电缆的铅皮护套却不能像电力电缆那样紧套着缆芯，而应该稍有一定的移动间隙，于是考虑到铅层冷却时的收缩，对于通信电缆上述计算的结果应适当增大一些。

模具的调整是将配好的模芯、模套装入模座后，先压出几小段空铅管，测量一个铅层的厚度，然后根据实际情况利用类似于挤塑工艺的方法来调整模芯、模套间的相对位置和前后距离。

4. 压铅

模具调整完毕就可进行正式的压铅工作。压铅时，盛铅筒和压铅头子内的温度、工作压力、压力冷却的压力和时间均应严格按操作规程执行。这种规定视不同设备而具体又有不同，表7-8列出了2000t压铅机温度、压力和时间的规定。

表 7-8　2000t 压铅机温度、压力和时间的规定

铅成分	压铅头子温度/℃		盛铅筒温度/℃	工作压力/(kg/cm^2)	压力冷却压力/(kg/cm^2)	压力冷却时间/min
	上	下				
合金铅	190 ~ 210	220 ~ 240	110 ~ 130	400	50 ~ 100	7 ~ 10

压铅的过程大体是这样的：盛铅筒灌铅后，首先进行压力冷却，即让筒内铅液在一定的压力作用下冷却一段时间，压力冷却后，逐步增加压力，到达一定工作压力时开始出线，当活塞杆下压到一定位置时，即停止加压并将它提起，使其端头离开筒口有段适当距离，当将杆上的余铅剥去抹上一层油后，可对盛铅筒再次灌铅，以进行下一次操作。

活塞杆只压到一定位置，而不将整筒铅压完的原因，是为了便于使新注入的铅与盛铅筒的余铅更好地融合在一起，以提高铅管的质量。

5. 冷却

压出的铅管应立即进行急速冷却，冷却是以高压力的冷水冲击铅管。冷却的主要目的是使铅层结晶紧密，提高铅层的机械性能。另外，急速冷却带走大量的热量，使缆芯免受长时间过热的危险。同时，在电缆线上绕盘时，也不至于相邻层粘在一起。

7.9　压铝和轧纹

7.9.1　压铝的工艺特点

压铝是在立式或卧式的压铝机上进行的，压铝机的结构与压铅机十分相似，但尽管相似，由于多方面的原因，压铝工艺比起压铅来要复杂和因难得多，从而对压铝机的要求，自然也要比压铅机高得多。

首先，由于铝的熔化温度（熔点 658℃）比铅（熔点 327℃）高许多，因此不能用熔化的铝灌到盛铝筒内的办法来进行压铝工作，这样不仅会使压铝机的模具及电缆的绝缘因过分受热而损坏，而且熔化的铝还会使盛铝筒和压铝头子的内壁受到损坏。所以压铝一般都是用预热到 450℃左右的圆柱形铝锭直接加到盛铝筒中的方法，然而，即使这样，压铝的温度还是要比压铅高得多。

其次，因为铝的硬度远大于铅，所以压铝的压力也就远大于压铅时的压力。压铝时加在活塞杆上的压力大的可达 86 ~ 91kg/mm^2，而在压铅时的压力一般不超过 40 ~ 55kg/mm^2。

再者，当热的铝锭加到盛铝筒中时，由于铝锭和盛铝筒之间存在有一定的孔隙中的空气，如果不能排出，那么，在强大的压力下，空气将被压到铝皮中去造成气泡，严重影响铝皮的质量。因此，压铝时希望在高压（剩余压力不超过 2mm 水银柱）下进行。或者是对铝锭采取特殊准备工艺（如冲击加热、墩车工艺等）以保证压铝时空气能正常排出。

最后，由于压铝的温度很高，盛铝筒和模座的温度将达到 500℃左右，这样高的温度电缆的缆芯绝缘一般是不能忍受的。因此要保证从压铝头子中通过的电缆在停车时的温度不能超过 180℃（油浸纸绝缘电缆）和 60℃（塑料绝缘电缆及通信电缆），必须在压铝头子内装有防止电缆与高热的模座壁相接触的装置（热保护头）及使压铝头子内、外铝皮迅速冷却的水冷装置。除此之外，在正常生产中还须保证压铝的出线不低于 12 ~ 15m/min 的速度，以减少高温对电缆绝缘的作用时间。

7.9.2 2×1600t 双筒压铝机的压铝工艺

1. 铝锭的处理

为便于压铝，需先将纯度为99.5%以上的铝经机械切割加工到所要求的精确尺寸和光洁度，然后用超声波探伤仪探伤，检查铝锭内有无气泡或其他杂物，只有尺寸和探伤符合要求的铝锭才可使用。

压铝开始前，先用感应加热的方法，把上述符合要求的铝锭加热到450℃左右，再在要压铝时，对其一端进行冲击加热到530℃左右。经这样处理的铝锭才可放到盛铝筒中去，放入时注意应将低温的一端向活塞杆，放入后即进行墩车过程，墩车压力大约在100～150kg/cm^{2}范围内。

2. 模具的装配

压铝头子中除了模芯和模套外，还有热保护头和冷却喷头。它们的尺寸选取如下：

热保护头孔径＝电缆外径＋(1.3～2.0mm)；

模芯孔径＝热保护头孔径＋(1.6－1.2mm)；

模套孔径＝模芯孔径＋2倍铝层厚度＋(±0.3mm)。

应当指出，对通信电缆由于考虑到铝皮不能完全紧包电缆及还要经过轧纹过程，因此，以上选取的各个尺寸还需按实际情况作适当放大。

模芯和模套安装前先经预热，使石墨能喷上去，安装时，先将两者距离保持在10mm左右，等20min左右再利用上模螺钉调节到1.0～2.0mm的间隙，然后挤压铝管，测量铝皮厚度是否符合要求。

冷却喷头的安装不能使其端部与模套套筒有局部接触，两者至少应保持0.5mm的间隙。冷却喷头中通以冷却水，水压应在3.0～4.5kg/cm^{2}范围内，且表面不能漏水。

热保护头在铝层厚度校正好后安装，以免由于铝层过厚而被压坏，其安装的位置应尽量伸出模芯口，并以不碰到铝皮为限。热保护头中也要通以冷却水，水压不小于2kg/cm^2，且不可有漏水现象。

全部模具安装完毕后，应取一段相当长度的电缆头子做接头停车绝缘烧焦试验，停车时间不应短于2min，试验后，解剖头子，其绝缘表面不能有严重的烧焦和烫坏现象。

3. 压铝操作中的注意事项

在压铝过程中，压铝头子中的温度应保持在510℃左右，冷却水应开足，压出的铝管用手摸时不应烫手，表面温度在40℃左右。

两个液压缸应保持同步挤压，当不同步时，应将快的压缸稍放油泄压。停车时，必须开启模套调节器，以使铝层加厚，停车时间无特殊情况一般不超过2min。

7.9.3 轧纹的目的和原理

由于铝金属本身的特点，决定了铝套电缆与相同类型、相同直径的铅包电缆相比较，其弯曲性能明显变差。因此，为了提高铝包电缆的弯曲性能，除了采用与相应铅包电缆的铅层厚度相近的铝层厚度外，通常还须对压铝后的电缆进行一次轧纹工作。

轧纹就是使原来圆整光滑的铝套电缆通过一个特殊的装置——轧纹头，把铝套轧制成一个有规则的凸凹装的螺旋形皱纹管，凸出的部分由于在轧制中未受到冷加工，当电缆弯曲时铝皮的变形主要是通过这些部分的伸缩来完成的，从而可大大提高电缆的柔软性。通信电缆一般都要求有良好的弯曲性能，因此，铝套的通信电缆都要经过轧纹的工艺过程。逻辑性轧纹可以是单独进行，也可以将轧纹头安装在压铝机出口前端与压铝工艺同时进行。后者的优点是可大大缩短电缆加工的时间，所以是目前常用的方法。

压铝机压出的铝皮中很有可能含有气泡或其他杂质，这些都是铝皮的致命弱点，通过轧纹强烈的机械冷加工，在这些地方最容易破裂而出现裂口，这是绝不允许的，所以轧纹后的电缆必须再经过一道充气（内充干燥的空气，压力不低于0.6kg/cm^2）的试验。电缆发现漏气时，将充气的电缆经过水槽，可以发现电缆的漏气点，对漏气的地方应当及时进行修补，然后才可进行下道工序。

7.10　通信电缆的挤制外护套工序和铠装工序

通信电缆的挤制外护套工序和铠装工序和其他电缆同类工艺几乎完全相似，这里就不再重复。

第8章 通信电缆传输特性测试

通信电缆各项电性能的测试是保证电缆产品质量极其重要的一环。因此，当电缆生产过成完成后，一定要立即对其电性能进行全面的测试。由于通信电缆的种类较多，要求各异，因此对其进行测试的项目也各有不同。随着电子技术的发展和通信电缆使用频带的加宽及使用范围的扩大，相应的通信电缆的测试方法也日趋增多。

通信电缆主要的电性能测试项目包括：导线直流电阻、回路不平衡电阻测试，绝缘电阻和交、直流耐压测试，工作电容测试，电容耦合与电容不平衡测试，串音衰减及串音防卫度的测试，电缆一次及二次传输参数的测试，同轴电缆衰减的测试，衰减温度系数的测试以及防护作用系数即屏蔽系数的测试等。其中，导线直流电阻、绝缘电阻以及耐压测试的原理和方法与其他产品相同，因此本章不再进行介绍，而只介绍通信电缆特有的电性能测试。

8.1 通信电缆一次和二次传输参数测试

通过前面几章的学习我们已经知道，通信电缆的一次参数是有效电阻 R、电感 L、电容 C 和电导 G。它们和施加的电压及传输的电流大小无关，而仅取决于电缆结构、所用材料和传输电流的频率。通信电缆回路的传输质量主要是依据回路二次参数来衡量，即传播常数 γ 和特性阻抗 Z_c。当电磁能沿电缆回路传输时，能量不断减小，相位也不断变化，γ 值就是用来描述这种变化的一个参数，其实部用 α 来表示电磁能量的减少，叫做衰减常数，虚部用 β 来表示电磁波相位的变化，称为回路的相移常数。同时这两个参数（α 及 Z_c）都是一次参数（R、L、C、G）的函数。它们在线路的设计和维护中，被用来衡量通信线路的质量，是改善线路结构和传输质量的基础。

通信电缆一次和二次传输参数测试常用开、短路法来进行，具体又分为任意频率法和谐振频率法。两种方法和原理及使用的设备大致相同。

8.1.1 设备组成

目前生产企业常用的通信电缆传输参数自动测试装置是根据相关产品标准中规定的试验方法，采用微机系统对通信电缆的电气性能进行自动测试。其组成主要包括以下几个部分。

1. 主机

由一个低频测试装置和一个多功能高频测试仪及测试接线架组成。

2. 计算机微处理系统

测试用计算机、激光打印机、高低频测试软件包、远程遥控软件等。

3. 高频测试系统

包括网络分析仪、100MHz 特性阻抗探测器及连接设备。

其中，测试接线架为自动的 25 线对的测试接线架，可进行自动对线转换，标准线径为美制线规 24～26 号及 22～24 号两种可供选取，两个夹具供连接电缆内端和外端。接线时不需剥除绝缘体。

4. 软件系统

包括电缆测试程式、图表及数值报告程式、电缆规范修订程式、数据档案管理程式、测试及报告标题修订程式。

8.1.2　适用范围

主要适用于制造长度的电缆电气性能的自动测试，其主要测试项目包括导体电阻、回路电阻、电阻不平衡、工作电容、电容不平衡、衰减、近端串音、远端串音、特性阻抗等。

8.1.3　测试精度

1. 电阻不平衡

量程：0～19.9kΩ；

精度：±0.1% +10Ω。

2. 工作电容

量程：0～1999nF，0～1999.9nF；

精度：800Hz ±0.25% ±10pF；

125Hz ±0.25% ±10pF；

12.5Hz ±0.25% ±10pF。

3. 衰减

精度：±0.3；64～1024Hz，在 20～80dB 范围内。

4. 近端串音 NEXT

精度：±0.3dB；64～1024Hz，在 40～140dB 范围内。

5. 远端串间 NEXT

精度：同近端串音。

6. 特性阻抗 Z_c（开短路测试）

精度：±1Ω；64kHz～25MHz，在 85～130Ω 范围内。

8.1.4　测试中的注意事项

测试准备工作按系统测试的说明进行，打开系统各部分电源开关，指示调零，使缆线对接线，系统接地等准备工作。

上机操作时，按测试系统程序和要求对各种参数进行测试。

测试时如出现电压不足的情况时，及时更换电池，防止出现测试数据偏差较大。

测试二次参数时，发现某一对衰减值异常时，可重测直流电阻，发现问题并处理后，再做二次参数项目的测试。

该套仪器可按电缆相关标准对各项电气参数及长度、温度等进行自动换算，打印测试数据包括最大值、平均值、功率平均值、单线对功率、M-S 值、发生变异值等。

8.1.5 测试系统

1. 设备的接线图

开短路法接线如图 8-1 所示。

2. 试验设备

试验设备应符合下列要求：

振荡器：连续工作 4h 的频率稳定度应不大于 ±0.5%；

对称阻抗（导纳）电桥：灵敏度应不低于 ±2%；

电平表：灵敏度应不低于 -110dB；

数字频率计：显示数字的位数不少于6 位，频率稳定度不大于 $\pm 1.5\times10^{-7}/24\text{h}$。

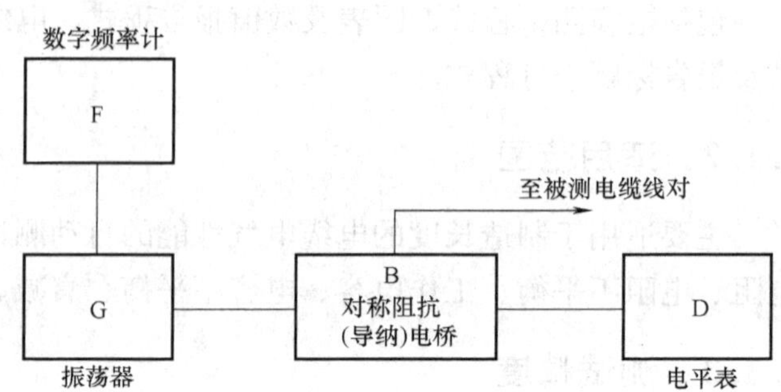

图 8-1 开短路法接线

8.1.6 开短路法的基本原理

当被测电缆终端开路时，其输入阻抗可由传输方程求得

$$Z_{\infty}=Z_{\mathrm{C}}\mathrm{th}\gamma l \tag{8-1}$$

式中 Z_{C}——回路的波阻抗；

γ——回路的传播常数；

l——回路长度。

当被测电缆终端短路时，其输入阻抗为

$$Z_{\infty}=Z_{\mathrm{C}}\mathrm{th}\gamma l \tag{8-2}$$

由式（8-1）与式（8-2）可得

$$Z_{\mathrm{C}}=\sqrt{Z_0 Z_{\infty}} \tag{8-3}$$

则

$$|Z_{\mathrm{C}}|=\sqrt{|Z_0||Z_{\infty}|}=\frac{1}{\sqrt{|Y_0||Y_{\infty}|}} \tag{8-4}$$

$$\varphi_{\mathrm{C}}=\frac{\varphi_0+\varphi_{\infty}}{2} \tag{8-5}$$

式中 φ_{∞}、φ_0——终端开路和短路时，输入阻抗的相角；

φ_{C}——波阻抗的相角。

从式（8-1）及式（8-2）中还可得

$$\mathrm{th}\gamma l=\sqrt{\frac{Z_0}{Z_{\infty}}}=\sqrt{\frac{Y_{\infty}}{Y_0}} \tag{8-6}$$

设

$$\mathrm{th}\gamma l=Te^{\mathrm{j}\varphi_{\mathrm{T}}}=T\cos\varphi_{\mathrm{T}}+\mathrm{j}T\sin\varphi_{\mathrm{T}} \tag{8-7}$$

则

$$T=\sqrt{\frac{|Z_0|}{|Z_{\infty}|}}=\sqrt{\frac{|Y_{\infty}|}{|Y_0|}} \tag{8-8}$$

$$\varphi_T = \frac{\varphi_0 - \varphi_\infty}{2} \tag{8-9}$$

$$\alpha l + j\beta l = \text{arcth}(T\cos\varphi_T + jT\sin\varphi_T) \tag{8-10}$$

按求复变反双曲线正切函数值的计算公式，则

$$u + jv = \text{arcth}(X + jY) \tag{8-11}$$

则

$$\text{th}2u = \frac{2X}{1 + X^2 + Y^2} \tag{8-12}$$

$$\text{tg}2v = \frac{2Y}{1 - (X^2 + Y^2)} \tag{8-13}$$

令

$$u = \alpha l, v = \beta l, X = T\cos\varphi_T, Y = T\sin\varphi_T$$

则

$$\alpha = \frac{1}{2l}\text{arcth}\,\frac{2T\cos\varphi_T}{1 + T^2} \tag{8-14}$$

$$\beta = \frac{1}{2l}\text{arctg}\,\frac{2T\sin\varphi_T}{1 - T^2} \tag{8-15}$$

这里要注意的是，$\text{tg}2\beta l$ 是个周期性函数，按式（8-15）计算 βl 可以有很多数值，所以式（8-15）的完整写法应为

$$2\beta l = 2n\pi + \text{arctg}\,\frac{2T\sin\varphi_T}{1 - T^2} \tag{8-16}$$

那么 n 应为多少合适？应根据公式 $\lambda = \frac{v}{f}$ 计算波长，再估算线路全长内大约包含几个波长，然后按公式（8-16）计算得到的 βl 应与其相对应。

在求出二次参数 Z_C 和 γ 之后，可再求出一次参数。

由于

$$Z_C\gamma = R + j\omega L \tag{8-17}$$

$$\frac{\gamma}{Z_C} = G + j\omega C \tag{8-18}$$

令

$$Z_C\gamma = |Z_C\gamma| e^{j(\varphi_c + \varphi_\gamma)} \tag{8-19}$$

$$\frac{\gamma}{Z_C} = \left|\frac{\gamma}{Z_C}\right| e^{j(\varphi_\gamma - \varphi_c)} \tag{8-20}$$

则

$$R = |Z_C\gamma|\cos(\varphi_c + \varphi_\gamma) \tag{8-21}$$

$$L = \frac{1}{\omega}|Z_C\gamma|\sin(\varphi_c + \varphi_\gamma) \tag{8-22}$$

$$G = \left|\frac{\gamma}{Z_C}\right|\cos(\varphi_\gamma - \varphi_c) \tag{8-23}$$

$$C = \frac{1}{\omega}\left|\frac{\gamma}{Z_C}\right|\sin(\varphi_\gamma - \varphi_c) \tag{8-24}$$

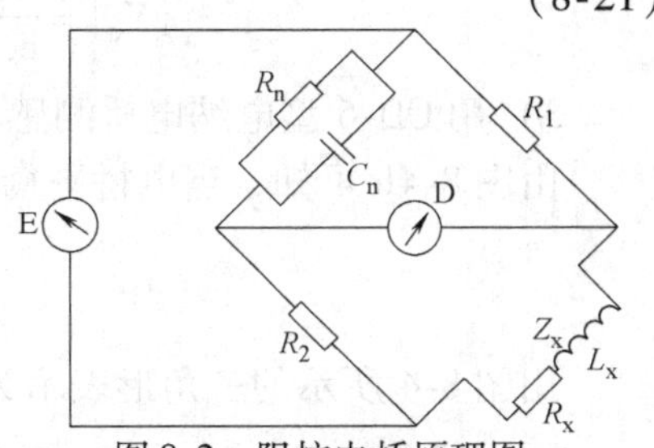

图 8-2　阻抗电桥原理图

R_1、R_2—固定电阻

R_n、C_n—平衡网络元件

Z_x—被测电缆阻抗

E—振荡器　D—指示器

1）用 CD-5 型阻抗电桥测低阻抗时，如图 8-2 所示。

当电桥平衡时，

$$\frac{Z_n}{R_2} = \frac{R_1}{Z_x}$$

$$Z_x = R_1R_2\frac{1}{Z_n} = R_1R_2Y_n = R_1R_2\left(\frac{1}{R_n} + j\omega C_n\right) = R'_n + j\omega L'_n \qquad (8\text{-}25)$$

式中 $R'_n = \dfrac{R_1R_2}{R_n}$，$L'_n = R_1R_2C_n$——电桥平衡时度盘上实读的电阻分量和电抗分量值。它们即为被测阻抗的电阻分量和电感分量。

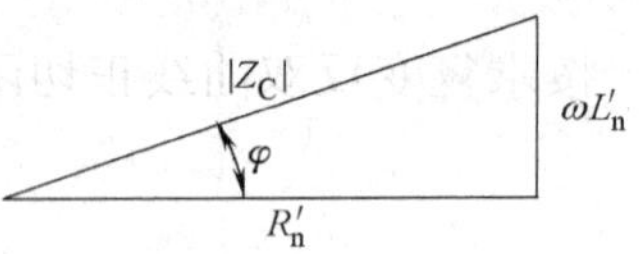

图 8-3　阻抗三角形图

式（8-25）用图 8-3 表示，则为

$$\varphi = \mathrm{arctg}\frac{\omega L'_n}{R'_n}$$

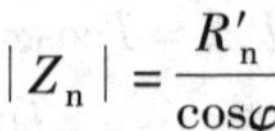

$$|Z_n| = \frac{R'_n}{\cos\varphi}$$

2）用 CD-6 型电纳电桥测容性导纳，如图 8-4 所示。

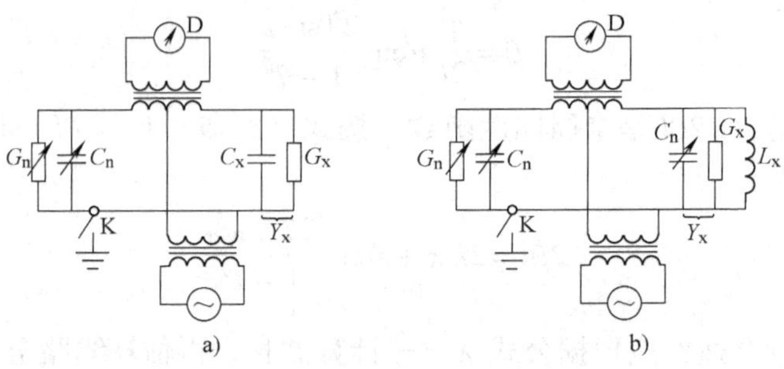

图 8-4　导纳电桥原理图

a）测容性导纳　b）测感性导纳

由图 8-4a 可知，当电桥平衡时，

$$Y_x = Y_n = G_n + j\omega C_n$$

导纳三角形如图 8-5 所示。

用图 8-5 表示为

$$\varphi' = \mathrm{arctg}\frac{\omega C_n}{G_n} \qquad (8\text{-}26)$$

$$|Y_x| = \frac{G_n}{\cos\varphi'} \qquad (8\text{-}27)$$

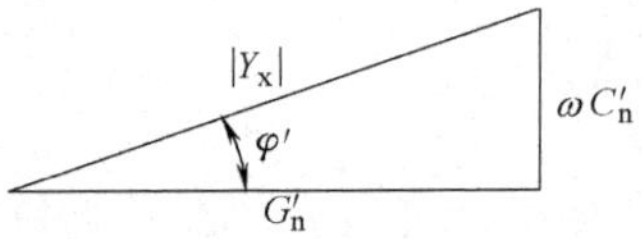

图 8-5　导纳三角形图

3）用 CD-6 型电纳电桥测感性导纳。

由图 8-4b 可知，当电桥平衡时，

$$Y_x + j\omega C_n = G_n$$

$$Y_x = G_n - j\omega C_n$$

用图 8-4 所示的三角形表示为

$$\varphi' = -\mathrm{arctg}\frac{\omega C_n}{G_n} \qquad (8\text{-}28)$$

$$|Y_n| = \frac{G_n}{\cos\varphi'} \qquad (8\text{-}29)$$

8.1.7　谐振法基本原理

谐振测试法的测试原理与开、短路法基本相同，只是测量频率选用谐振频率，此时测出的阻抗即实数分量值，能够简化计算过程。

当电缆终端开路或短路时，其输入阻抗为

$$Z_\infty = Z_C \mathrm{cth}\gamma l$$

$$Z_0 = Z_C \mathrm{th}\gamma l$$

当$\beta l = \frac{\pi}{2}$、$\frac{3\pi}{2}$、$\frac{5\pi}{2}\cdots\frac{n\pi}{2}$（$n=1$、3、5…）奇次谐波时，则

$$Z_\infty = Z_C \mathrm{th}\alpha l \tag{8-30}$$

$$Z_0 = Z_C \mathrm{cth}\alpha l \tag{8-31}$$

因此

$$\mathrm{th}\alpha l = \sqrt{\frac{Z_\infty}{Z_0}} = \sqrt{\frac{Y_0}{Y_\infty}} \tag{8-32}$$

$$\alpha = \frac{1}{l}\mathrm{arctg}\sqrt{\frac{Y_0}{Y_\infty}} \tag{8-33}$$

当$\beta l = \frac{2\pi}{2}$、$\frac{4\pi}{2}$、$\frac{6\pi}{2}\cdots\frac{n\pi}{2}$（$n=2$、4、6…）偶次谐波时，则

$$Z_\infty = Z_C \mathrm{cth}\alpha l \tag{8-34}$$

$$Z_0 = Z_C \mathrm{th}\alpha l \tag{8-35}$$

因此

$$\mathrm{th}\alpha l = \sqrt{\frac{Z_0}{Z_\infty}} = \sqrt{\frac{Y_\infty}{Y_0}} \tag{8-36}$$

$$\alpha = \frac{1}{l}\mathrm{arctg}\sqrt{\frac{Y_\infty}{Y_0}} \tag{8-37}$$

这样，如何求得谐振频率f_P（即f_P为什么数值时，βl才等于$\frac{n\pi}{2}$）就成为关键。

我们知道，对于同轴电缆的使用频带来说，其波阻抗Z_C和相位移β分别为

$$Z_C = \sqrt{\frac{L}{C}}$$

$$\beta = \omega\sqrt{LC}$$

电缆回路处于谐振状态时，应有

$$\beta l = \frac{n\pi}{2}$$

$$2\pi f_p l\sqrt{LC} = \frac{n\pi}{2}$$

$$Z_C C = \sqrt{LC}$$

所以

$$f_p = \frac{n}{4Z_C Cl} \tag{8-38}$$

式中　n——谐振频率序号；

Z_C——电缆的波阻抗；

l——电缆长度；

C——电缆的工作电容。

8.1.8 试验要求

1. 任意频率法

按测试系统接线原理图连接测试系统，在不接入试样电缆的情况下，接通电源，预热仪器，直至稳定。

将电桥的电导或电阻及电容或电感各测量档位置于“0”位。“相角”选择置于“容性或感性”位置上。

振荡器调整到所需测试频率，指示器选频后慢慢增加灵敏度，交替调节电导或电阻、电容或电感零平衡旋钮，直到电桥平衡。如须用引线连接被测电缆时，应带着引线进行零平衡。

将终端开路的被测电缆接在电桥的测试接线端子或引线上，逐步增加指示器灵敏度，交替调节电导或电阻、电容或电感的测量旋钮，直调到电桥平衡。读取 $G_\infty(R_\infty)$、$C_\infty(L_\infty)$ 数值。

取下电缆，保持振荡器输出频率不变，将电桥“相角”选择按钮置于“感性或容性”位置。各测量档置于零位，再进行零平衡调节，然后将弹簧端短路的被测电缆接在电桥的测试接线端或引线上，进行测量。读取 $G_0(R_0)$、$C_0(L_0)$ 数值。

如在上述过程中电桥达不到平衡，应改变“相角”按钮位置，重新进行测试。

2. 谐振频率法

先估算出谐振频率及其间隔，选定与所需测试频率最接近的频率值作为测试频率。

试样终端短路，按照相应步骤进行测试，然后从数字频率计上读取谐振频率 $f_{\mathrm{nm}0}$，从电桥的电阻或电导档位读取 $G_0(R_0)$ 数值。

试样终端开路，重复上述过程，然后从数字频率计上读取谐振频率 $f_{\mathrm{nm}\infty}$，从电桥的电阻或电导档位读取 $G_0(R_0)$ 数值。

若 $f_{\mathrm{nm}0}$ 或 $f_{\mathrm{nm}\infty}$ 与估算值的偏差较大时，必须使振荡器输出在 $f_{\mathrm{nm}0}$ 或 $f_{\mathrm{nm}\infty}$ 的频率下，重复进行测试。

8.1.9 测试结果及计算

1. 任意频率法

$$\alpha = \frac{4.343}{l}\mathrm{th}^{-1}\frac{2T\cos\varphi_{\mathrm{T}}}{1+T^2} \tag{8-39}$$

式中
$$T=\sqrt{\frac{Z_0}{Z_\infty}},\ \varphi_{\mathrm{T}}=\frac{\varphi_0-\varphi_\infty}{2}$$

式中的 Z_0，Z_∞，φ_0，φ_∞ 应根据电桥平衡支路不同的等效电路按表 8-1 所列公式进行计算，式中及表 8-1 中：

l——被测电缆长度（km）；

α——被测电缆衰减常数（dB/km）；

ω——$2\pi f$；

R——电桥平衡时的电阻读数（终端短路时为 R_0，开路时为 R_∞）（Ω）；

G——电桥平衡时的电导读数（终端短路时为 G_0，开路时为 G_∞）（S）；
L——电桥平衡时的电感读数（终端短路时为 L_0，开路时为 L_∞）（H）；
C——电桥平衡时的电容读数（终端短路时为 C_0，开路时为 C_∞）（F）；
Z——输入阻抗（终端短路时为 Z_0，开路时为 Z_∞）（Ω）。

表 8-1　测试时相关参数计算公式

电阻 R 与电容 C 串联	——X——	$R(R_0$ 或 $R_\infty)$ $C(C_0$ 或 $C_\infty)$	$\varphi=-\mathrm{arctg}(1/\omega CR)$ $\lvert Z\rvert=R/\cos\varphi$ $\varphi\to90°$时 $\lvert Z\rvert=1/(\omega C\sin\varphi)$
纯电阻 R	——X—— 与电容并联	$R(R_0$ 或 $R_\infty)$ $C(C_0$ 或 $C_\infty)$	$\varphi=\mathrm{arctg}(\omega CR)$ $\lvert Z\rvert=R\cos\varphi$ $\varphi\to90°$时 $\lvert Z\rvert=\sin\varphi/(\omega C)$
电导 G 与电容 C 并联	——X——	$G(G_0$ 或 $R_\infty)$ $C(C_0$ 或 $C_\infty)$	$\varphi=-\mathrm{arctg}(\omega C/G)$ $\lvert Z\rvert=\cos\varphi/G$ $\varphi\to90°$时 $\lvert Z\rvert=\sin\varphi/(\omega C)$
纯电导 G	——X—— 与电容 C 并联	$G(G_0$ 或 $G_\infty)$ $C(C_0$ 或 $C_\infty)$	$\varphi=\mathrm{arctg}(\omega C/G)$ $\lvert Z\rvert=\cos\varphi/G$ $\varphi\to90°$时 $\lvert Z\rvert=\sin\varphi/(\omega C)$
电阻 R 与电感 L 串联	——X——	$R(R_0$ 或 $R_\infty)$ $L(L_0$ 或 $L_\infty)$	$\varphi=\mathrm{arctg}(\omega L/R)$ $\lvert Z\rvert=R/\cos\varphi$ $\varphi\to90°$时 $\lvert Z\rvert=(\omega L)/\sin\varphi$
电导 G 与电感 L 并联	——X——	$G(G_0$ 或 $G_\infty)$ $C(C_0$ 或 $C_\infty)=1/\omega^2L$	$\varphi=\mathrm{arctg}(\omega C/G)$ $\lvert Z\rvert=\cos\varphi/G$ $\varphi\to90°$时 $\lvert Z\rvert=\sin\varphi/(\omega C)$

2. 谐振频率法

实际谐振频率 f_n（kHz）的计算

$$f_n=\frac{f_{nm0}+f_{nm\infty}}{2}$$

阻抗电桥测试时衰减常数 α（dB/km）的计算式为

$R_0<R_\infty$ 时

$$\alpha=\frac{8.686}{l}\mathrm{th}^{-1}\sqrt{\frac{R_0}{R_\infty}}$$

$R_0>R_\infty$ 时

$$\alpha=\frac{8.686}{l}\mathrm{th}^{-1}\sqrt{\frac{R_\infty}{R_0}}$$

导纳电桥测试时衰减常数 α（dB/km）的计算式为

$G_0<G_\infty$ 时

$$\alpha=\frac{8.686}{l}\mathrm{th}^{-1}\sqrt{\frac{G_0}{G_\infty}}$$

$G_0 > G_\infty$ 时

$$\alpha = \frac{8.686}{l}\text{th}^{-1}\sqrt{\frac{G_\infty}{G_0}}$$

式中 l——被测电缆长度（km）；

G_0——试样终端短路谐振时电桥电导读数（S）；

G_∞——试样终端开路谐振时电桥电导读数（S）；

R_0——试样终端短路谐振时电桥电阻读数（Ω）；

R_∞——试样终端开路谐振时电桥电阻读数（Ω）。

20℃时每千米电缆衰减常数按下式进行计算

$$\alpha_{20} = \frac{\alpha}{1 + k_{20}(t - 20)} \tag{8-40}$$

式中 α_{20}——20℃时每千米长度电缆衰减常数（dB/km）；

t——试验时电缆温度（℃），一般取电缆所处的环境温度为电缆温度；

k_{20}——20℃时电缆衰减温度系数（1/℃），对聚烯烃绝缘的电缆，参考值为0.2%；

α——温度 t 时测得的衰减常数。

8.2 对称电缆工作电容测试

通信电缆工作电容测试常用的方法有比较法和电桥法，测试的基本原理如下。

8.2.1 比较法测试电缆的工作电容

比较法常用在长电缆的线路中，其测量电路如图8-6所示。

测量时，被测电缆对另一端应为开路，同时，除了被测线芯外，所有线芯都用铜线相互连接在一起并与屏蔽相接。

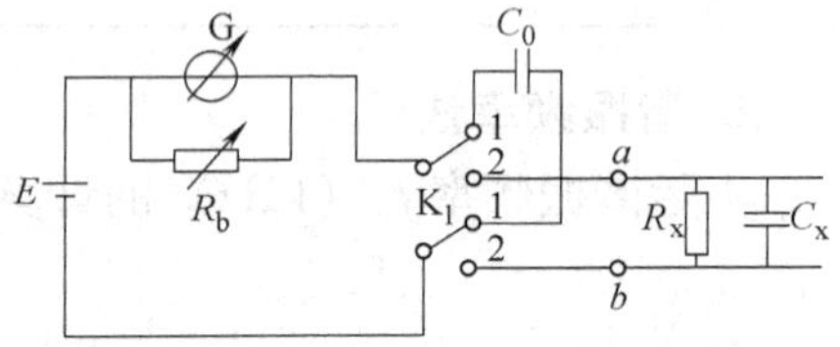

图8-6 用比较法测量电容量的电路图
G—冲击检流计节 R_b—检流计分流电阻
C_0—标准电容 C_x—被测样品电容
R_x—被测样品绝缘电阻 E—直流电源
a、b—被测样品的线对 K_1—双刀单掷开关

为了确定线对工作电容，需要进行两次测量。第一次测量时，将 K_1 放在位置1，电容器 C_0 便经过冲击检流计充电达到某一电压值 U，如果检流计的分流系数等于 n_1，那么流经检流计的电量将等于

$$Q_1 = k_b\alpha_1 n_1 = UC_0 \tag{8-41}$$

式中 k_b——检流计的冲击常数；

α_1——检流计的偏转格数；

n_1——检流计的分流系数。

第二次测量时，将 K_1 放在位置2，被测线芯便经过冲击检流计充电，达到与前次同样的电压 U，如果检流计的分流系数为 n_2，那么流经检流计的电量将等于

$$Q_2 = k_b\alpha_2 n_2 = UC_x \tag{8-42}$$

式中 α_2——第二次测量时检流计的偏转格数；

n_2——第二次测量时检流计的分流系数。

由以上两式可得

$$C_{x}=\frac{\alpha_{2}n_{2}}{\alpha_{1}n_{1}} \tag{8-43}$$

必须注意，在某些仪器中，测量时通过检流计的不是充电电流，而是放电电流。

8.2.2　电桥法测试工作电容

电桥法测量电容的原理图如图 8-7 所示。所测电容接入电桥臂 1、2，臂 2、3 为量程开关，可变的 R_2 取所需要的量程。臂 3、4 是电容值的计数臂，可变动 R_3 取电桥的平衡。臂 4、1 是在所测电容（电缆线对）内有损耗时，用来补偿相位差。

测量电容时的平衡条件为

$$C_{x}=C_{4}\frac{R_{3}}{R_{2}}$$

$$\text{tg}\delta=\omega C_{4}R_{4}$$

测量电源一般都采用 1000Hz 的音频电源，在测试前，首先估计一下被测电容的大小，然后旋动量程开关，放在适当的量程上，例如被测电容为 500pF 左右，则量程开关应放在 1000pF 上进行测量。

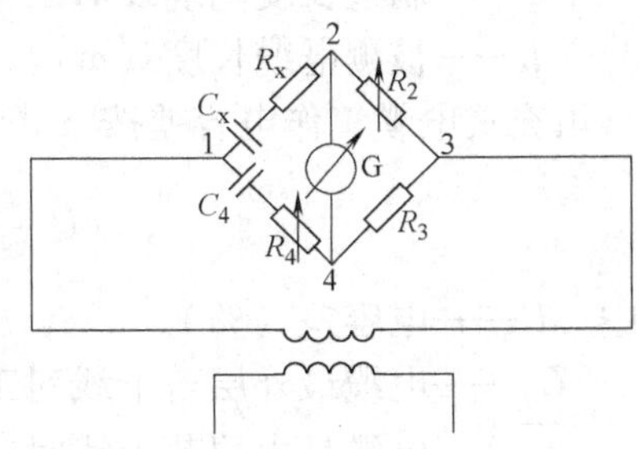

图 8-7　电桥法测量电容的原理图

8.2.3　试验设备

1. 测试接线图（见图 8-8）

试验仪器应符合以下要求。

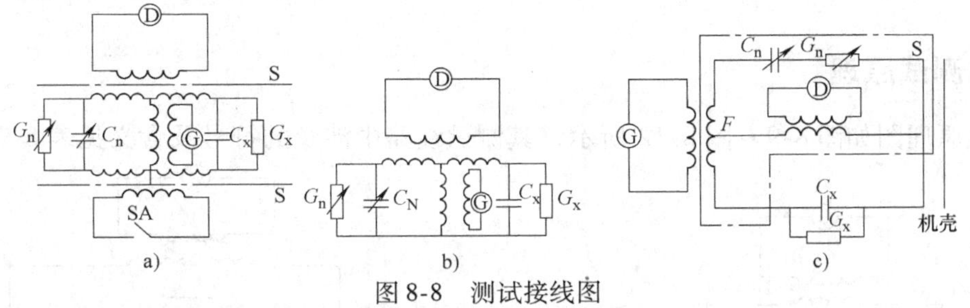

图 8-8　测试接线图

G—振荡器　D—指示器　S—电桥的屏蔽　C_x、G_x—被测电缆线对的工作电容及电导

C_n、G_n—电桥标准电容器及标准电导　F—变压器中点　SA—开关

振荡器频率在 800～1000Hz 范围内单频输出，频率的误差应不大于 10%，非线性失真系数应不大于 5%。

指示器灵敏度应能保证不低于测试允许误差的 1/3 的分辨力。

除另有规定外，电桥测试误差应不大于被测值的 1% +10pF。

2. 试验步骤

对称电缆线对间工作电容，按图 8-8 所示接线测试，采用带有输入/输出对称变压器的对称交流电桥。

当采用图 8-8 所示对称电桥测试线对工作电容时，电缆的金属护套允许接地。

当电缆没有金属护套、屏蔽或铠装时，被测对象应置于水槽中，并根据所使用的仪表形式，确定水槽是否接地，试样末端超出水槽的部分尽可能短。

当测试结果有争议时，对称电缆应以图 8-8 所示电桥测试为准；所采用电桥的精度，应保证测试误差不大于被测值的 0.5% +10pF，且电缆内其他线芯必须接电缆的金属护套或屏蔽。

8.2.4 试验结果及计算

试验结果按下式换算，为每千米的工作电容

$$C = C_x \frac{1000}{L}$$

式中 C——1km 长度电缆线对工作电容（nF/km）；

C_x——制造长度电缆线对工作电容测量值（nF）；

L——被测电缆长度（m）。

填充式电缆工作电容差按下式计算

$$D = \left(\frac{\overline{C_0} - \overline{C_i}}{\overline{C_0}} - \frac{\overline{R_0} - \overline{R_i}}{\overline{R_0}} \right) \times 100\%$$

式中 D——电容差（%）；

$\overline{C_0}$——电缆最外层若干线对工作电容平均值（nF）；

$\overline{C_i}$——电缆最内层若干线对工作电容平均值（nF）；

$\overline{R_0}$——电缆最外层若干线对电阻平均值（Ω）；

$\overline{R_i}$——电缆最内层若干线对电阻平均值（Ω）。

8.3 电缆电容耦合和电容不平衡测试

8.3.1 测试原理

测试原理图如图 8-9 ~ 图 8-12 所示，其测试线路中涉及的符号及含义见表 8-2。

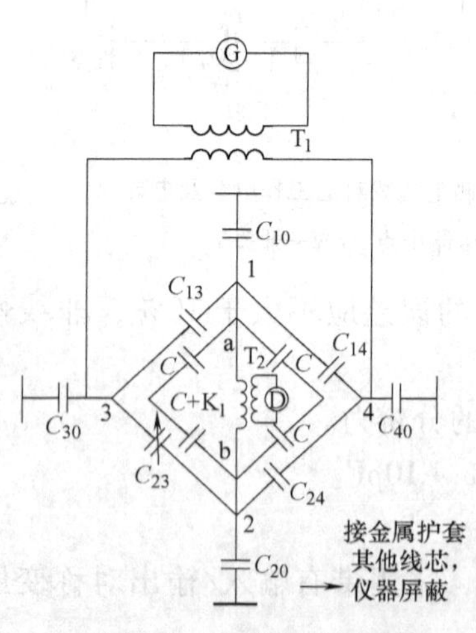

图 8-9 K_1 测试原理图

1、2、3、4—组内两对线芯 a、b、c、d—电桥的四个顶点 C—桥臂电容 G—发生器 D—指示器 T_1、T_2—变量器

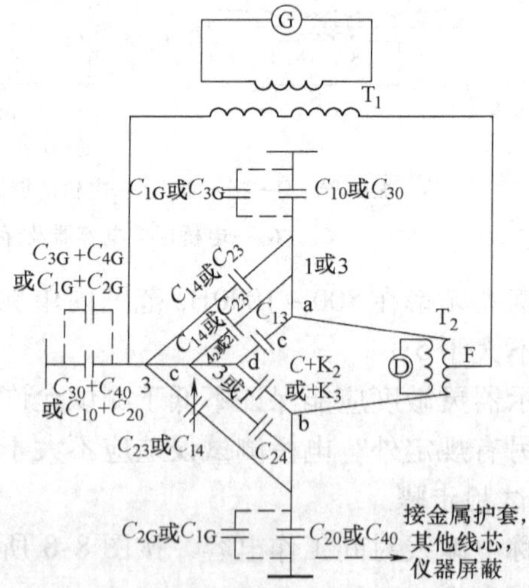

图 8-10 K_2 或 K_3 测试原理图

1、2、3、4—组内两对线芯 a、b、c、d—电桥的四个顶点 C—桥臂电容 G—发生器 D—指示器 T_1、T_2—变量器 F—变压器中点

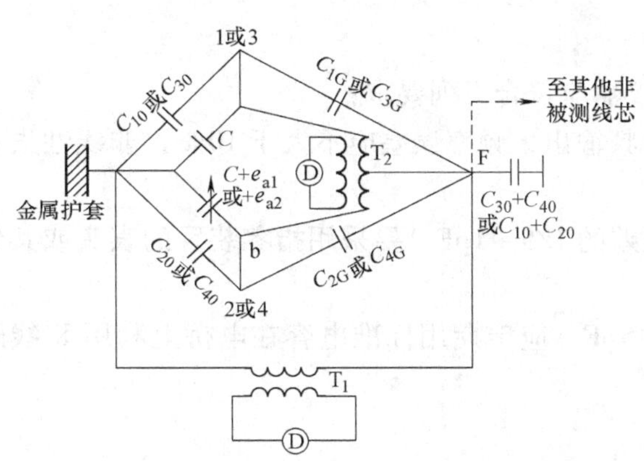

图 8-11　线对对外地电容不平衡 e_{a1}、e_{a2}测试原理图

1、2、3、4—组内两对线芯　C—桥臂电容　G—发生器

D—指示器　T_1、T_2—变量器　F—变压器中点

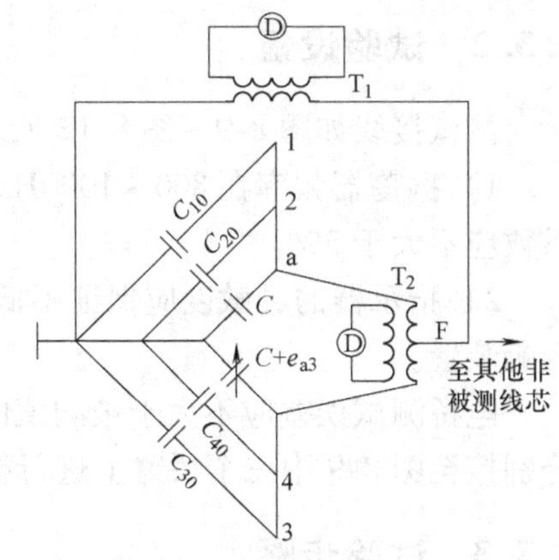

图 8-12　线对对外地电容不平衡 e_{a3}

测试原理图

1、2、3、4—组内两对线芯　C—桥臂电容

D—指示器　T_1、T_2—变量器　F—变压器中点

表 8-2　测试线路中涉及的符号及含义

符号	定义	近似公式
组内K_1	实路Ⅰ/实路Ⅱ	$(C_{13}+C_{24})-(C_{14}+C_{23})$
组内K_2	实路Ⅰ/幻路	$(C_{13}+C_{14})-(C_{23}+C_{24})+(C_{10}-C_{20})/2+(C_{1G}-C_{2G})/2$
组内K_3	实路Ⅱ/幻路	$(C_{13}+C_{23})-(C_{14}+C_{24})+(C_{30}-C_{40})/2+(C_{3G}-C_{4G})/2$
组间K_4	幻路Ⅰ/幻路Ⅱ	$C_{15}+C_{16}+C_{29}+C_{26}+C_{48}+C_{47}+C_{38}+C_{37}-C_{18}-C_{17}-C_{28}-C_{27}-C_{45}-C_{46}-C_{30}-C_{36}$
组间K_5	实路Ⅰ/幻路Ⅱ	$C_{15}+C_{16}+C_{28}+C_{27}-C_{18}-C_{17}-C_{25}-C_{26}$
组间K_6	实路Ⅱ/幻路Ⅱ	$C_{45}+C_{46}+C_{38}+C_{37}-C_{48}-C_{47}-C_{35}-C_{36}$
组间K_7	实路Ⅲ/幻路Ⅰ	$C_{15}+C_{25}+C_{46}+C_{36}-C_{45}-C_{35}-C_{16}-C_{26}$
组间K_8	实路Ⅳ/幻路Ⅰ	$C_{18}+C_{28}+C_{47}+C_{37}-C_{17}-C_{27}-C_{48}-C_{38}$
组间K_9	实路Ⅰ/实路Ⅲ	$C_{15}+C_{26}-C_{16}-C_{25}$
组间K_{10}	实路Ⅰ/实路Ⅳ	$C_{18}+C_{27}-C_{17}-C_{28}$
组间K_{11}	实路Ⅱ/实路Ⅲ	$C_{45}-C_{36}-C_{46}-C_{35}$
组间K_{12}	实路Ⅱ/实路Ⅳ	$C_{48}+C_{37}-C_{47}-C_{38}$
e_1	实路Ⅰ/其他线芯及金属护套,地	$C_{10}-C_{20}+C_{1G}-C_{2G}$
e_3	实路Ⅱ/其他线芯及金属护套,地	$C_{30}-C_{40}+C_{3G}-C_{4G}$
e_2	幻路Ⅰ/其他线芯及金属护套,地	$C_{10}+C_{20}+C_{1G}+C_{2G}-C_{30}-C_{40}-C_{3G}-C_{4G}$
e_{a1}	实路Ⅰ/金属护套,地	$C_{10}-C_{20}$
e_{a2}	实路Ⅱ/金属护套,地	$C_{30}-C_{40}$
e_{a3}	幻路Ⅰ/金属护套,地	$C_{10}+C_{20}-C_{30}-C_{40}$

注：对地电容不平衡用 e_1、e_3、e_2 表示；
对外来地电容不平衡用 e_{a1}、e_{a2}、e_{a3} 表示；
实路Ⅰ：被测四线组的一个工作对其线芯编号为 1，2；
实路Ⅱ：被测四线组的另一个工作对其线芯编号为 3，4；
实路Ⅲ：另一被测四线组的一个工作对其线芯编号为 5，6；
实路Ⅳ：另一被测四线组的另一个工作对其线芯编号为 7，8；
C_{13}，C_{14}，C_{23}，C_{24}…为电缆线芯 1，2，3，4…相互间的部分电容；
C_{1G}，C_{2G}，C_{3G}，C_{4G}…为电缆线芯 1，2，3，4…对全部非被测线芯间的部分电容；
C_{10}，C_{20}，C_{30}，C_{40}…为电缆线芯 1，2，3，4…对地间的部分电容。

8.3.2 试验设备

测试接线如图8-9～图8-12所示。试验仪器应符合下列要求：

1）振荡器频率在800～1000Hz范围内单频输出，频率误差应不大于10%，非线性失真系数应不大于5%。

2）指示器的灵敏度应保证不低于测试误差的1/5+1pF。要采用指零装置的表头或其他音响装置。

电桥测试误差应不大于被测值的3%±2.5pF。应定期用标准电容在电桥上利用K线路分别接至图8-9中三个桥臂上进行校验。

8.3.3 试验步骤

1. 选定测试接线图

K_1 按图8-9接线测试。

K_2、K_3 按图8-10接线测试。

K_4～K_{12}按图8-11接线测试，但此时四个实路的线芯与桥体的实际接法应符合表8-3。

e_{a1}、e_{a2}、e_1、e_2 按图8-11接线测试，e_{a3}、e_3 按图8-12接线测试。

表 8-3

项目	各端钮所接线芯序号			
	a	b	c	d
K_4	1.2	3.4	5.6	7.8
K_5	1	2	5.6	7.8
K_6	3	4	5.6	7.8
K_7	1.2	3.4	5	6
K_8	1.2	3.4	7	8
K_9	1	2	5	6
K_{10}	1	2	7	8
K_{11}	3	4	5	6
K_{12}	3	4	7	8

2. 测试 *K*、*e* 值时，非被测线芯的连接应符合下列要求

1）测量K值及e_3值时，电缆内除被测线对外的其余非被测线芯接金属护套或电缆的屏蔽。

2）测量e_1、e_2值时，同一四线组内的另外两根线芯应由仪表自动转接至F点，电缆内其余非被测线芯接金属套或电缆屏蔽。

3）测试e_{a1}、e_{a2}、e_{a3}时，电缆内全部非被测线芯接仪器的F点。

4）将电缆的被测线芯直接或通过引线接到电桥的测试端钮上，被测线的另一端应该开路。测试引线应采用屏蔽软线，引线的接头端应保证有良好的电接触。

8.3.4　测试结果及计算方法

测试结果按下列公式换算为标准长度时的值

$$K_{(1\sim12)} = K_{(1\sim12)x}\frac{L_0}{L_x}$$

$$\overline{K}_{(1\sim12)} = \overline{K}_{(1\sim12)x}\sqrt{\frac{L_0}{L_x}}$$

$$e_{(1\sim3)} = e_{(1\sim3)x}\frac{L_0}{L_x}$$

$$\overline{e}_{(1\sim3)} = \overline{e}_{(1\sim3)x}\frac{L_0}{L_x}$$

$$e_{a(1\sim3)} = e_{a(1\sim3)x}\frac{L_0}{L_x}$$

$$\overline{e}_{a(1\sim3)} = \overline{e}_{a(1\sim3)x}\frac{L_0}{L_x}$$

式中　L_0——产品标准中规定指标时确定的标准制造长度（m）；

L_x——被测电缆的长度（m）；

$K_{(1\sim12)}$——标准制造长度电缆线对间 $K_{(1\sim12)}$ 值；

$K_{(1\sim12)x}$——被测电缆长度上电缆线对间 $K_{(1\sim12)}$ 测量值；

$\overline{K}_{(1\sim12)}$——标准制造长度电缆线对间 $K_{(1\sim12)}$ 的算术平均值；

$\overline{K}_{(1\sim12)x}$——被测电缆长度上电缆线对间 $K_{(1\sim12)}$ 测量值的算术平均值；

$e_{(1\sim3)}$——标准制造长度电缆线对对地间 $e_{(1\sim3)}$ 值；

$e_{(1\sim3)x}$——被测电缆长度上电缆线对对地间 $e_{(1\sim3)}$ 的测量值；

$\overline{e}_{(1\sim3)}$——标准制造长度电缆线对对地间 $e_{(1\sim3)}$ 的算术平均值；

$\overline{e}_{(1\sim3)x}$——被测电缆长度上电缆线对对地间 $e_{(1\sim3)}$ 的测量值的算术平均值；

$e_{a(1\sim3)}$——标准制造长度电缆线对对外地间 $e_{(1\sim3)}$ 值；

$e_{a(1\sim3)x}$——被测电缆长度上电缆线对对外地间 $e_{(1\sim3)}$ 的测量值；

$\overline{e}_{a(1\sim3)}$——标准制造长度电缆线对对外地间 $e_{(1\sim3)}$ 的算术平均值；

$\overline{e}_{a(1\sim3)x}$——被测电缆长度上电缆线对对外地间 $e_{(1\sim3)}$ 的测量值的算术平均值。

8.4　通信电缆的串音测试

8.4.1　基本原理

1. 近端串音防卫度的测试

串音测试是线路特征测量中主要的测试项目之一。测试的主要目的是检验线路的串音是否在允许的标准范围内。

串音衰耗和串音防卫度的测试方法多用比较法，下面简要介绍串音测试的基本原理。近端串音衰耗的测试图如图 8-13 所示。

全部仪器放在线路的近端，被测线路的远端接匹配电阻，被测的主被串两对回线近端的四根芯线和振荡器、指示器都与串音衰耗测试器相接，振荡器的输出阻抗扳至与线路的特性阻抗相等的一档，指示器用高阻档，在仪器内已经考虑了与被串线的匹配。

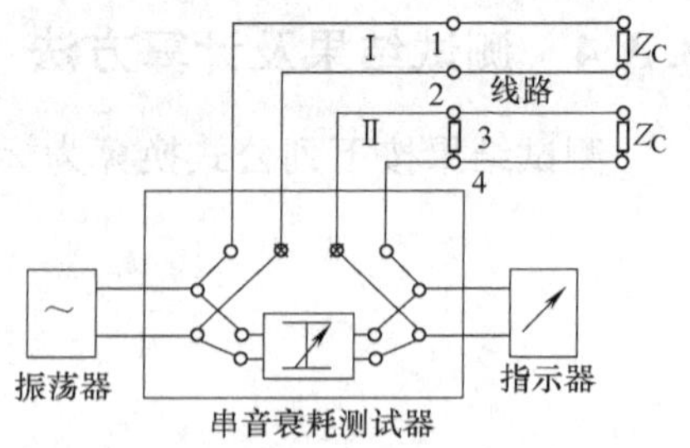

图 8-13　近端串音衰耗的测试图

仪器电键的定位是使振荡器和指示器都接通线路侧，这时振荡器向主串线送的信号经两回线的耦合，被串线所收到的近端串音信号送入选频指示器，表针有一定的指示。然后再把电键扳向仪器侧，这时仪器和线路断开，振荡器输出的信号直接经过串音衰耗测试器输入到指示器。调整串音衰耗测试器的衰耗值，使指示器的指示和刚才电键在线路侧时的指示一样，此时串音衰耗测试器的衰耗值就等于被测主被串两回线间的近端串音衰耗值。

改变振荡器的频率，就可以测出在整个通频带内的近端串音衰耗。用选频指示器的目的就是避免其他杂散频率的干扰影响，使测得的值更准确。线路和仪器以及线路的两端特性阻抗匹配就越好，测得的值也就越准确。

2. 远端串音防卫度的测试

远端串音防卫度的测试原理和方法与近端串音一样，所不同的是衰耗测试器和指示器放在远端，振荡器放在近端接主串线，被串线近端接匹配电阻，如图 8-14所示。

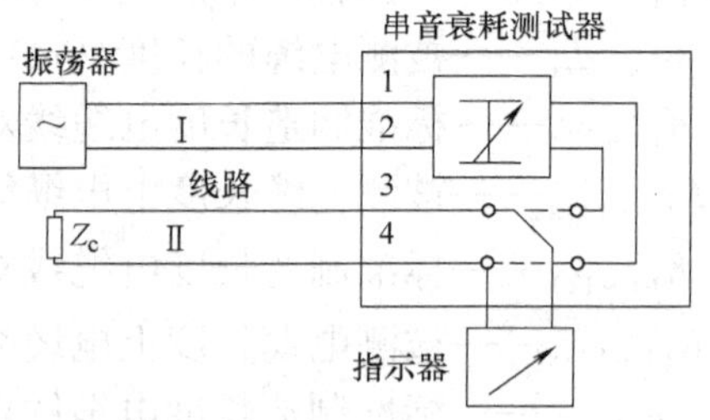

图 8-14　远端串音防卫度的测试

电键在线路侧时指示器指示的是被串线终端得到的串音信号电平；电键在仪器侧时指示器指示的是主串线在终端收到的有用信号经串音衰耗测试器衰耗后的信号电平。调串音衰耗测试器的衰耗值使两次都指示一样，串音衰耗测试器的衰耗值就等于远端串音防卫度的值。

必须说明的是，防卫度的定义是指同一回线有用信号电平与串音电平之差，而这里测得主串线的有用接收信号电平与被串线的串音电平之差，由于载波系统规定各回线的发送电平都相等，因此这种近似所产生的误差就很小，完全在工程上允许的误差范围之内。特别是对四线组内的串音来说，这种误差就更小。

8.4.2　试验设备

试验设备可以分为对称和不对称两种。试验设备应满足下列要求：

1）可根据对称或同轴电缆的不同串音要求，采用相应的串音测试仪器或通用仪器。

2）衰减器的测试误码率应符合表 8-4 的规定。

3）串音测试仪输入的对称变量及测试回路中采用的对称转不对称阻抗转换器的对称输出端的对称度应能满足表 8-4 规定的测试误差范围。

4）振荡器输出电平及指示器测量电平的最小可读数值应能满足测试需要，即在最小被测串音衰减值时，应有明显的读数，必要时，允许加入功率放大器或前置放大器来提高测试灵敏度。

表 8-4　规定的误差范围

衰减范围/dB	各频段误差/dB		
	0.8～150kHz	150～300kHz	300～1MHz
0～90	±0.5	±0.5	±0.8
90～120	±1.0	±1.0	±2.5
121～161	±2.0	±2.5	±3.0

5）仪器的比较电键、引线插头、插座、匹配电阻盒等插接件，应保持良好接触。

6）连接仪器和电缆用的全部引线应采用具有足够屏蔽性能的电线。连接同轴对的引线须用同轴引线，连接四线组对称线对的引线须用对称引线。

7）主串终端和被串线对的两端应分别接入与线路特性阻抗模数相等的负载电阻，其偏差应不超过线路特性阻抗模数的 ±0.5%。测试频率高于 300kHz 时，必须采用带有屏蔽的负载电阻进行匹配。

8）当被测线对未接入时，整个测试系统包括连接引线、负载电阻、对称变压器、对称转不对称阻抗转换器、开关等所引起的串音应比被测线对最大串音衰减大 20dB。

8.4.3　试验步骤

1）按选定的接线方式接好测试系统，并检查测试系统连接的正确性及指示器选频的正确性。另外要检查测试系统的灵敏度，在最大被测串音衰减值的情况下，衰减器变动 0.5dB（或 1dB）时，选频表读数应有明显变化。

2）当被测线对未接入时，衰减器读数在最大被测串音衰减值以上，比较电键在“仪器”与“线路”两个位置时，选频表读数的差值应符合有关规定。

3）检查完毕后，应进行原因分析或接地试验，在除去干扰影响后，才能进行正式测试。测试系统在一般情况下可不接大地，如需要接地时，应通过指示器一点接地。

4）进行同串四或四串同测量时，在测量端接入的对称转不对称阻抗转换器时，转换器与被测线对连接的引线长度越短越好，一般不超过 0.5m。

5）所有被测四线组的端头应短于同轴对屏蔽钢带层，接线时，同轴对外导体应全部插入引线插头，测试时，振荡器和功率放大器应尽量远离测试系统。

8.4.4　试验结果及计算

1）同轴对之间及对称线对之间的近端串音衰减值按下列公式计算：

$$B_o = b_r$$

或

$$B_o = b_r + 10\lg\frac{Z_{C2}}{Z_{C1}}$$

2）同轴对之间及对称线对之间的远端串音防卫度按下列公式计算：

$$B_1 = b_r$$

或

$$B_1 = b_r + 10\lg\frac{Z_{C2}}{Z_{C1}}$$

3）同轴对串四线组线对的近端串音衰耗值按下列公式计算：

$$B_o = b_r + 10\lg\frac{Z_{C2}}{150}$$

或

$$B_o = b_r$$

4）同轴对串四线组线对的远端串音防卫度按下列公式计算

$$B_1 = b_r + 10\lg\frac{Z_{C2}}{150}$$

或

$$B_1 = b_r$$

5）四线组线对串同轴对近端串音衰减值按下列公式计算：

$$B_o = b_r + 10\lg\frac{150}{Z_{C1}}$$

或

$$B_o = b_r$$

6）四线组线对串同轴对远端串音防卫度按下列公式计算：

$$B_1 = b_r + 10\lg\frac{150}{Z_{C1}}$$

或

$$B_1 = b_r$$

各式中 B_o——实际的近端串音衰减（dB）；

B_1——实际的远端串音衰减（dB）；

b_r——衰减测试器读数。

7）市内通信电缆用比较法测量近端及远端串音防卫度按下式计算：

$$N_{ij}(EF_{ij}) = b_r + 10\lg\left(\frac{Z_{C2}}{Z_{C1}}\right)$$

式中 N_{ij}（EF_{ij}）——线对 i 和线对 j 间的近端串音衰减（远端串音防卫度）（dB）；

Z_{C1}——线对 i 的特性阻抗（Ω）；

Z_{C2}——线对 j 的特性阻抗（Ω）。

当 $Z_{C2} = Z_{C1}$ 时，$N_{ij}(EF_{ij}) = b_r$

8）市内通信电缆的近端串音衰减与远端串音防卫度的试验结果应按下列公式计算，其中 N、n、m 的值应按相关产品标准的规定选取。

平均值 $$M = \frac{\sum_1^n P_{ij}}{n}$$

标准差 $$S = \sqrt{\frac{\sum_1^n (P_{ij} - M)^2}{n - 1}}$$

功率平均差　　$MP = -10\lg \dfrac{\sum_{1}^{n} 10^{-P_{ij}/10}}{n}$

单线对功率和　　$IPS_j = -10\lg \sum_{i=1j=1}^{m} 10^{-P_{ij}/10}$

平均功率和　　$MPS = -10\lg \dfrac{\sum_{1}^{N} 10^{-IPS_j/10}}{N}$

$$APS = \frac{\sum_{1}^{N} IPS_j}{N}$$

最坏线对功率和　　$WPS = IPS_j$

总功率和　　$GPS = -10\lg\left(\dfrac{1}{2}\sum_{1}^{N} 10^{-IPS_j/10}\right)$

式中　P_{ij}——i、j 两线对之间的近端串音衰减（N_{ij}）或远端串音防卫度（EF_{ij}）(dB)；

m——要统计的线对 i 串扰到线对 j 的线对组合数；

n——要统计的相互串扰的线对组合数；

N——要统计的单线对功率和（IPS_j）的两个数；

i，j——相互串扰的线对序号。

9）长度换算公式。

当电缆长度小于 0.3km 时，近端串音衰减按下式换算（单位：dB/0.3km）

$$N_{ij} + 10\lg\left[\frac{1-10^{-(\alpha \times L/5)}}{1-10^{-(\alpha \times 0.3/5)}}\right]$$

远端串音防卫度按下式换算（单位：dB/km）

$$EF_{ij} + 10\lg L$$

式中　α——线对的衰减值（dB/km）；

L——电缆长度（km）。

8.5　同轴电缆的衰减测试

目前，世界各国在测试同轴电缆衰减中广泛采用的测试方法有直接替代法（直接比较法）和间接替代法。后一种方法适用较高频带直至微波范围的测试，而在较低频率范围内，一般采用直接比较法比较方便和优越。直接比较法包括串联比较法、并联比较法和串并联比较法三种。

8.5.1　测试原理

1. 比较法

比较法测试原理电路如图 8-15 所示。

其中，内、外导体用同轴引线分别接通。当开关 K 置于位置“1”时，调节振荡器的输出电平或指示器的增益电平，使指示器指针指于某个明显位置（通常指于表头的中间位置）。然后将 K 指向位置“2”（这时不能再调节振荡器的输出电平或指示器的增益电平），调节可变衰耗器，使指示器指针指于上述相同位置，则可变衰耗器上读数 a 为两倍增音段长度的同轴线的工作衰耗值，即

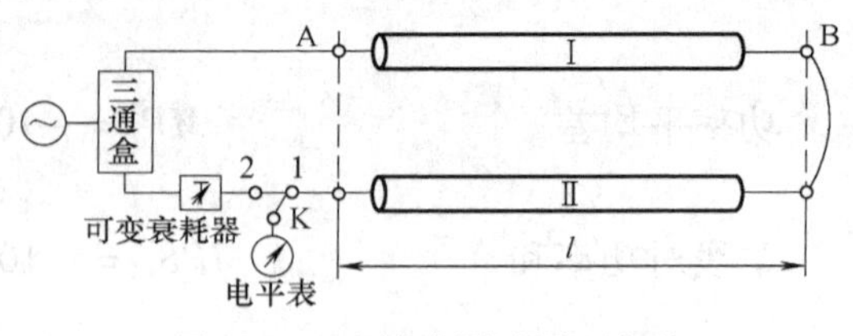

图 8-15 比较法测试原理电路

$$a = 2\alpha l$$

2. 补偿法

补偿法原理图如图 8-16 所示。

其中，内、外导体用同轴引线分别接通。振荡器发出的信号通过三通盒分成两路，一路经可变衰耗器，另一路经电缆从远端送回来，又经另一个三通盒汇合后到电平表。电平表测得的电压为 75（I_2+I_3）。由于衰耗器无相移，I_2 与 V 同相位，而 I_3 与 V 相位相差 $2\beta l$。调节频率 f，使 $2\beta l = n\pi$，n = 1、3、5、（奇数），则电平表上测得的电压为 75（I_2-I_3）V，再调整可变衰减器，使 $|I_2|=|I_3|$。这样，反复变动频率 f 与可变衰耗器，使电平表的读数一步步变到最小，则此时的频 f_p 即为谐振频率。此时，可变衰耗器上的读数 a 为两倍增音段长度的同轴线的工作衰耗值，即

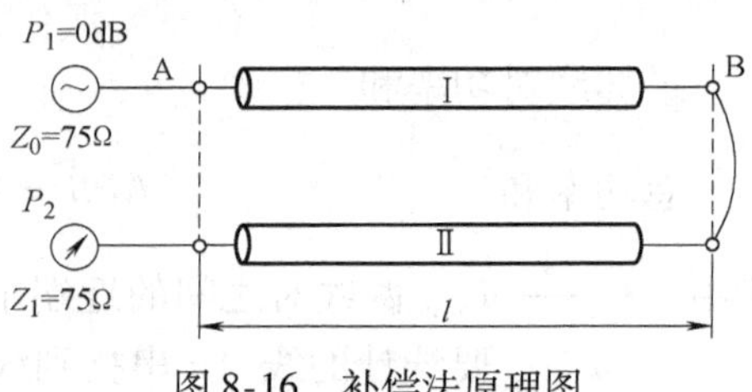

图 8-16 补偿法原理图

$$a = 2\alpha l$$

改变振荡器的频率，分别记下各个谐振点的谐振频率 f_p 和可变衰耗器上的读数 a，即可绘出被测同轴对的衰耗频率特性曲线。

这种方法的优点是灵敏度高，缺点是它需要频率稳定度极高的振荡器，另外它不能在任意的频率上进行测量，测量的时间也较长。

8.5.2 测试仪器

1）按图 8-17 ~ 图 8-19 所示接好线路。

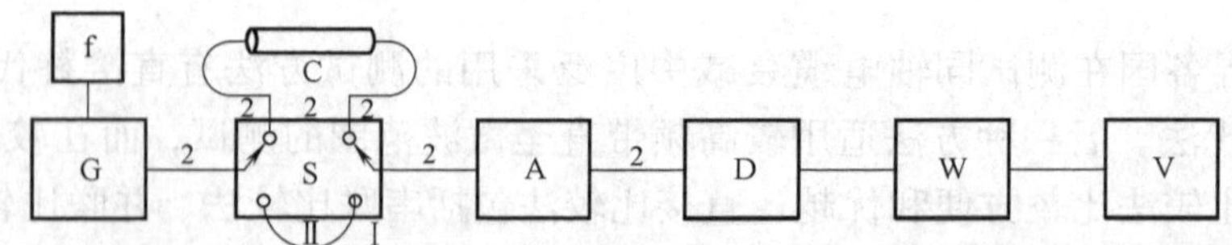

图 8-17 串联比较法接线

f—数字式频率计 G—振荡器 S—同轴开关 A—可变衰减器 D—选频电平表 W—可变分压器 V—数字电压表 C—被测同轴对 1—同轴短接线 2—75Ω 同轴引线

Ⅰ—1 支路 Ⅱ—2 支路

2）测试仪器应满足下列要求：

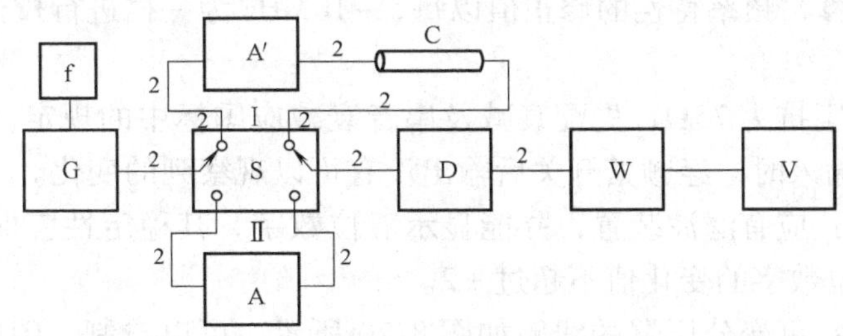

图 8-18 并联比较法接线

f—数字式频率计 G—振荡器 S—同轴开关 A—可变衰减器 A′—通常为 1dB 的固定衰减器
D—选频电平表 W—可变分压器 V—数字电压表 C—被测同轴对
1—同轴短接线 2—75Ω 同轴引线
Ⅰ—1 支路 Ⅱ—2 支路

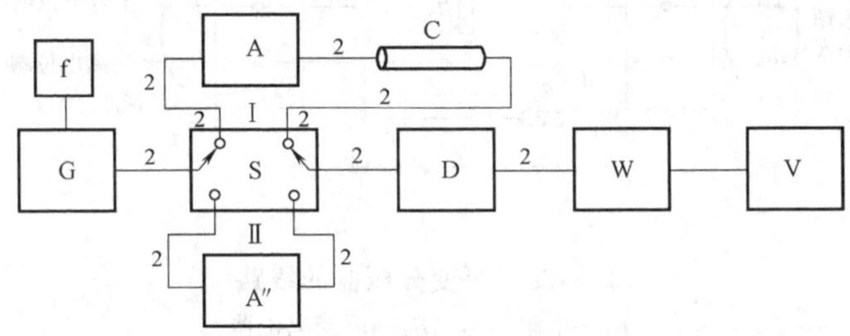

图 8-19 串并联比较法接线

f—数字式频率计 G—振荡器 S—同轴开关 A—可变衰减器 A″—与 A 同型号可变衰减器作固定衰减用
D—选频电平表 W—可变分压器 V—数字电压表 C—被测同轴对 1—同轴短接线 2—75Ω 同轴引线
Ⅰ—1 支路 Ⅱ—2 支路

① 振荡器：输出阻抗为 75Ω，在所需使用的频带内，对 75Ω 电阻的失配衰减应不低于 32dB，并能以 0.1MHz 或更小数值锁定频率。

② 选频电平表：输入阻抗为 75Ω，在所使用的频带内，对 75Ω 电阻的失配衰减应不低于 32dB，且在恒定输入时，直流输出电平的短时间变化不大于 1×10^{-3}dB。

③ 可变衰减器：各档衰减值总和应不低于 40dB，最小档的分辨力至少为 0.1dB。所需使用的频带应在衰减器的工作频带之内，当衰减器在所需使用的频带内，衰减值的残留频带特性在 $\pm1\times10^{-3}$dB 之内，可以不作频率特性修正，直接采用直流校正值，否则应进行衰减值的频率特性修正。

在测试环境的最低温度和最高温度的范围内，衰减器各档的衰减值将随温度而变化，如果由于温度的变化使衰减器各档衰减值变化在 1×10^{-3}dB 之内，可以不作温度特性的修正。否则应进行衰减值的温度特性修正。

当衰减器输出终端接 75Ω 纯电阻时，衰减器无论在任何档位，其对 75Ω 的失配衰减应不低于 32dB。衰减器应具有良好的机械结构，以保证频繁操作后仍有良好的重复性。

应定期在测试环境温度上限和下限温度附近进行直流校正及测试频率范围内的交流校正，以取得衰减值的修正值、修正值的温度系数及频率特性的修正值。修正值的温度系数以每3~5℃为一档计算，频率特性的修正值以每5~10MHz为一档进行校正，然后根据具体情况进行修正。

④ 同轴开关：阻抗为75Ω，失配衰减及串音衰减应国标中的规定，接触电阻应小而稳定，以保证在恒定输入时，经频繁开关后输出没有可以观察到的变化。

⑤ 数字电压表：应有滤波装置，并能显示五位数字，其稳定性应保证在一次比较测试的时间内，最后一位数字的变化值不超过±2。

⑥ 可变分压器：可变分压器的线路如图8-20所示，可以自制，图中R_1、R_2、R_3根据所选用的选频电平表直流输出电压的大小和电阻以及数字电压表的量程选定。

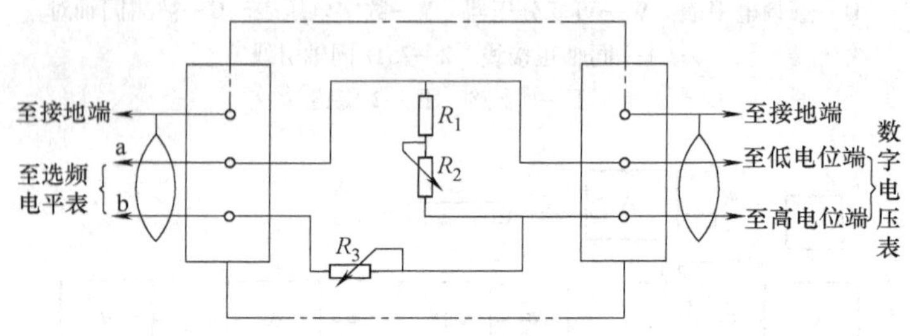

图8-20 可变分压器的线路
R_1—电阻 R_2、R_3—可变电位器

当选频电平表的直流输出端两端都不接地时，图8-20中a、b两端可任意连接。若一端接地，则接地端与b连接。

可变分压器的元件，特别是R_2、R_3，应接触良好，至少应保证在一次比较测试时间内，在数字电压表上没有可观察到的变化。可变分压器与选频表的连接引线应采用具有良好屏蔽的引线。

图8-17、图8-18、图8-19中从振荡器输出引线到选频电平表输入引线，整个系统失配衰减不低于32dB。在24MHz以上频段可以允许30dB。

测试系统中，Ⅰ支路连接被测同轴对带引线的两个插头之间的串音衰减值B。

$$B = X - 20\lg(0.115 \times 10^{-4} X)$$

式中 B——串音衰减值（dB）；

X——被测同轴对的衰减值（dB）。

8.5.3 测试步骤

1. 从图8-17~图8-19中选定测试系统的接线型式

2. 测量测试系统的失配衰减

1）根据所选定的测试系统接线型式，选定测量测试系统失配衰减的接线型式，并连接好系统。

2）分别在Ⅰ、Ⅱ两个支路上进行测量。测量时，可变衰减器应置于“全零”（或最低值）位置。当失配衰减达不到32dB时，应加放具有一定衰减的缓冲衰减器，使失配衰减达到32dB。

3. 测量测试系统的串音衰减值

根据所选定的测试系统接线型式，按图 8-17 ~ 图 8-19 要求连接好系统。或在连接试样的两根引线端头上分别接上带有屏蔽的 75Ω 电阻。直接插接或通过短段的同轴对连接。

振荡器调到零电平输出，可变衰减器放在“全零”（或最低值）位置。

将同轴开关先放置在Ⅱ支路上，调整选频表的频率及灵敏度。使选频表指示为零电平，或与衰减器最低值相应的电平值，再将同轴开关放置于Ⅰ支路上，提高选频表灵敏度，读出接收电平值。两次电平的差值即为系统的串音衰减值。

4. 调试测试系统

根据所选定的测试系统接线型式，按图 8-17 ~ 图 8-19 要求连接好测试系统。

选取一根与试样结构相同，长约 100mm 的同轴对，代替试样接入测试系统。

接通电源，预热测试仪器，稳定后开始调试。将同轴开关放置在Ⅱ支路上，振荡器的输出阻抗置于 75Ω；输出电平调到 0 或 –10dB；输出频率调到最高测试频率；可变衰减器（图 8-18 ~ 图 8-19 中的 A′及 A″）置于“全零”（或最低值）位置；选频电平表的输入阻抗置于 75Ω，中频带宽调到适当的位置，使数字电压表读数最稳定，在低噪声工作状态下选出振荡器频率。

调节振荡器输出细调或选频电平的灵敏度，使电平表表头指针在 0 或 –10dB 附近。

调节可变分压器及数字电压表，使数字电压表显示五位数字。在一次比较测试时间内，当数字电压表的读数的数字差值不超过 1×10^{-3}dB 时，即可测量系统的修正值。

5. 测量系统的修正值

系统修正值的测量应在试样衰减的各个频率点上进行。

采用图 8-17 所示的串联比较法及图 8-18 所示的并联比较法接线型式时，将可变衰减器置于零，采用图 8-19 所示的串关联比较法接线型式时，估计最高测试频率时被测同轴对的衰减，将两只衰减器均放在略大于此值的位置上。

将同轴开关置于Ⅱ支路上，调节可变分压器使数字电压表显示适当数字，记作 $V_{\text{Ⅱ}Y}$。再将同轴开关置于Ⅰ支路上，读取数字电压表的数值，记作 $V_{\text{Ⅰ}Y}$。

系统修正值按下列公式计算：

采用图 8-17 时：
$$A_Y = 20\lg\frac{V_{\text{Ⅱ}Y}}{V_{\text{Ⅰ}Y}}$$

采用图 8-18 时：
$$A_Y = A_{\text{Ⅱ}Y} + \Delta A_{\text{Ⅱ}Y} + 20\lg\frac{V_{\text{Ⅱ}Y}}{V_{\text{Ⅰ}Y}}$$

采用图 8-19 时：
$$A_Y = A_{\text{Ⅰ}Y} + \Delta A_{\text{Ⅰ}Y} - 20\lg\frac{V_{\text{Ⅱ}Y}}{V_{\text{Ⅰ}Y}}$$

式中 $A_{\text{Ⅱ}Y}$——Ⅱ支路衰减器读数；

$A_{\text{Ⅰ}Y}$——Ⅰ支路衰减器读数；

$\Delta A_{\text{Ⅱ}Y}$——Ⅱ支路衰减器读数修正值；

$\Delta A_{\text{Ⅰ}Y}$——Ⅰ支路衰减器读数修正值。

上述计算式中没有扣除 100mm 长同轴对的衰减值。

6. 测量试样的实际温度

在有恒温室的条件下，将电缆试样放在恒温室内，直到试样护套内导体的直流电阻达到稳定，然后精确测定恒温室的温度，即为试样的实际温度。

在测量衰减常数的环境温度下，测量试样电缆同一护套内的测温线直流电阻 R_t。

按下式计算出试样同轴对的实际温度

$$t_x = 20 + \frac{1}{0.0393}\left(\frac{R_t}{R_{20}} - 1\right)$$

7. 测量试样同轴对的衰减

（1）串联比较法

将同轴对接入图 8-17 所示的测试系统。同轴开关置于Ⅱ支路上，调节电平振荡器到所需测试频率。输出电平为 0 ~ 10dB。

估计在最高测试频率时被测同轴对的衰减，将衰减器放在略大于此值的位置上，该数值作为起始衰减 A_0。

用选频电平表选频。调节输入衰减器，使表头指针指在 0dB 附近，必要时可调节电平表灵敏度细调。

调节可变分压器使数字电压表显示五位数字，读取该数字，并记作 V_{II}。

把同轴开关置于Ⅰ支路上。分压器不动，减小可变衰减器的衰减值，直到选频电平表的表头指于 0dB 附近。使数字电压表显示的数字与 V_{II} 接近。读取可变衰减器的读数为 A_1 和数字电压表的读数为 V_{I}。

将可变衰减器重新调回到起始衰减 A_0，然后将同轴开关置于Ⅱ支路上，此时数字电压表显示的值应回到 V_{II}。允许数字的差值相当于 1×10^{-3}dB，如果差别超过此值，测试应重新进行。

（2）并联比较法

将被测同轴对接入图 8-18 所示的测试系统，同轴开关置于Ⅰ支路上，调节电平振荡器到所需测试频率。输出电平为 0 ~ 10dB。

用选频电平表选频。调节输入衰减器，使表头指针指在 0dB 附近，必要时可调节电平表灵敏度细调。

调节可变分压器使数字电压表显示五位数字，读取该数字，并记作 V_{I}。

将可变衰减器调节到接近被测同轴对衰减值的档位上，然后将同轴开关置于Ⅱ支路上，进一步调节衰减器的衰减值，使选频电平表的表头指针指于 0dB 附近。使数字电压表显示的数字与 V_{I} 接近。读取可变衰减器的读数为 A_{II} 和数字电压表的读数为 V_{I}。

将同轴开关置于Ⅰ支路上，此时数字电压表显示的值应回到 V_{I}。允许数字的差值相当于 1×10^{-3}dB，如果差别超过此值，测试应重新进行。

（3）串并连比较法

将被测同轴对接入图 8-19 所示的测试系统，同轴开关置于Ⅱ支路上，调节电平振荡器到所需测试频率。输出电平为 0 ~ 10dB。

Ⅱ支路上的可变衰减器置于与测试系统衰减器同样的位置上。

用选频电平表选频，调节输入衰减器，使表头指针指在 0dB 附近，必要时可调节电平表灵敏度细调。

调节可变分压器使数字电压表显示五位数字，读取该数字，并记作 V_{II}。

将同轴开关（S）置于Ⅰ支路上，调节可变衰减器（A），使数字电压表显示的数字与

V_{II}接近，读取可变衰减器的读数为A_{I}和数字电压表的读数为V_{I}。

将同轴开关（S）置于Ⅱ支路上，此时数字电压表应回到V_{II}。允许数字的差值相当于1×10^{-3}dB，如果差别超过此值，测试应重新进行。

8.5.4　试验结果及计算

1. 被测同轴对衰减值A_x的计算

（1）串联比较法时A_x（dB）按下式计算

$$A_x=[(A_0+\Delta A_0)-(A_{\mathrm{I}}+\Delta A_{\mathrm{I}})]+A_v-A_y$$

式中　A_0——初始衰减（dB）；

ΔA_0——A_0的修正值；

A_{I}——同轴开关置于Ⅰ支路时可变衰减器的读数；

ΔA_{I}——A_{I}的修正值；

A_y——系统修正值；

A_v——尾数修正值（dB），按下式计算：

$$A_v=20\lg\frac{V_{\mathrm{II}}}{V_{\mathrm{I}}}$$

式中　V_{I}——同轴开关置于Ⅰ支路时数字电压表上读取的电压值（V）；

V_{II}——同轴开关置于Ⅱ支路时数字电压表上读取的电压值（V）。

（2）并联比较法时A_x按下式计算

$$A_x=A_{\mathrm{II}}+\Delta A_{\mathrm{II}}+A_v-A_y$$

式中　A_{II}——可变衰减器读数；

ΔA_{II}——可变衰减器读数的修正值；

A_y——系统修正值；

A_v——尾数修正值。

（3）串并联比较法时A_x按下式计算

$$A_x=A_y-(A_{\mathrm{I}}+\Delta A_{\mathrm{I}})+A_v$$

式中　A_{I}——同轴开关置于Ⅰ支路时，可变衰减器（A″）读数；

ΔA_{I}——A_{I}的修正值；

A_y——系统修正值；

A_v——同轴开关置于Ⅰ支路时，尾数修正值。

2. 被测同轴对在测试环境温度下的衰减常数按下式计算

$$\alpha_t=A_x\frac{1000}{L}$$

式中　L——去除100mm短接同轴对长度后被测同轴对的长度（m）；

A_x——L长度被测同轴对的衰减实测值。

3. 标准温度下的衰减常数按下式计算

$$\alpha_T=\frac{\alpha_t}{1+k_T(t-T)}$$

式中　T——标准温度（℃）；

t——测试时同轴对的温度（℃）；

k_T——标准温度 T 时同轴对的衰减温度系数。

8.6 同轴电缆均匀性测试

同轴电缆均匀性测试常用脉冲反射法，该方法可直接从荧光屏上看到电缆内沿线的均匀性情况（均匀性的大小和地点）。常用设备为电缆脉冲测试仪。

8.6.1 测试原理

1. 均匀性测试原理

在阻抗匹配的均匀线路上，沿线各点的电气参数都相同，因此电磁波沿线路传输时，由于所遇到的阻抗处处相同，能量将被阻抗全部吸收，不产生反射。事实上，电缆线路不可能处处波阻抗相同，在波阻抗不均匀的线路中，当从电缆线路的始端输入具有一定脉冲宽度和重复周期的脉冲信号时，脉冲信号在沿线路传输的过程中，遇到波阻抗的不均匀点，由于波阻抗发生变化，将产生反射现象。如果输入脉冲的幅度一定，则反射脉冲的幅度大小就可说明线路均匀性的程度。

线路均匀性的大小可用反射系数 p 来表示，设线路不均匀点以前的波阻抗为 Z_C，不均匀点以后的波阻抗为 Z_h，则

$$p=\frac{Z_A-Z_C}{Z_h+Z_C}\approx\frac{\Delta Z}{2Z_C} \tag{8-44}$$

当 $Z_h>Z_C$时，p 大于零，说时线路有断线或电感性的故障，产生反射脉冲的极性应与发送脉冲相同。

当 $Z_h<Z_C$时，p 小于零，说明线路有漏导、短路或电容性的故障，产生反射脉冲的极性将与发送脉冲相反。

由于脉冲在电缆回路中传输时是存在衰耗的，所以脉冲在回路中遇到的各不均匀点，即使其反射系数相同，但因在回路中出现的位置不一样，脉冲返回到始端的衰耗也不同，故在荧光屏上显示不同的幅值。反射电压幅度与输入电压幅度的关系为 $V_p=pV_ie^{-2\alpha l}$，所以在测试中必须考虑电缆回路的衰耗影响。

测试仪器中通常在荧光屏前加装如图 8-21 所示的 p—l 校正曲线板，上面的曲线有一定斜度，说明相同的反射系数 p 值在不同位置出现时，在荧光屏上反映的高度不同。因此可以利用曲线板上的曲线来衡量沿线各点的反射脉冲，从而确定沿线各点的均匀性（反射系数）的大小。

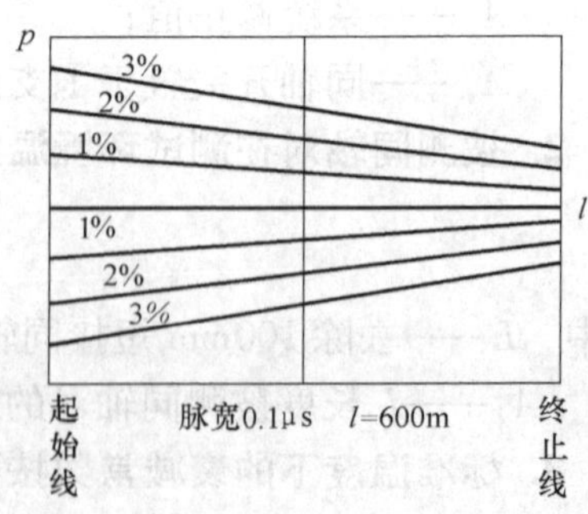

图 8-21　p—l 校正曲线板

上面说明了同轴线均匀性的大小可以通过反射脉冲的幅值来测量，而不均匀点的距离则可通过脉冲的返回时间来测出，即

$$l=\frac{1}{2}vt \tag{8-45}$$

式中　v——脉冲在线路中的传播速度；

t——反射脉冲滞后于发送脉冲的时间。

对于小同轴电缆来说，一般情况下，$v \approx 280 \times 10^6$m/s 是一个常数，因此只要准确测定时间 t，就能准确地求出距离 l。为了保证时间测量的准确性，在测试仪中一般采用2.8MHz晶体作为时间标准，此时标的重复周期为

$$T = \frac{1}{f} = \frac{1}{2.8} \times 10^{-6} = 0.35714 \times 10^{-6} = 0.35714\mu s$$

该周期相当于电缆的长度为

$$l = \frac{1}{2}vt = \frac{1}{2}(280 \times 10^6 \times 0.35714 \times 10^{-6}) = 50\text{m}$$

这个长度在荧光屏上反映出的距离标志，即所谓“时标”。利用时标可以很方便地看出不均匀点的距离。测试仪每隔50m有一个小脉冲，每隔500m有一个大脉冲，反射脉冲在电缆中间出现时，即可由它所对应的时标算出不均匀点距始端的距离有多少米。

2. 端阻抗测试原理

测量同轴线端阻抗的方法，常用的是始端法，也称为引线法，其测量原理如图8-22所示。

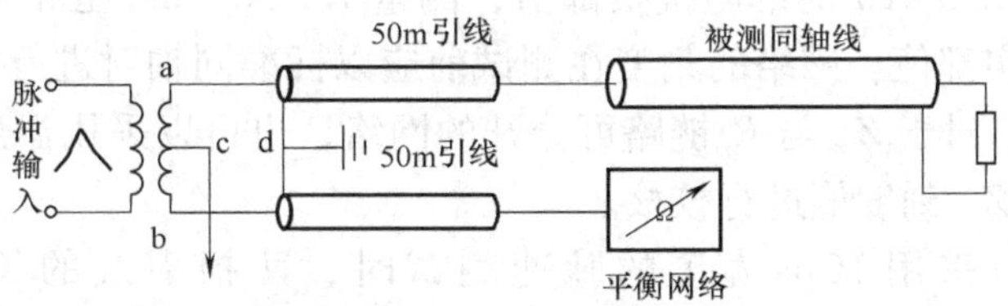

图8-22　始端法测量原理

利用始端法测量端阻抗的原理是将正弦平方波脉冲信号同时送到被测同轴线和平衡网络上，当被测同轴线始端的波阻抗完全被平衡网络的阻抗平衡时，差动电桥c、d两点的反射脉冲电压为零，此时平衡网络上的读数即为被测同轴线始端的波阻抗。

实际上这种平衡仅仅是一种理想状况，由于杂散电感和分布电容的影响，想要使平衡网络和被测同轴线的阻抗在较高的频率下相等是不可能的，也就是在差动电桥c、d两点的反射脉冲电压不可能等于零，还会有微小的反射波出现。此外，当差动电桥桥臂本身不平衡时，由于输入脉冲的起始功率较大，反射波形也不易调平，因此在目前的仪器中采用两根50m长的同轴引线，分别接在差动电桥与被测同轴线和差动电桥与平衡网络之间，以缓冲这种影响。此外，为了测量方便，人为地控制这个差别，通过对平衡网络的高频补偿的调节，使之成为近似的M形作为平衡标志，从而实现阻抗测量。

由于采用了长引线，对测量来说将很方便。但是这样一来，测量引线便成为差动电桥两臂的一部分，所以，要求两条引线的长度相等，阻抗差不宜过大，引线本身的均匀性也要尽可能好些。

8.6.2　试验设备

测试系统接线原理图如图8-23所示。

测试仪器应满足下列要求：

1）测试系统精度：端阻抗的测量误差，对于2.6/9.5mm型应不大于±0.05Ω；对于1.2/4.4mm型应不大于±0.1Ω；对于0.7/2.9mm型应不大于±0.2Ω。同轴对内部阻抗不均匀性测量误差应不大于被测值的±10%+0.1‰。

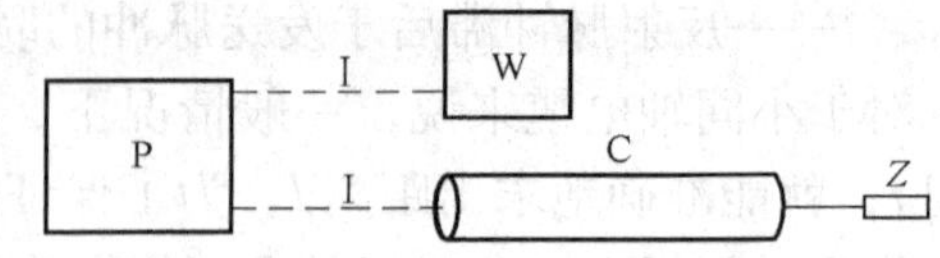

图8-23 测试系统接线原理图

P—同轴电缆脉冲测试仪 W—平衡网络（脉冲仪附件）C—被测同轴对 Z—终端匹配阻抗 I测试引线（允许不用引线）

2）接收系统精度：由接收放大器和输入衰减器等组成，其频率特性在0.1~1/2MHz频率范围内的波动应不超过±3dB。

3）发送脉冲精度：输出的发送脉冲幅度应不低于20V，波形应为正弦平方波，发送脉冲半幅宽度（τ）的误差应不超过选取定值的±15‰。

4）差动电桥：在满足接收系统精度要求的同时，对采用引线测试或采用标准同轴对校正网络刻度的测试仪，其两端输出的对称度应不小于52dB。对于引线，且对标准电阻校正网络刻度的仪器，其两端输出的对称度应不小于78dB。

5）平衡网络：阻抗频率特性应模拟被测同轴对的阻抗频率特性。网络刻度，测量2.6/9.5mm型同轴对为2.5MHz时的阻抗实部值，测量1.2/4.4mm型和0.7/2.9mm型同轴对时为1MHz时的阻抗实部值。网络的刻度在测试前应以标准同轴对进行校验，校正后刻度误差应不大于±0.03Ω。对于Z_∞与R_c链路可分开的网络，也可以采用温度系数在1×10^{-5}Ω/℃以下的标准电阻对Z_∞刻度值进行校核。

6）测试引线：采用10ns宽度的脉冲测试时，两根引线的长度应各不短于10m；采用50ns宽度的脉冲测试时，两根引线的长度应各不短于30m；采用宽度大于50ns的脉冲测试时，两根引线的长度应各不短于50m。两根引线的长度差应不大于20mm，阻抗为（75±2）Ω，电容不大于76pF/m。其内部不均匀性应不大于10‰。接平衡网络的引线端阻抗和接被测同轴对的引线端阻抗应尽可能接近，其差值应不大于0.5Ω。

7）标准同轴对：制造标准同轴对的同轴对结构应与试样相同。端阻抗的定标温度为+20℃，1MHz时0.7/2.9mm型标准同轴对的定标值应在74.0~76.0Ω范围内，其误差应不大于±0.1Ω。1MHz时1.2/4.4mm型标准同轴对的定标值应在74.5~75.5Ω范围内，其误差应不大于±0.05Ω。2.5MHz时2.6/9.5mm型标准同轴对的定标值应在74.8~75.2Ω范围内，其误差应不大于±0.02Ω。

8）标准电阻：电阻的定标温度为+20℃时的直流定标值。

对于0.7/2.9mm型同轴对应在72.0~73.0Ω范围内；

对于1.2/4.4mm型同轴对应在73.0~74.0Ω范围内；

对于2.6/9.5mm型同轴对应在74.0~75.0Ω范围内。

电阻值的误差应不大于±0.02Ω。

9）时标显示电路：测试距离时的误差应不大于1%。

10）p—l校正曲线板：即不均匀性p沿长度变化的校正曲线板。该曲线应符合选定的测试脉冲在试样内传输时幅度随长度变化的特性。

8.6.3　试验步骤

1）测试时用到的符号见表 8-5。根据同轴对所传输系统的最高频率，按表 8-6 规定测试脉冲的半幅宽度 τ，将仪器的发送脉冲半幅宽度调整到选定的 τ 值。

表 8-5　测试时用到的符号

符号	定　义
Z_A	同轴对 A 端端阻抗值
p_A	当脉冲从同轴对 A 端送入时，同轴对内部不均匀性以反射系数表示的值
$A_{\tau A}$	当脉冲从同轴对 A 端送入时，同轴对内部不均匀性以反射衰减表示的值
Z_B	同轴对 B 端端阻抗值
p_B	当脉冲从同轴对 B 端送入时，同轴对内部不均匀性以反射系数表示的值
$A_{\tau B}$	当脉冲从同轴对 B 端送入时，同轴对内部不均匀性以反射衰减表示的值

表 8-6　测试脉冲的半幅宽度的规定

试样规格 /mm	模拟传输系统 /MHz	数字传输系统 /(Mbit/s)	测试脉冲半幅宽 /(τ/ns)
2.6/9.5	≤24	≤34	≤50
	≤70	≤140	≤10
1.2/4.4	≤24	≤34	≤50
		≤140	≤10
0.7/2.9		≤34	≤100

2）按仪器说明书对发送脉冲幅度进行“定标”。并用标准同轴对或标准电阻校正平衡网络的阻抗刻度值。

3）按图 8-23 接上被测同轴对。

4）按仪器说明书规定调节平衡网络上的高频补偿电容及“Ω”调节旋钮，以达到标准的“M”形和“W”形。

5）从平衡网络上读取端阻抗 Z_A 或 Z_B 值，从 $p—l$ 曲线上读取同轴对内部不均匀性 p_A 或 p_B 值，或采用调节输入衰减器的衰减值使不均匀点的反射脉冲的幅值正好等于定标时的参考高度的方法，读取反射衰减值 $A_{\tau A}$ 或 $A_{\tau B}$。

6）$p—l$ 校正曲线的绘制，虽然脉冲仪器出厂时已绘制好了被测同轴电缆的 $p—l$ 曲线，但是为了校验，或者要测试新结构同轴对的不均匀性，则必须由测试部门自行绘制 $p—l$ 曲线。

绘制时通常采用“开短路法”。绘制 $p—l$ 曲线的接线原理图如图 8-24 所示。

用这个方法对某种小同轴电缆制作 $p—l$ 曲线的实例见表 8-7。

8.6.4　试验结果及计算

试验结果的获得有两种方法：一是用已绘制好的 $p—l$ 校正曲线板在仪表上直接读取的直接读取法；另一个是从衰减器上读取衰减数，然后进行计算校正的计算法。

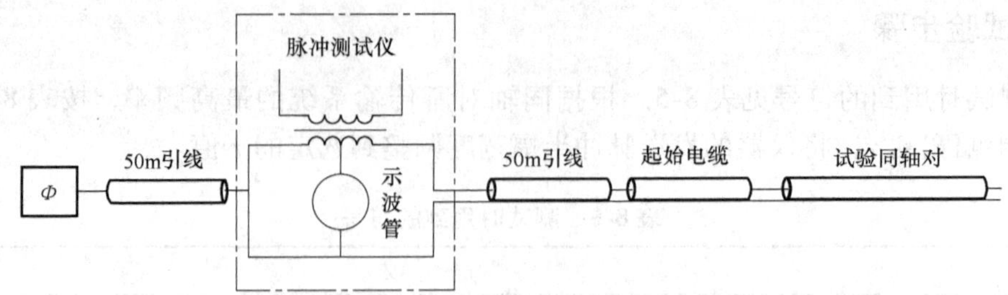

图 8-24 绘制 p—l 曲线的接线原理图

表 8-7 小同轴电缆制作 p—l 曲线的实例

电缆长度/m	0	55	135	235	357	447	547
电缆在荧光屏上的长度/cm	0	1.83	4.5	7.83	11.9	14.9	18.23
开路反射脉冲高度/mm	26.5	25	19.5	15	12.8	10.3	9.2
短路反射脉冲高度/mm	-27.0	-25.5	-19.5	-15.5	-13.0	-10.9	-9.4

1. 直接读取法

从仪表的平衡网络上读取 Z_A 或 Z_B 值，从 p—l 校正曲线板上读取不均匀性最大值 p_A 或 p_B。p—l 校正曲线板的绘制可以在不同长度的电缆上直测绘制。也可按表 8-8 及表 8-9 中给出的校正值进行绘制。

表 8-8 2.6/9.5mm 型同轴对

距离 l_x/km	τ = 50ns 时脉冲的幅度
0	1
0.05	0.941
0.10	0.886
0.15	0.835
0.20	0.787
0.25	0.741
0.30	0.669
0.35	0.659
0.40	0.622
0.45	0.587
0.50	0.554
0.55	0.524
0.60	0.495

注：表中数值是以取 α_{1MHz} = 2.337dB/km 计算所得。

2. 计算法

反射衰减值 A_τ（dB）可按下式求得

$$A_\tau = -A_1 + A_2 - A_3$$

式中 A_1——脉冲“定标”时的输入衰减器读数（dB）；

A_2——调节不均匀点的反射脉冲达到“定标”时的输入衰减器的衰减值（dB）；

A_3——脉冲在被测同轴对中传输时的传输衰减值（dB）。

表 8-9　1. 2/4. 4mm 型同轴对及 0. 7/2. 9mm 型同轴对

距离 l_x/km	1. 2/4. 4mm	0. 7/2. 9mm
	$\tau=50$ns 时 脉冲幅度	$\tau=100$ns 时 脉冲幅度
0	1	1
0. 05	0. 872	0. 848
0. 10	0. 76	0. 720
0. 15	0. 677	0. 614
0. 20	0. 585	0. 524
0. 25	0. 514	0. 449
0. 30	0. 452	0. 386
0. 35	0. 399	0. 332
0. 40	0. 352	0. 287
0. 45	0. 312	0. 248
0. 50	0. 276	0. 216
0. 55	0. 245	0. 188
0. 60	0. 218	0. 164

注：在 0. 5km 以内，$A_s=-0.1134l_x^2+0.0617l_x-0.1155$。

A_3按下式计算

$$A_3=2\alpha_1\sqrt{f}l_x$$

式中　α_1——1MHz 时试样的衰减常数（dB/km）；

l_x——试样不均匀点离始端的距离（km）；

f——脉冲等效频率（MHz）。

对于 0. 6km 以下的制造长度同轴对，f 可按下式计算

$$f=\phi(\alpha_1 l_x)f_\tau$$

$$f_\tau=\frac{1}{4_\tau}\times10^3$$

$$\varphi(\alpha_1 l_x)=A\alpha_1 l_x+B$$

式中　τ——发送脉冲的半幅宽度（ns）。

A、B——函数 $\phi(\alpha_1 l_x)$ 的系数，对于不同类型同轴对的 A、B 值，见表 8-10。

l_x可按下式计算

$$l_x=\frac{V}{2}t$$

式中　V——脉冲在被测同轴对中的传输速度（km/μs）；

t——用时标显示装置测定的不均匀点反射脉冲滞后于发送脉冲的时间（μs）。

3. A_τ（$A_{\tau A}$或 $A_{\tau B}$）值与 p（p_A或 p_B）值之间的换算

$$p=10^{-A_\tau/20}\times10^3‰$$

表 8-10 不同类型同轴对的 *A*、*B* 值

同轴对型号	2.6/9.5mm		
脉冲半幅宽	50ns	10ns	
A	-0.0487	-0.1082	
B	1.018	1.018	
同轴对型号	1.24/4.4mm		0.7/2.9mm
脉冲半幅宽	50ns	10ns	100ns
A	-0.0484	A_s①	-0.0342
B	1.018	1.018	1.018

4. 需要不均匀点的阻抗偏差值时，按下式计算

$$\Delta Z = 2Zp$$

式中 p——不均匀点的反射系数（‰）；

ΔZ——不均匀点的阻抗偏差（Ω）；

$2Z$——试样特性阻抗标称值（Ω）。

8.7 通信电缆屏蔽系数的测试

屏蔽系数测试主要用于测量电缆金属护套及铠装层的理想屏蔽系数。

8.7.1 测试原理

参见本书第 6 章，这里不再详述。

8.7.2 测试设备

1. 测试系统的接线原理（见图 8-25）

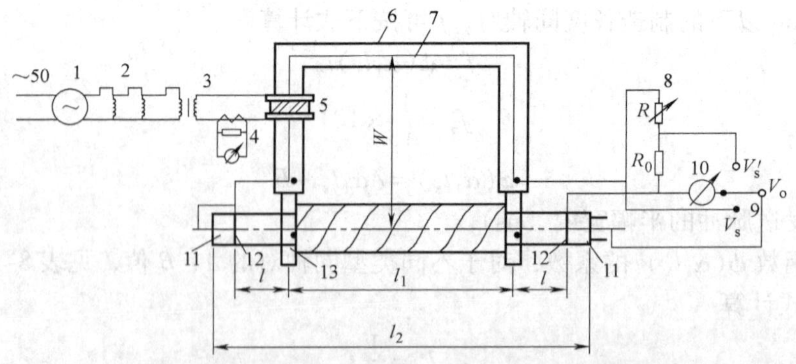

图 8-25 测试系统的接线原理

1—交流稳压器 2—调压器（2 只） 3—大电流变压器（升流器） 4—试样金属套电流测量装置 5—绝缘块 6—大电流框架回路 7—试样金属套电压测量线 8—电阻分压器 9—单刀三投切换开关 10—交流数字电压表 11—试样电缆 12—电压环 13—电流环 W—试样与大电流框架的中心距

2. 测试仪器应满足的要求

（1）交流稳压器

电压：220V；

容量：3～5kVA；

稳定量：不低于±1%。

（2）调压器

电压：250V；

容量：3～4kVA。

（3）升流器

最大输出电压：不小于4V；

容量：不小于3kVA；

输出波形（包括调压器、升流器）：所有瞬间值与同相位正弦波基波值的偏差不超过正弦波基波峰值的10%。

（4）电流测量装置

电流互感器：500/5A，0.5级；

标准无感电阻：0.1Ω，0.1级；

晶体管毫伏表：最小量程1mV。

（5）电阻分压器

测量膜电阻：$R_0=100\Omega$；

可变电阻箱：可变范围为(0～10)×(0.01+0.1+1+10+100+1000)Ω。

（6）交流数字电压表

显示位数：不少于五位；

最小量程：≤0.2V。

也可用满足上述要求的直流数字电压表与交直流电压转换器组成。

（7）电流环

由镀银黄铜或紫铜制成。表面质量应保证接触良好。

（8）大电流回路

呈长方形框架。一边为试样金属套，另三边可由外半径为 r，厚度小于3mm的圆铜管构成（也允许用实芯铜）。图8-25中距离 W 为400mm。由电流框架与试样构成的测量回路的电感应在2μH±0.1μH以内。对于一台适用于大电流的测量装置，框架的另三边可以采用例如两条平行扁铜排的形式，两条铜排之间的距离大约等于其厚度。空心圆铜管外半径 r 的选择，可根据 L 及试样金属套外径 D 由下式计算

$$\ln r=\frac{16.34-\ln D-\dfrac{L\times10^{7}}{2}}{1.8} \tag{8-46}$$

式中 D——试样金属套外径（mm）；

r——框架圆铜管外半径（mm）；

L——测试回路的电感（H）。

（9）电压测量线

导体直径小于0.5mm的绝缘线，沿大电流框架表面平行安放。对于由两条平行扁铜排构成的大电流框架，可以放在铜排之间。式（8-44）是根据公式简化而来的，原公式为

$$M_{BZ}=\frac{\mu_0}{2\pi}\left[\ln\frac{2m^2}{D_{CP}n}+\frac{2m}{l}\ln\frac{2m}{n}-\frac{4m}{l}-\frac{1}{2}\left(\frac{m}{l}\right)^2\right]$$

式中 M_{BZ}——“电缆金属护套—电流返回线”和“电缆金属护套—电压测量导线”之间的互感；

D_{CP}——电缆金属套的外直径；

l——电缆试样的有效测试长度；

m——试样与大电流框架的中心距；

n——电流返回导线与电压测量线之间的几何平均距离。

当电缆金属套外直径 $D=30$mm，圆铜管的外半径 $r=5.12$mm，$W=400$mm，$L=2\mu$H，这样的大电流框架，可适用于试样金属套外径 D 的范围为20～50mm，此时，L 的误差在 $\pm0.1\mu$H以内。

8.7.3 注意事项

1）电流框架的电流进线和测量电压的引出线应尽可能短，且电流的进线之间和测量电压的引出线之间应尽可能地靠近或绞合在一起。同时，通大电流的导线应尽可能远离测量小电压的导线。

2）测试中当怀疑数字电压表读数不准时，可以用图8-25电阻分压器测量屏蔽系数，以与数字电压表测试结果进行对比。此时，开关（9）应先放在 V_C 位置，然后转换到 V'_s 位置，调节标准可变电阻箱，使数字电压表的 V_C 与 V'_s 读数相等，读取标准可变电阻箱 R 的读数，这时理想屏蔽系数值为

$$r_{0s}=\frac{R_0}{R+R_0}$$

式中 R——标准可变电阻箱读数（Ω）；

R_0——100Ω 固定测量膜电阻（Ω）。

3）进行钢带铠装电缆测试时，为防止残磁影响，每次测量前应预先对试样进行退磁，即逐步增加电缆金属套上的电流直至最大的测试电流值，然后，在数秒钟内将电流再均匀地降至零。在测试时，电流的调节应从小到大单方向增加。

4）由于金属护套的电阻很小（特别是铝护套），为了得到大的护套电压，就必须通过很大的电流（数百安培），因此必须快速测试，以免金属护套发热电阻增加，产生测试误差。

8.7.4 试验结果及计算

1）试验结果按下式计算：

$$r_{0s}=\frac{V_C}{V_s}$$

式中 r_{0s}——电缆试样金属套上干扰电压为 V_s 时的理想屏蔽系数；

V_C——线芯上的感应电压（mV）；

V_s——电缆试样金属护套上的纵向干扰电压（mV）。

2）当金属套上流过大电流（几百安培）时，由于发热使护套的阻值增加，此时理想屏蔽系数应按下式修正：

$$r_{02}=\frac{R_{01}r_{0s}}{\sqrt{R_{02}^2-(R_{02}^2-R_{01}^2)r_{0s}^2}}\approx\frac{R_{01}}{R_{02}}r_{0s}$$

式中　r_{02}——流过大电流 I_2 时经过修正后的理想屏蔽系数；

R_{01}——小电流 I_1 时（$\approx V_{C1}/I_1$）金属套的直流电阻（Ω）；

R_{02}——大电流 I_2 时（$\approx V_{C2}/I_2$）金属套的直流电阻（Ω）；

r_{0s}——大电流 I_2 时，按式（8-45）计算所得的理想屏蔽系数。

参 考 文 献

[1] 李立高．通信电缆工程［M］．北京：人民邮电出版社，2005.

[2] 俞兴明．通信传输线缆的设计制造及测试［M］．北京：国防工业出版社，2011.

[3] 郑玉东．通信电缆［M］．北京：机械工业出版社，1982.

[4] 王春江．电线电缆手册［M］．2 版．北京：机械工业出版社，2008.

[5] 王卫东．电缆工艺技术原理及应用［M］．北京：机械工业出版社，2011.

[6] 胡庆，张德民，等．通信光缆与电缆线路工程［M］．北京：人民邮电出版社，2011.

[7] 简水生．通信线路原理［M］．北京：中国铁道出版社，1984.

[8] 陈昌海．通信电缆线路［M］．北京：人民邮电出版社，2005.

[9] 王明鉴，施杜平．新编电信传输理论［M］．北京：北京邮电大学出版社，1996.

[10] 李恩铭．无线通信用物理发泡聚乙烯绝缘皱纹铜管外导体射频同轴电缆的开发与生产［J］．现代有线传输，2002（2）.

[11] 倪艳荣，马临超，王卫东．射频同轴电缆电压驻波比影响因素的分析［J］．河南机电高等专科学校学报，2009（1）.

[12] 吴荣美，邵秀琴．内屏蔽铁路数字信号电缆的设计与制造［J］．光纤与电缆及其应用技术，2005（1）.

[13] 李保安．新型无线移动通信用物理发泡绝缘同轴射频电缆［J］．光纤与电缆及其应用技术，2002（2）.

[14] YD/T 1019—2001 数字通信用实心聚烯烃绝缘水平对绞电缆．北京：中华人民共和国信息产业部，2001.

[15] 淮平．五类电缆的工艺设计与制造［J］．光纤与电缆及其应用技术，2001（6）：20-23.

[16] 淮平．6 类、7 类对称数字通信电缆的设计与制造［J］．电线电缆，2005（5）：9-11，13.

[17] YD/T 1120—2007，YD/T 1120—2007．通信电缆—物理发泡聚乙烯绝缘皱纹铜管外导体漏泄同轴电缆．北京：中华人民共和国信息产业部，2007.

[18] IEC 61156-5，数字通信用对绞或星绞多芯对称电缆.

[19] 宋杰．数字通信对称电缆绝缘外径的一种确定方法［J］．电线电缆，2005（6）.

[20] 庄维平．数字电缆设计和生产中应注意的几个问题．成都：中国通信学会通信线路委员会，2002.

[21] 代康，洪秀蓉．对高速数据传输用对绞电缆综合性能和制造方法的初步探讨．成都：中国通信学会通信线路委员会，2001.

[22] YD/T 1319—2004．通信电缆——无线通信用 50Ω 泡沫聚乙烯绝缘编织外导体射频同轴电缆．北京：中华人民共和国信息产业部，2004.